3ds Max

影视包装高级特效破碎风暴

印象

精鹰传媒 / 编著

人民邮电出版社
北京

图书在版编目（ＣＩＰ）数据

3ds Max印象：影视包装高级特效破碎风暴 / 精鹰
传媒编著. -- 北京 ：人民邮电出版社，2016.12
　　ISBN 978-7-115-43084-7

Ⅰ．①3… Ⅱ．①精… Ⅲ．①三维动画软件 Ⅳ.
①TP391.414

中国版本图书馆CIP数据核字 (2016) 第260946号

内 容 提 要

　　本书全面系统地讲解了影视包装创作中常用到的几大破碎特效工具，包括简单常用的 VolumeBreake、SplitItUp 破碎脚本、经典的 RayFire 爆破射击破碎系统、新的 Pulldownit 高级破碎系统、Thinking Particles 和 Particle Flow Tools Box 高级粒子破碎系统等破碎特效工具。书中精心为每个破碎系统准备了具有针对性和代表性的案例效果，思路清晰，重点突出。案例的应用部分也由浅入深、层层剖析每一个破碎工具，让读者能更加牢固地掌握破碎特效制作的具体操作方法和应用技巧，轻松应对影视包装中各种不同破碎特效的视觉表现。

　　本书适合电影、电视、广告和游戏等 CG 爱好者阅读，也适合特效爱好者学习使用。

◆ 编　　著　精鹰传媒
　　责任编辑　张丹阳
　　责任印制　陈　犇

◆ 人民邮电出版社出版发行　　北京市丰台区成寿寺路 11 号
　　邮编　100164　电子邮件　315@ptpress.com.cn
　　网址　http://www.ptpress.com.cn
　　北京天宇星印刷厂印刷

◆ 开本：787×1092　1/16
　　印张：17.25
　　字数：520 千字　　　　　　　　　　2016 年 12 月第 1 版
　　印数：1－2 500 册　　　　　　　　2016 年 12 月北京第 1 次印刷

定价：79.00 元

读者服务热线：(010) 81055410　印装质量热线：(010) 81055316
反盗版热线：(010) 81055315

近年来，影视行业竞争激烈，网络视频如雨后春笋般纷纷涌现，微电影强势来袭，夺人眼球，多元化影视产品纷至沓来，伴随而来的是影视包装的迅速崛起。精湛的影视特效技术走下电影神坛，广泛应用于影视包装领域，让电视、网络视频和微电影的视觉呈现更为精致多元，影视特效日益成为影视包装不可或缺的元素。丰富的观影经验让观众对视觉效果的要求越来越高，逼真的场景、震撼人心的视觉冲击、流畅的动画……人们对电视和网络视频的要求已经提升到了一个新的高度，而每一个更高层次的要求都是对影视包装从业人员的新挑战。

中国影视包装迅速发展，专业化人才需求巨大，越来越多的人加入影视包装制作的行列。但他们在实践过程中难免会遇到一些困惑，如理论如何应用于实践，各种已经掌握的技术如何随心所用，艺术设计与软件技术怎样融会贯通，各种制作软件怎样灵活配合……

鉴于此，佛山精鹰传媒股份有限公司（以下简称精鹰传媒）精心策划编写了系统的、针对性强的、具有亲和性的系列图书——"精鹰课堂"和"精鹰手册"。这套教材汇聚了精鹰传媒股份有限公司多年的创作成果，可以说是精鹰传媒股份有限公司多年来的实践精华和心血所在。在精鹰传媒股份有限公司走过第一个十年之际，我们回顾过去，感慨良多。作为影视行业发展进程的参与者和见证者，我们一直希望能为中国影视包装的长足发展做点什么。因此，我们希望通过出版"精鹰课堂"和"精鹰手册"系列丛书，帮助读者熟悉各类CG软件的使用，以精鹰传媒股份有限公司多年的优秀作品为案例参考，从制作技巧的探索到项目的完整流程，深入地向CG爱好者清晰呈现影视前期和后期制作的技术解析与经验分享，帮助影视制作设计师解开心中的困惑，让他们在技术钻研、技艺提升的道路上走得更坚定、更踏实。

解决人才紧缺问题，培养高技能岗位人才是影视包装行业持续发展的关键，精鹰传媒股份有限公司提供的经验分享也许微不足道，但这何尝不是一种尝试——让更多感兴趣的年轻人走近影视特效制作，为更多正遭遇技艺突破瓶颈的设计师解疑释惑，与行内兄弟一同探讨进步……精鹰传媒股份有限公司一直把培养影视人才视为使命，我们努力尝试，期盼中国的影视行业迎来更美好的明天。

广东精鹰传媒股份有限公司

2016年10月

前言

随着CG行业和中国影视产业的不断改革升级，影视产业的专业化已得到纵深发展。从电影特效到游戏动画，再到电视传媒，对专业化人才的需求越来越大，对CG领域的专业化人才也有了更高的要求。而现实是，很大一部分进入这个行业的设计师，因为缺乏完整而系统的学习，理论与实践相距甚远，各种已掌握的技术不能随心所用，或者不能很好地将艺术设计与软件技术融会贯通，很多设计师的潜力得不到充分发挥。

精鹰传媒作为一家以影视制作为主营优势的传媒公司，曾在电视包装行业多次创造奇迹，其背后离不开各种特效技术的支撑。自2012年起，精鹰传媒开始筹划编写系统的、针对性强的、具有亲和性的系列图书教材——"精鹰课堂"和"精鹰手册"，这些教材汇聚了公司多年来的创作成果，以真实的案例为参考，希望能为影视制作师同行们的技艺提升提供帮助。

在精鹰系列教材的编写中，我们立足于呈现完整的实战操作流程，搭建系统清晰的教学体系，包括技术的研发、理论和制作的融合、项目完整流程的介绍和创作思路的完整分析等内容。编写本书的目的是解决影视特效设计师在不同的创作需求下，利用各种破碎工具能高效地实现简单、复杂、精美等破碎特效。本书基于此，从简单、常用的破碎工具到高效、复杂的破碎系统，以及从动力学破碎系统到粒子破碎系统，将带领读者一起进入影视包装的破碎特效世界，一起探索破碎系统的神奇功能。

本书得以顺利出版，得感谢精鹰传媒总裁阿虎对"精鹰课堂"的大力支持，还要感谢周翔、肖楚辉、李嘉慧、吴慧芳等同事和朋友对本书的配合。

本书提供资源下载，可扫描"资源下载"二维码获得下载方法。书中难免会有一些纰漏不足之处，在此恳请读者批评指正，我们一定虚心领教，从善如流。同时，在精鹰传媒的网站（www.jychina.com）上开设了本书的图书专版，我们会对读者提出的有关阅读学习的问题提供帮助与支持。

资源下载

自成立以来，精鹰传媒的目标就是成为一家引领行业发展的传媒产业集团，我们会坚持一直为客户做"对"的事，提供"好"的服务，协助客户建立品牌永久价值，使之成为行业的佼佼者。这是我们矢志不渝的使命。

莫立

2016年10月

第3章 RayFire 制作地面坍塌效果

第4章 RayFire 模拟砖墙破碎掉落效果

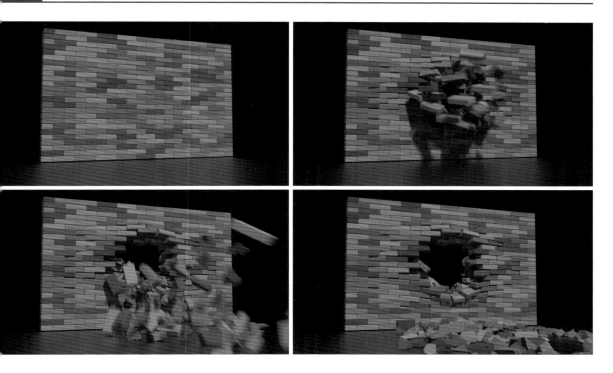

第 5 章　RayFire 模拟墙体真实碰撞飞溅效果

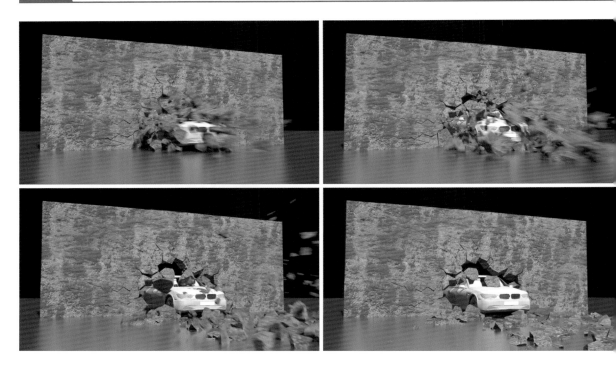

第 6 章　RayFire 模拟子弹穿透击碎玻璃效果

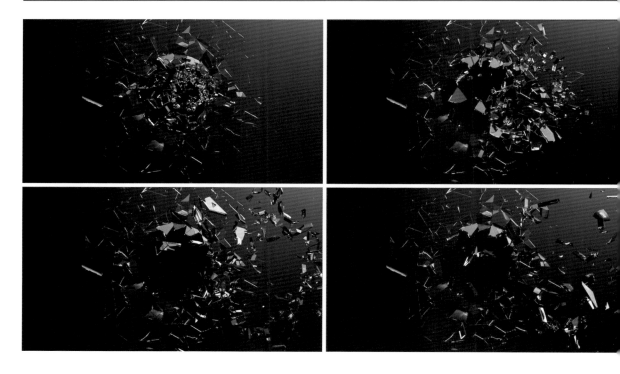

第7章 RayFire 模拟文字逐一倒塌效果

第8章 RayFire 的 Logo 脱胎换骨效果

第 9 章 Pulldownit 制作大理石破碎效果

第 10 章 Pulldownit 制作木材的破碎效果

第 11 章 Pulldownit 沿路径破碎路面的特效

第 13 章 Pulldownit 制作小屋的综合破碎特效

第 12 章 Pulldownit 的力场控制物体的破碎

第 15 章 Thinking Particles 的桥体塌陷与撞击实例

第 14 章 Thinking Particles 的彩带实例

第 16 章 Thinking Particles 的冰山震撼崩裂实例

第 17 章 Thinking Particles 的表面脱落飞散实例

第 18 章 Thinking Particles 的灰飞烟灭实例

第 19 章 Thinking Particles 的粒子控制大型破碎实例

第 20 章 Thinking Particles 结合 Rayfire 的高级爆破

第 21 章 mParticles Flow 的自然坍塌动画

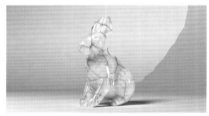  

第 22 章 mParticles Flow 制作布料的撕裂特效

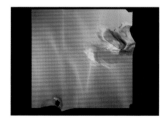 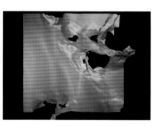 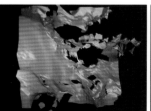 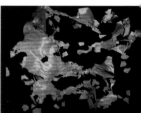

第 23 章 | mParticles Flow 制作子弹穿透铁片的特效

 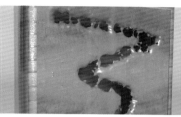 

第 24 章 | mParticles Flow 制作方块的规则分裂飞散特效

第 25 章 | mParticles Flow 制作破碎粒子汇聚成形特效

第 26 章 | VolumeBreaker 的砖墙的破碎动画制作

第 27 章 VolumeBreaker 制作灯泡玻璃的穿透破碎特效

第 28 章 FractureVoronoi 脚本制作玻璃破碎特效

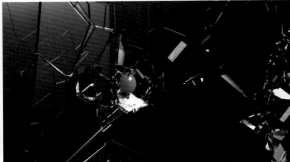

第 29 章 FractureVoronoi 脚本制作茶杯的连续破碎特效

内容结构

本书提供学习资料下载，扫描封底二维码即可获得文件下载方式。内容包括本书所有案例的工程文件和效果图文件，以及视频教学文件，读者可以一边看视频教学，一边学习书中的制作分解思路，同时还可以使用工程文件进行同步练习。

"工程文件"中包括书所有案例的过程源文件，容结构如右图所示。

27章工程源文件

"案例效果图文件"包括书中所有案例的最效果图，内容结构如右所示。

66个案例最终效果文件

"视频教学文件"中括书中所有对应章节中实例的视频讲解，内容构如右图所示。

37个视频教学文件

使用建议

本书所有使用的软件为3ds Max，Max文件在3ds Max 2014以上版本均可使用。

如果大家在阅读或使用过程中遇到任何与本书相关的技术问题或者需要什么帮助，请发邮件至szys@ptpress.om.cn，我们会尽力为大家解答。

目录

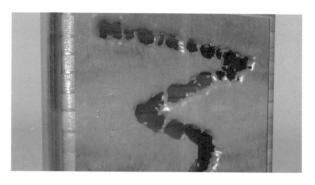

破碎特效概述

第1章

近年来，高科技主导着商业大片的创意及制作。电影的制作手段已经逐渐超越了传统电影的表达形式，特效技□开始在电影制作中占据着越来越重要的地位。而在特效制作中破碎爆裂则占据着主要地位，很多影视作品中爆破□效占据所有特效的大部分比例，如图1-1所示。

1-1

很多影视作品中都能看到的一些破碎坍塌的壮观场面，在后期CG制作中原理都基本相同，主要都涉及模型破□、刚体动力学、流体模拟烟雾这三大块知识点，在本书中会为大家重点讲解模型破碎特效及其相关的知识点。

.1　破碎特效的重要性

国内外电影业的繁荣发展带动了影视特效技术的快速进步，并使之得到了广泛的应用，影视特效技术的应用既□效解决了传统方法带来的高成本的问题，同时也满足了观众们越来越高的视觉要求。虽然在国内特效制作起步比□晚，但在好莱坞特效大片快速发展的推动下，国内特效制作也进入了飞速发展的阶段。为了达到更加惊人的视觉特□，利用计算机软件制作大场景破碎也被广泛应用于特效大片中。破碎特效在软件与影视中的应用如图1-2所示。

图1-2

　　破碎特效作为数字特效技术中的一个重要类别，较其他效果而言，破碎效果在电影镜头中具有较强的戏剧效果。通过精确的模拟制作出的破碎效果具有非常强的视觉冲击力，可以极大地提升画面效果，使之达到好莱坞级别的特效大片效果，如图1-3所示。

图1-3

1.2 破碎特效的发展史

电影的发展史也可分为电影技术和艺术的发展史。从20世纪60年代开始，传统的纪实表达形式在逐步向科幻形式转变，随之而来的是电影的制作手段也逐步发生了变化。特别是进入21世纪以来，科技的发展也为影视特效术带来了飞跃的进步。当今电影业界和学界对数字特效都给予了相当的关注，数字特效目前已经取代传统特效方成为影视作品中特效表达的主要手段。近年来，一大批好莱坞电影运用数字特效技术制作出惊人的视觉特效，如1-4所示。

1-4

计算机特效制作起步相对较晚。在好莱坞，特效技术飞速发展，已经普遍运用于电影制作中。而国内的电影荧造型和视觉效果还相对比较"传统"，在表达方式上也相对显得单一。近年来，随着技术的发展，国内许多导演积极应用计算机特效进行电影创作，如图1-5所示。

1-5

1.3 破碎特效的原理和流程

在计算机特效制作中主要分为三大类：流体特效、破碎特效和人物特效。本章节主要讲解破碎特效的原理及制作流程。

计算机特效破碎的原理离不开其最常用的演算法。

1. Delaunay triangulation　Delaunay三角剖分算法

Delaunay triangulation【三角剖分算法】演算法是Boris Delaunay于1934年的研究而得名。在数学与计算机集合学的领域里，这是一个三角分割法。定义在平面上的点集合，所构成的三角分割，没有一个点会包含在这个方法分割的所有三角形的外接圆内，如图1-6所示。Delaunay triangulation【三角剖分算法】技术最大化了所有三角分割的每个三角形的角度，因此可以避免切割出瘦长的三角形。Delaunay triangulation【三角剖分算法】分割方法所产生的外接圆与圆心【红色点表示】把这些外接圆的圆心都连接起来，就变成了Voronoi diagram【红色线段】，如图1-7所示。

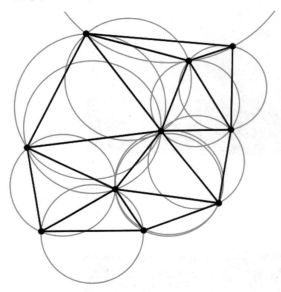

图1-6

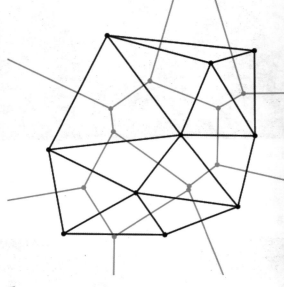

图1-7

2. Voronoi diagram　沃罗诺依图

俄国数学家Georgy Fedoseevich Voronoi 建立的空间分割演算法在几何学、晶体学、建筑学、地理学、气象学、信息系统等诸多领域有广泛的应用，这个方法也被应用在模型切割上。尽管这个方法切割出来的是直线，与现实世界的破碎还是有些许不同，但在Rayfire和ThinkingParticle中的VolumeBreak插件中还是有被使用。

制作破碎特效涉及以下6个基本流程。

① 要把需要破碎的模型先确定下来，根据给的模型的材质确定破碎样式。

② 查阅资料，参考生活中的碎裂纹理及好莱坞特效电影中的破碎动态，以求达到更好的破碎效果。

③ 根据破碎特效的要求效果，选择所能达到其效果的破碎插件。

④ 把完整的模型破碎掉。

⑤ 控制这些碎裂的模型，添加细节，制作出预期的动态破碎效果。

⑥ 随之产生的烟雾细节。

1.4 破碎特效的应用领域

　　影视特效涉及的应用领域非常广泛，例如，建筑领域、动画行业、广告行业、影视行业、游戏行业、工业制造行业等，本章中讲到的破碎特效基本也适合这些行业，介绍到的各种不同破碎工具均可灵活应用于这些行业领域中，例如简单的破碎工具完全可以应用于不是特别精细的某些游戏产品中。而且不同行业中对于特效的要求也不一样，因此在本书中介绍了各种不同风格、不同类型的破碎效果，为的就是满足不同行业的不同需要，如图1-8所示。

图1-8

1.5 插件安装

　　在本书中运用的诸多破碎工具，大多是外部插件或脚本，如果要实现这些破碎效果，就需要安装它们。插件实际上就是外挂程序片段，用来拓展3ds Max的功能，实现特效的效果。那么3ds Max插件怎么安装？下面主要就3ds Max插件的安装、使用、调用方法及删除卸载进行详细的介绍。

　　3ds Max的插件一般分为两大类，一类是在3ds Max中运行的（以dlc、dlo等为扩展名的文件），另一类是在3ds Max外独立运行的（一般是独立的程序，可存储为3ds Max支持的文件格式，然后由3ds Max调入）。

1.5.1 标准安装

　　标准安装通常针对独立程序，使用标准安装方式的插件大多都是官方发布的大型插件，如Discreet 3ds Max程序、CharacterStudio、MentalRay、Reactor，以及一些其他主要厂商主力推出的插件，如Cebas系列、

Vector3D、Cult3DExporter等。这些插件都提供标准的安装程序，通过双击Setup.exe程序，根据提示便可完成安装的。

1.5.2　复制安装

这种方式安装的插件主要分两种类型：一类是一些以dlc、dlo等扩展名存在的免费插件，按照下载的说明文档的步骤，安装在3ds Max安装目录下的plugins或Stdplugs文件夹中。方法是直接复制到相应的目录下即可，但要注意版本的兼容性；另一类是一些大型插件，这些插件除了按照下载的说明文档的步骤一步步安装，另外还要使用破解Crack程序对插件破解、注册后才能使用。

注意： 复制的文件不要重复复制到Plugins和Stdplugs目录（如果重复的话，系统启动时会自动提示）。

1.6　插件使用

在插件安装完成之后，请先详细阅读相应的说明或是教程文档，清楚插件的功能，可以更快速地在相应的面板中找到所需的插件。通常可以根据插件的类型，在Max的不同位置发现它们。

安装成功后，一般像dlo、dlm等插件会在创建面板或修改命令面板中可以找到对应程序；像dlr等渲染类插件可以直接在环境面板的添加效果中找到，或在渲染设置面板中找到；像材质贴图类的dlt等插件，一般可以通过材质贴图浏览器来使用；一些特殊用途类的dlu等插件，在 Max的系统工具面板中可以找到。

需要注意的是，通常一些插件在安装后，通过用户激活相应的功能模块来开启注册框，用户可以通过提供的密码生成器来解决。

1.7　脚本安装

3ds Max的脚本工具一般分为.ms、.mse、.mcr等文件，一般情况如果只是单个文件的话，我们可以直接把文件拖放至3ds Max视图，或是用脚本菜单选择后运行就能看到脚本工具的面板，但是有些脚本不会自动弹出界面，运行后也没有任何反应，这时我们需要进入3ds Max的Customize User Intelface【自定义界面】面板，在面板左边Category【种类】项找到运行后的脚本名称，一般会以脚本名称或是开发者名称命名，然后将其中的命令拖曳至Toolbar【浮动面板】、Quads【鼠标右键快捷菜单】、Menus【文字菜单】处就完成安装了。

① 如果脚本是ms或者是mse格式，请直接执行MAXScript-Run Script打开你的脚本。

注意：有些ms格式的脚本代码也写成Macro Script形式，即跟mcr格式一样，判断方式是用记事本打开脚本，看里面是否有MacroScript 这个词，如果有就跟mcr格式一样。

② 如果脚本是mcr、mzp格式，请先按照上述方法执行，但你不能马上看到效果。对于mzp格式的文件，可以直接把格式mzp改成rar，然后解压，就可以看到压缩的源文件，找到你想用的脚本。

③ 如果你下载的脚本是安装文件，那么在确定正确安装以后，可以参照下面的方法来调用。

1.8　插件、脚本的调用方法

下面介绍的多种调用方法适合所有插件和脚本的调用，可以方便快捷地找到并打开工具，高效率的完成工作，方法如下。

① 打开用户设置面板，在Customize【自定义】菜单栏下选择Customize User Interlace【自定义用户设置】，如图1-9所示。

② 可以根据下列几种方式来调用插件或脚本。

首先可以在Toobars【工具条】面板下Category【分类】列表中找到所需的插件或脚本，再在Action【动作】列表下将该插件或脚本的相关工具拖到工具条的任意位置，即可快捷打开该程序，如图1-10所示。

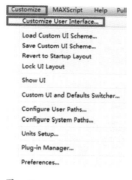

图1-9

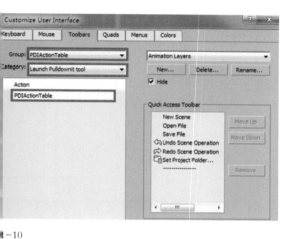

图1-10

其次可以在Quads【四元菜单】面板下Action【动作】或Menus【菜单】列表中找到所需的插件或脚本，并将其拖到右边的四元菜单列表中，即可在右键菜单中找到快速打开该程序，如图1-11所示。

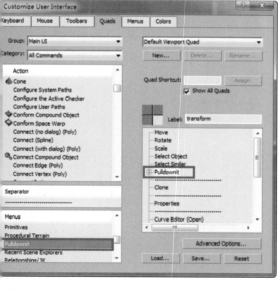

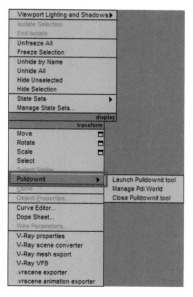

图1-11

另外可以用同样的方法，在Menus【菜单】面板中的Menus【菜单】列表下将需要的插件或脚本拖到右边的菜单栏列表的任意位置，即可在3ds Max的菜单栏中找到该插件或脚本的菜单，如图1-12所示。

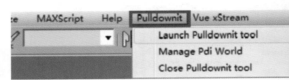

图1-12

1.9 卸载与删除

首先通过以上几种方法调用过插件或脚本后,有以下4种情况可以卸载删除它们。

① 如果是安装的插件或脚本,可以在计算机"卸载程序"里删除该插件;如果是免安装的插件,可以直接到MAX根目录的plugins或Stdplugs文件夹中删除该插件文件;或者到Scripts、UI的macroscripts文件夹中,找到安装的脚本文件删除即可。

② 在工具栏中,直接在图标上单击鼠标右键,选择Delete button【删除按钮】即可。

③ 在四格菜单或菜单栏,在拖放后,可以在右边直接Delete脚本名字。

④ 在菜单栏中的插件或脚本菜单,则需要再回到自定义用户设置面板中的菜单面板里,将菜单列表中指定的单项删除即可。

第 **2** 章

RayFire 爆破射击系统

本章内容

- ◆ RayFire 概述
- ◆ RayFire 炸弹
- ◆ RayFire Cache 概述
- ◆ RayFire 基础
- ◆ RayFire Fragmenter 破碎修改器

本章主要介绍了3ds Max中的破碎插件RayFire Tool的使用，该工具在制作破碎特效时，发挥着巨大的作用。可以单独使用，也可以配合其他动力学解算插件完成特殊的镜头效果制作，是一款应用非常广泛并且广受欢迎的件。

.1 RayFire 概述

RayFire Tool是由俄罗斯程序编译者Mir Vadim开发的3ds Max插件。Rayfire 插件可以基于 3ds Max 自带Reactor【动力学】钢体模块或者NVIDIA 显卡硬件加速引擎；PhysX 的动力模块同时整合了3ds Max自带的oBooleans【超级布尔】、ProCutter【超级复合运算】，以及空间扭曲和例子系统来进行视窗实时交互式的物动力学计算，并能够制作完成多种破碎特效，如物体碎裂、单点爆破、坍塌、大型建筑倒塌等其他破碎方面的效，如图2-1所示。

－1

RayFire Tool【RayFire 工具】可以进行子弹射击、物体碎裂、爆炸、柔体动力学、软体破碎等物理动力学的画计算。对于模拟计算后的结果可以是静态的，也可以通过烘焙动画转换成为标准的max关键帧动画形式。这个件的效果之所以"震撼"，是因为它是对专业级特效工具包的强有力的补充，它不仅可以轻松实现复杂的特效效而且还可以节省成千上万小时的工作时间；并且用来构建复杂的特效镜头，以及迅速地创建专业级特效镜头。

目前Rayfire版本中，支持两个物理引擎系统的分别是Bullet(beta)和PhysX/MassFx。其中，Bullet引擎是在Rayfire较高版本更新时加入的。在3ds Max较高版本中，默认集成了Physx。如果使用旧的版本，可能需要单独下载PhysX Plug-In for Autodesk 3ds Max插件，这是max插件使用PhysX引擎的基本前提。Rayfire的效果如图2-2所示。

图2-2

2.2　RayFire 基础

本节主要来了解一下RayFire的基础理论知识，这里将针对RayFire Tool【RayFire工具】进行全面而系统的讲解。

2.2.1　RayFire基础界面介绍

在创建菜单中可以看到4个按钮，如图2-3所示，选中RayFire按钮，在RayFire卷展栏中单击Open RayFire Floater【打开RayFire面板】按钮即可打开RayFire主界面图了，如图2-4所示。

图2-3　　　　　图2-4

打开RayFire主面板后，下面将具体介绍每个卷展栏的功能，RayFire主面板，如图2-5所示。

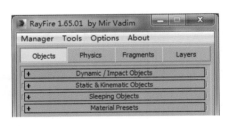

图2-5

2.2.2　RayFire的功能分布位置

首先需要了解的是主界面的菜单栏，如图2-所示。

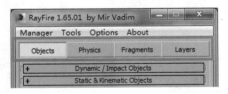

图2-6

菜单栏提供了许多有用的功能，例如Manag【管理】中提供了选中和删除刚刚创建的碎块的能。在实际使用中，会进行更加深入的讲解。接下是几个选项卡的切换按钮：Objects【物体】提供关于物体动力学属性的相关设置；Physics【物理中是RayFire 内置的动力学模拟界面，可以任意选PhysX和Bullet两个动力学引擎的某一个，关于二次碎的控制也在这里；Fragments【碎片】是最为常一个选项卡，可以定义几何体粉碎成碎片的属性；最后一个Layers【层】是一个基于RayFire的层管理器，使用可以十分便捷地控制每次破碎产生的碎块的层次。下面开始详细地讲解这4个切换按键下卷展栏中的内容。

2.3　RayFire动力学模拟面板

之前看到了在RayFire主面板下Objects【物体】中有4个卷展栏，如图2-5所示。下面就对这几个选项卡中的展栏进行更为细致的讲解。先来看下Objects【物体】中的前3个卷展栏，如图2-7所示。

 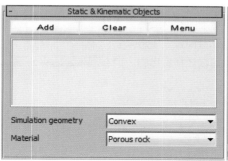 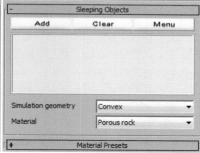

2-7

虽然这3个卷展栏看起来非常相似，但在破碎中起到的作用其实大不相同。下面先来简单介绍下3个展栏的相同之处，每个卷展栏工具中都有Add【添加】、Clear【清除】、Menu【菜单】、Simulation geometry【几何仿真运算】以及Material【材质预设】的按键。

下面详细介绍这5个按键。

① Add【添加】：用法一：在3ds Max视图中选物体，单击鼠标左键Add【添加】按钮用以添加所选体到卷展栏中。用法二：右键单击卷展栏中的Add【添加】键可以打开3ds Max的Select Form Scene【从场景中选择】，也可以从Select Form Scene【从场景中选择】中把物体Add【添加】到卷展栏中。

② Clear【清除】：用鼠标右键单击Clear【清除】按键删除已选择到卷展栏中的对象。注：可以在列表中同时择多个对象，右键单击Clear【清除】按键清除它们。

③ Menu【菜单】：提供了一些使制作流程更便利适的功能，如图2-8所示。

2-8

- Send to Sleeping list【发送到Slepping列表】：它将发送所有选择的对象到Sleeping【睡眠】列表中。
- Interactive selection【交互式的选择】：这是一个开关选项。激活这个选项后，列表将随着当前选择物体的变化而变化。
- Select All【选择全部】：将在三维视图中选择所有对象。
- Select objects highlighted in list【在列表中选取高亮显示的物体】：这个选项将在三维视图中选择列表中被高亮显示的物体。
- Highlight objectss selected in viewport【高亮显示选中物体】：在列表中高亮显示在视图中被选择的对象。

④ Simulation geometry【几何仿真运算】：这里是指碰撞代理。在处理大量的碎块时，对所有的碎块都进行非常精确的运算是不现实的，也是没有必要的。所以在对一些复杂的几何体进行解算时，简单的碰撞代理会有更好的效果。所以对于一些不重要的碎块或者复杂的模型，需要设置碰撞代理来对其进行优化。这里默认采用Convex【凸面体】模式。根据不同情况的破碎也可以选取其他3种模式，例如Box【盒子】、Sphere【球形】和Concave【凹面体】模式，如图2-9所示。

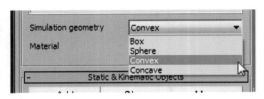

图2-9

⑤ **Material【材质】**：这里并非指渲染的材质，这里的材质是物体的物理材质。Rayfire对不同的材质有不同的物理计算参数，每种材质都可以在材质预设中进行修改。调整Material【材质】的设置可以让模拟出的破碎更加真实，如图2-10所示。

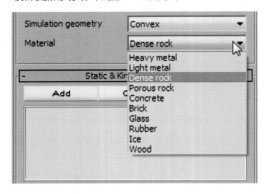

图2-10

默认材质Dense rock【致密岩石】可以满足绝大多数的破碎情况，当然其他预设材质也将带来更多的选择。例如Heavy metal【重合金】、Light metal【轻合金】、Porous rock【松质岩石】、Concrete【混凝土】、Brick【砖块】、Glass【玻璃】、Rubber（橡胶）、Ice【冰】和Wood【木材】等。

再来简单讲解一下3个卷展栏的作用。

Dynamic/Impact Objects【动态/碰撞 物体】、Staric&Kinematic Objects【静态&运动 物体】和Sleeping Objects【水面物体】。可以简单地把它们分别定义为：主动物体、被动物体和休眠的物体。主动物体即本身有运动或直接受力场和碰撞影响的物体；被动物体即不会因碰撞、力场而发生状态改变的物体；休眠的物体比较特殊，在未受到碰撞时，表现为被动物体的状态。一旦接受到一个碰撞，将会转为主动物体，受力场和碰撞的影响。

前3个卷展栏主要的作用是：添加模拟物体及控制模拟物体在不同条件下所需保持的状态。现在接着了解下第4个卷展栏Material Presets【材质预设】，如图2-11所示。

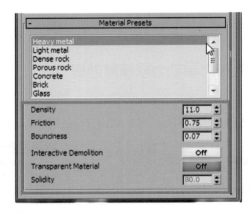

图2-11

Material Presets【材质预设】：这个卷展栏中含各个材质的物理特征设置。列表中为材质的名称红线框出的是材质的物理特征设置。由上到下分别Density【密度】、Friction【摩擦】、Bouncines【弹性】、Interactive Demolition【交互式破碎】Transparent Material【透明材质】以及Solidity【固度】。在制作过程中只需要选择想要的材质属性可，当然也可以根据需求自定义材质的属性。

2.2.4 RayFire动力学模拟

接下来讲解第2个Physics【物理】卷展栏。这卷展栏主要是用来控制模拟破碎的动态效果及输出动破碎帧的效果。下面来仔细讲解。

Physical Options【物理选项】卷展栏中，顶部4个按钮：Preview【预览】为播放模拟动画，可以到动力学模拟的结果，但不会记录关键帧；Bake【焙】是将解算的结果烘培成关键帧动画，应用于每一参与模拟的几何体上；Pause【暂停】按钮可以在拟时暂停计算，方便观察当前的计算结果，再次单击以继续模拟；Stop【停止】按钮则是完全停止计算如图2-12所示。

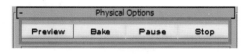

图2-12

在RayFire目前的版本中，支持两个物理引擎PhysX【物理运算引擎】和Bullet【子弹】。红线框部分可以设置具体使用哪个物理引擎进行解算，如2-13所示。

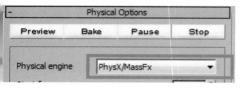

图2-13

以下是Physical Options中其他参数的简单介绍。

Start frame【开始帧】：模拟的起始帧。

End frame【结束帧】：模拟的结束帧。

Time range【时间范围】：模拟的时间范围，改变将同时改变End frame【结束帧】。

Collision Tolerance【碰撞距离】：在每个模拟步中RayFrie都会进行碰撞检测，这个参数允许刚体部重叠。如果Collision Tolerance【碰撞距离】值较，会使模拟更加稳定。不过，也可能会造成很多穿插果。这个值的最终数字主要由场景的大小及被模拟物的大小决定。

Substeps【子步值】：定义物理计算的子帧步。建议将数值保持在1～5，更高的值会得到精确的算，但同时减慢运算速度。

Gracity【重力】：一般默认的重力值为9.8。

Time Scale【时间缩放】：一般为默认的时间缩。降低这个属性值可以使整个模拟动画的时间变慢。个属性不代表动画，所以如果想要激活时间尺度就需使用物理运算。

❶ 在Simulation Properties【解算参数】卷展栏可以对碰撞模拟进行更为细致的控制。由上到下首先软件提供了一个列表，该列表可以拾取力场、可体、rayfriebomb等。并根据用户选择影响解算。中比较常用的操作包括但不限于拾取力场，使之对objects【物体】中的物体产生作用。拾取物体可以更确地控制Objects【物体】中物体的激活状态。拾取firebomb能使其正常地产生作用等。

这里可以看见这3个熟悉的按钮，如图2-14所在前一小节已经细致地讲解了这3个按钮的意义，里就不做过多讲解了。直接看下一栏。

Simulation Properties		
Add	Clear	Menu

—14

❷ Activation options【激活选项】，如图2-15示。

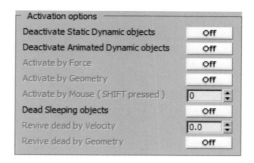

图2-15

Deactivate Static Dynamic objects【停用静态刚体】：若激活该选项，Objects【物体】面板内Dynamic/Impact Objects【动态/碰撞 物体】中的物体会自动被当作Sleeping Objects【睡眠物体】来处理。当被用户以选择的方式进行碰撞时才会被激活成为主动刚体。同时，激活该选项还会激活Activate by Force【利用力场】、Activate by Geometry【利用物体】、Activate by Mouse(SHIFT pressed)【利用鼠标】这3个选项。

Deactivate Animated Dynamic objects【停用带动画的刚体】：若激活该选项，Objects【物体】中Dynamic/Impact Objects【动态/碰撞 物体】列表中带有动画的几何体将保持动画，并作为被动刚体进行运动，根据用户设定的条件在某一时刻转换为主动刚体。同时，激活该选项也会激活Activate by Force【利用力场】、Activate by Geometry【利用物体】、Activate by Mouse(SHIFT pressed)【利用鼠标】这3个选项，与Deactivate Static Dynamic objects【停用静态刚体】不冲突。

Activate by Force【利用力场】：利用力场激活。若要使用该选项，需要先激活Deactivate Static Dynamic objects【停用静态刚体】或者Deactivate Animated Dynamic objects【停用带动画的刚体】。在打开Deactivate Static Dynamic objects【停用静态刚体】的情况下，激活该选项将可以使用Simulation Properties【解算参数】列表中拾取的力场控制刚体是否继续处于sleeping【睡眠】状态；在打开Deactivate Animated Dynamic objects【停用静态刚体】的情况下，激活该选项将可以使用Simulation Properties【解算参数】列表中拾取的力场控制主动刚体中带有动画的物体是否继续作为被动刚体保持动画。

Activate by Geometry【利用物体】：利用物体激活。若要使用该选项，需要先激活Deactivate Static Dynamic objects【停用静态刚体】或者Deactivate

Animated Dynamic objects【停用带动画的刚体】。在打开Deactivate Static Dynamic objects【停用静态刚体】的情况下，激活该选项将可以使用Simulation Properties【解算参数】列表中拾取的几何体控制刚体是否继续处于sleeping【睡眠】状态；在打开Deactivate Animated Dynamic objects【停用带动画的刚体】的情况下，激活该选项将可以使用Simulation Properties【解算参数】列表中拾取的几何体控制主动刚体中带有动画的物体是否继续作为被动刚体保持动画。

Activate by Mouse(SHIFT pressed)【利用鼠标】：利用鼠标激活。若要使用该选项，需要先激活Deactivate Static Dynamic objects【停用静态刚体】或者Deactivate Animated Dynamic objects【停用带动画的刚体】。激活该选项，将使用鼠标配合shift键控制刚体激活的时间。在打开Deactivate Animated Dynamic objects【停用带动画的刚体】的情况下，进行Preview【预览】或者Bake【烘培】解算同时按住Shift键移动鼠标，可以将鼠标轨迹上的刚体激活，使之成为主动刚体；在打开Deactivate Animated Dynamic objects【停用带动画的刚体】的情况下，进行Preview【预览】或者Bake【烘培】解算同时通过按住Shift键移动鼠标，可以使鼠标轨迹上主动刚体中带有动画的物体不再保持动画作为被动刚体运动，而是继承之前的速度作为主动刚体继续解算。

Dead Sleeping objects【使物体深度睡眠】：该选项可以让所有睡眠状态的物体只模拟与其他物体交互的部分。极大地减小了自碰撞、惯性等物理特性，甚至可以让物体在空中悬停。利用这个特性，可以制作一些有特殊要求的镜头；可以避免墙体受到撞击后整面墙坍塌以及制作地面开裂等效果。打开该选项可以激活Revive dead by Velocity【根据速度激活】和Revive dead by Geometry【根据几何体重新激活】这两个参数。

Revive dead by Velocity【根据速度激活】：根据速度重新激活。当sleeping【睡眠】状态的刚体速度大于设定的数值，刚体将重新开始运动。

Revive dead by Geometry【根据几何体重新激活】：该选项被激活时，在Simulation Properties【解算参数】列表中拾取几何体。处于sleeping状态的刚体与该几何体有接触的时候，刚体会重新变成主动刚体继续解算。

❸ **Other options【其他设置】**：界面如图2-16所示。

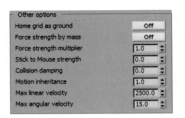

图2-16

Houme grid as ground【自带网格作为地面】：用3ds max网格作为地面。打开这个选项后，Rayfi会将xy轴构成的平面当作地面来计算碰撞。

Force strength by mass【力的强度通过质量定】：场力基于质量缩放。根据物体质量，其受到的会不同。

Force strength by multiplier【力的强度倍增值】：场力基于质量缩放。根据该参数数值大小，其受到的会不同。

Stick to Mouse strength【黏着鼠标的强度】：标跟随力。这个参数控制鼠标对刚体的拖曳力。具体用方法：在解算Preview\Bake【预览或烘培】时，键单击选择刚体，移动鼠标，被选择的物体就会跟随标运动。这个参数数值越大，跟随速度越快。

Collision damping【碰撞阻力】：控制碰撞时的量损失。

Motion inheritance【运动继承】：这个参数控运动继承的程度。

Max linear velocit【最大线速度】：限制刚体的大线速度，在某些特殊的情况下。例如：碎块炸开等应当适当地调节这个参数。将数值设置为0时，表示作速度限制。

Max angular velocity【最大角速度】：限制刚的最大角速度。在某些特殊的情况下。例如：碎块炸等，应当适当地调节这个参数。将数值设置为0时，示不作角速度限制。

❹ **Demolition Properties【破坏属性】**：如图2-17所示。

图2-17

下有两个小分栏分别是Interactive Demolition
交互式破坏】和Glue options【粘合物选项】。这里
较重点的是Interactive Demolition options【交互
破坏】这个小分栏，因为所有的二次破碎都是通过一
而实现的，下面来详细讲解。

Interactive Demolition【交互式破坏】：在交互式
坏栏中，可以为各种胶合物和相互作用物体的破坏特
定义属性。Rayfire只有在Bake【烘培】动画模式下
会进行交互式破坏工作。注意：在开始交互式破坏仿
前，RayFire要复制所有模拟对象，隐藏原始对象，
创建模拟拷贝对象。

Demolish geometry【摧毁几何体】：该选项控制
交互式破坏功能是否开启。

Material Solidity【材质硬度】：这个参数是使材质
硬度全局倍增，是对材质硬度的整体进行缩放。

Depth Level【破碎深度等级】：这个参数定义了
行交互式破碎时破碎进行的最大深度/次数。

Depth Ratio【破碎深度比例】：这个参数定义了
行交互式破碎时，重复破碎的数量比例。例如：对某
对象破碎100次、深度比为0.4时，每个碎片将会再
碎40次。

Time Delay【延时】：在现实生活中，破碎有时不
发生在碰撞的最初，有时会现产生一个相互挤压变形
状态。所有这个参数定义了在碰撞发生后多久，破碎
开始产生。

Probability %【概率】：这个参数定义了破碎的概
。

Minimum Size Limit【最小范围】：如果碎块体积
于这个参数，将不会再被继续破碎。

Demolition by Bomb【基于炸弹的破碎】：基于
F-Bomb或Pbomb的交互式破碎。在这个参数的作
下，Rayfire将计算RF-Bomb或Pbomb的强度，
后进行破碎。如果已经设置了合理的RF-Bomb、
bomb强度但还不够让对象破碎时，应当调节这个参
。当这个参数为0时该功能是关闭的。

Demolition by Velocity【基于速度的交互式破
】：在这个参数的作用下，Rayfire将计算速度的大
，然后进行破碎。如果已经设置了合理的速度但还不
让对象破碎时，应当调节这个参数。当这个参数为0
该功能是关闭的。

⑤ Glue options【粘性物体设置】：该栏主要是对
坏的对象碎片进行粘合的操作。包括相互的粘合、粘
方式、强度等参数，如图2-18所示。

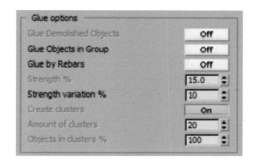

图2-18

Glue Demolished Objects【粘合被破碎的物
体】：将被破坏的对象碎片粘合在一起。

Glue Objects in Group【粘合组内的对象】：将处
于组中的对象粘合在一起。

Glue by Rebars【通过钢筋粘合】：通过
Simulation Properties【解算参数】卷展栏内列表来
定义钢筋后打开这个选项，破碎时将按照钢筋的位置来
粘合碎片。

Strength %【粘性强度】：定义了粘性的大小。更
小的粘性将导致碎片更容易被打散。如果希望碎块之间
黏住不分开，可以将这个参数设置为100。

Strength variation %【强度变化】：在定义了粘性
强度之后，设置这个参数可以使每个碎片的粘性强度有
一定的随机。

Create dusters【产生集合体】：通过胶合产生一
些聚合在一起的对象。

Amount of clusters【集合体数量】：控制集合体
的数量。

Objects in dusters %【参与集合体计算的百分
比】：这个参数定义了参与集合体计算的碎片数量。例
如：有一百个碎片，这个参数可以使其中百分之五十或
者其他数量的碎片参与集合体计算，其余的碎片保持独
立的状态。

2.2.5 RayFire碎片生成

在Fragment【分裂】选项栏中可以根据想要达
成的效果把物体切割成所需的碎片类型，并且根据
不同类型的碎片，定义它的属性。在Fragment【分
裂】选项栏中，可以看见：Fragmentation Options
【碎块选项】、Fragmentation by Shapes【碎片的
形状】、Draw Fragment【画出碎片】、Advanced
Fragmentation Options【高级碎片选项】这4个卷
展栏。前3个卷展栏来帮助切割出理想的碎块，而最后

一项卷展栏主要用来定义一些更为复杂的碎片，如图2-19所示。

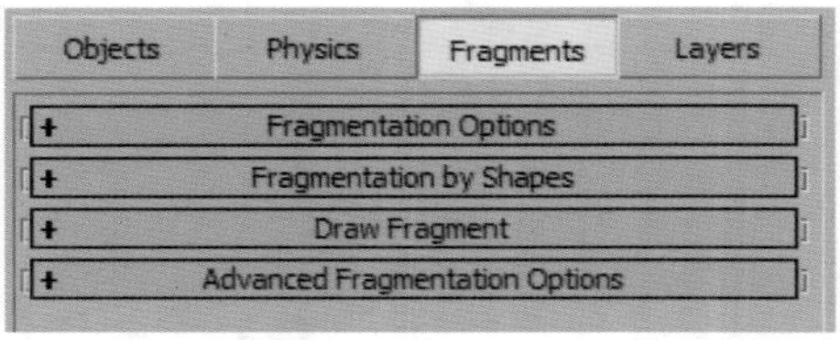

图2-19

❶ Fragmentation Options【碎块选项】。

在Fragmentation Options【碎块选项】中，RayFire预设了一些常用的可以碎片的类型，并且可以定义这些碎片属性和碎片的动态/影响对象。

Fragment【分裂】：按照本面板内的设置开始进行切割解算，如图2-20所示。

图2-20

Fragmentation type【切割类型】：如图2-21所示。

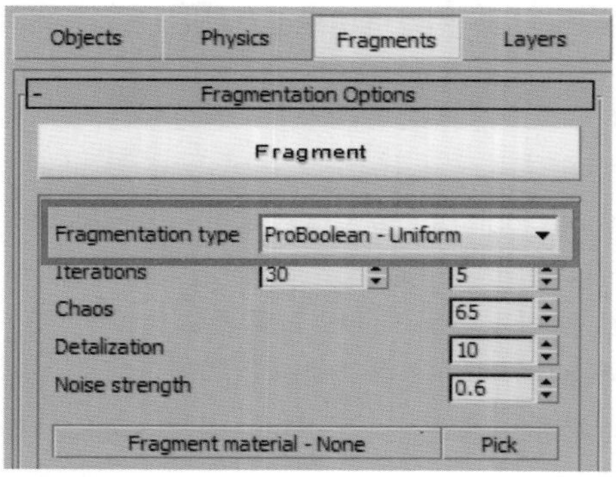

图2-21

在Reyfire中切割类型大致分为：ProBoolean【超级布林算法】和Voronoi【泰森多边形算法】两类。所有ProBoolean【超级布林算法】碎片类型共享相同的属性。不同于ProBoolean【超级布林算法】的是，其所有的Voronoi【泰森多边形算法】碎片类型都有自己的属性。下面先来学习下有相同属性的ProBoolean【超级布林算法】类型的碎片。

ProBoolean – Uniform【超级布林算法-规则型】：使用超级布林算法。会以统一的方式切割几何体，所有碎片将会有基本相同的大小，如图2-22所示。

资料来源：RayFire Online Help

图2-22

ProBoolean – Irregular【超级布林算法-不规则型】：使用超级布林算法，以不规则的方式切割几何体，如图2-23所示。

资料来源：RayFire Online Help

图2-23

ProBoolean – Impact point【超级布林算法-碰撞点】：使用超级布林算法。如果开启交互式破碎，对象将从被撞击点向外扩散进行切割，否则将从对象中心向外扩散进行切割，如图2-24所示。

资料来源：RayFire Online Help

图2-24

ProBoolean – Mouse Cursor【超级布林算法–滑鼠标】：使用超级布林算法。如果鼠标在对象上，则据鼠标路径进行切割，否则将使用统一切割方式进行割，如图2-25所示。

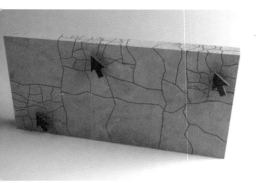

2-25

ProBoolean – Pivot point【超级布林算法–轴心】：使用超级布林算法。从物体中心点向外扩散进行割。

ProCutter – Continuous【超级布林算法–连续切】：使用超级布林算法。通过一些面片连续切割对。这里要注意：尽量不要重复使用超过25。

ProCutter – Wood Splinters【超级布林算法–切木片】：使用超级布林算法。将对象切割成长而锋利碎片，看起来和木材一样的几何体。

Iterations【重复】：定义了对象被切割几次。第2运算将增加变化，如图2-26所示。

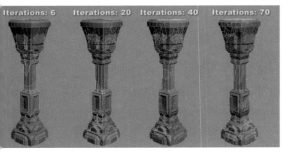

2-26

Chaos【混乱值】：定义了以随机角度切割对象。

Detailization【细节】：定义了碎片表面细节度，如图2-27所示。

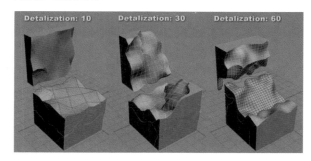

图2-27

Noise strength【嘈杂强度】：定义了碎片噪声强度。

到这里ProBoolean【超级布林算法】碎片类型和其属性就讲解完毕了。下面接着来看Voronoi【泰森多边形算法】的碎片类型和其每个类型的属性。

Voronoi【泰森多边形算法】是一组由连接两邻点直线的垂直平分线组成的连续多边形。N个在平面上有区别的点，按照最邻近原则划分平面；每个点与它的最近邻区域相关联。Delaunay三角形是由与相邻Voronoi【泰森多边形算法】多边形共享一条边的相关点连接而成的三角形；Delaunay三角形的外接圆圆心是与三角形相关的Voronoi【泰森多边形算法】多边形的一个顶点；Voronoi【泰森多边形算法】三角形是Delaunay图的偶图。

泰森多边形算法碎片类型为碎片使用RayFire Fragmenter【破碎修改器】调节器。所有Voronoi【泰森多边形算法】的破片类型都有自己的属性。Voronoi【泰森多边形算法】使用点云来定义未来的碎片中心内部生成对象的边界框。

Voronoi – Uniform【泰森多边形法–规则型】：使用泰森算法，以统一的方式切割几何体，如图2-28所示。

图2-28

Iterations（重复）：定义数量的点会根据点云的重复次数，第二次时数量会产生增倍变化。例如，10、100、1000，如图2-29所示。

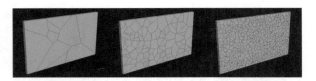

资料来源：RayFire Online Help

图2-29

Voronoi – Irregular【泰森算法–不规则型】：使用泰森算法。以不规则的方式切割几何体，如图2-30所示。

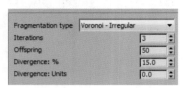

图2-30

Voronoi – Impact point【泰森多边形法–碰撞点】：使用泰森算法。如果开启交互式破碎，对象将从被撞击点向外扩散进行切割，否则将从对象中心点向外扩散进行切割，如图2-31所示。

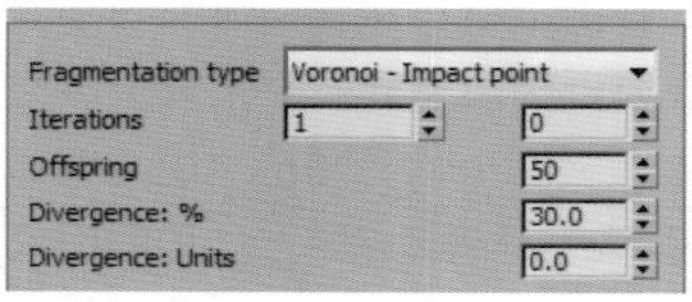

图2-31

这两个类型的碎片有相同的的属性，下面通过各种参数来测试一下。

Iterations【重复】：定义数量的会根据点云的重复次数产生数量变化。例如，1、2、4，如图2-32所示。

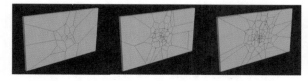

资料来源：RayFire Online Help

图2-32

Offsoring【后代子孙】：在生成的点云中点的数量。例如，40、150、500，如图2-33所示。

资料来源：RayFire Online Help

图2-33

Divergence【分歧】：从分散对象的大小定义生成每个点云的大小的百分比。如果像片段有很多不同大小的物体在一起是有用的。例如，10、20、50，如图2-34所示。

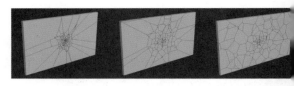

资料来源：RayFire Online Help

图2-34

Divergence：Units【分歧：单位】：定义在世界单位生成的每个点云的大小。可以马上使用多个分歧属性中的某一个分歧属性。

Voronoi – Radial【泰森多边形法–半径】：使用沃洛诺伊算法。以径向方式进行切割，在制作窗户破碎一类的效果时十分实用。在计算时，Rayfire将沿着对象局部的Z轴作为中心进行切割。但是在交互式破碎时，将以碎开对象中心作为切割中心，如图2-35所示。

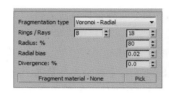

图2-35

Rings \ Rays【半径\射线】：第1个变化值定义数量的圈数和第2个定义射线的大小。例如，4\8、8\16、16\32，如图2-36所示。

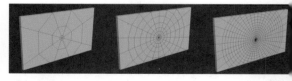

资料来源：RayFire Online Help

图2-36

Radius【半径】：为碎片对象大小的百分比定义生成点云的大小。例如，20、50、80，如图2-37所示。

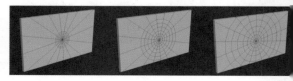

资料来源：RayFire Online Help

图2-37

Radial bias【半径的偏斜率】：定义径向转变点在接来的每一环。例如，0、0.1、0.5，如图2-38所示。

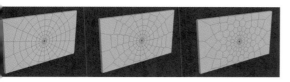

2-38

Divergence【分歧】：从分散对象的大小定义生的每个点云的大小的百分比。例如，0、10、25，如-39图所示。

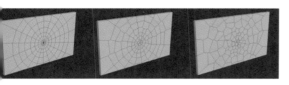

2-39

Voronoi - Thickness【泰森多边形法-厚度】：使泰森算法，会根据对象厚度破碎，生成更多的点在薄区域，如图2-40所示。

2-40

Thickness【厚度】：从原始对象的大小中定义距的百分比。如果距离稀薄区域的对象比这个值还要，那么这个地区将被用作点云。

Voronoi - Wood Splinters【泰森多边形法-木】：使用泰森算法，将对象切割成类似木屑的几何，如图2-41所示。

2-41

Iterations【重复】：定义点在生成的点云时重复次数。

Stretching x/y/z【拉伸x/y/z】：木块大小的拉伸。

除了以上这两种运算模式，Rayfire还设置了两种殊材质的碎块模式。

Slice - Bricks【切割成砖块】：这个功能可以将对象切割成有规则的方块集合。在需要制作一面砖墙的时候，我们只需要新建一个box【盒子】模型，然后使用这种切割方式，就可以很轻松地达到想要的效果，如图2-42所示。

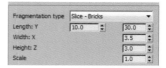

图2-42

Lengh, Width, Height【长，宽，高】：砖块的大小。

Scale【缩放】：砖块大小的全局缩放属性。

Detach by Elements【分离元素】：这个切割方式需要配合RayFire Fragmenter【破碎修改器】和交互式破碎来使用。在调整好RayFire Fragmenter【破碎修改器】修改器的参数后；打开Physics【物理】面板中的Demolish geometry【拆毁几何体】功能并解算。Rayfire将根据RayFire Fragmenter【破碎修改器】的参数自动拆分对象。

在这一栏的最下方可以看见还有两个按钮，这里是显示碎开的碎块中哪一边没有UV，可以通过这两个按钮得到平整的UV，如图2-43所示。

图2-43

首先按M打开材质编辑器，给材质球一个棋盘格的纹理，并给材质球取个名字。在Rayfire中单击这个属性，选择取好名字的材质球；然后直接Pick【拾取】其他UV纹理有问题的物体。这样就可以解决碎块UV不正确的问题了。

接着再来看一下Cluster properties【集合体性能】栏，集合特性是允许连接片段组成一个坚固的对象，使被群集过的碎片看起来会更加真实，如图2-44所示。

图2-44

Create clusters【创建集合体】：通过胶合产生一些聚合在一起的对象。

Amount of clusters【集合体数量】：控制集合体的数量。

Fragments use %【使用碎片百分比】：定义要粘合到几何体的碎片的数量。

Impact size %【接触尺寸百分比】：定义不会破碎成集合体的范围。在交互式破碎中，可以有效防止碰撞点附近产生集合体。

Continuity【连续性】：防止在偏离主体的位置上产生集合体。

Apply Cracks modifier【应用裂缝修改器】：控制是否应用Rayfire Cracks修改器。

❷ Fragmentation by Shapes【碎片的形状】。在这个卷展栏中，可以定义碎片的纹理、创建缓存的形状和切割影响对象，如图2-45所示。

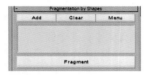

图2-45

❸ Draw Fragment 【绘制碎片】。在这个卷展栏可以定义被画碎片的属性和被激活动画片段的模式。可以在视窗中被允许，在影响对象以外的屏幕上绘制，如图2-46所示。

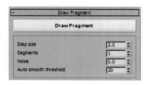

图2-46

Step size【步长大小】：定义了笔触的细节。

Segments【细分段数】：定义在碎片截面上的细分程度。

Noise【噪波】：定义在内部碎片区域笔触的噪波。

Auto smooth threshold【自动圆滑阈值】：定义了绘制时自动平滑的角度。当这个值过小时，可能会导致切面有错误。

❹ Advanced Fragmentation Options【高级碎片选项】。可以通过这个卷展栏进行一些高级碎片属性的设置，如图2-47所示。

图2-47

Fragmentation engine【破碎引擎模式】：Rayfire提供了两种破碎引擎：ProBoolean【超级尔】和ProCutter【超级复合运算】。其中ProCutt【超级复合运算】更为稳定但不准确。

Fragmentation seed【碎片种子】：每次切割使的种子值。若使用相同的种子值，每次切割时结果均同。当种子值为0时，每次将使用随机种子值。

Face threshold【面阈值】：定义了碎片的最低面数如果一个碎片的面数小于这个参数值，则会被删除。

Size threshold【尺寸阈值】：定义了碎片的最小寸。如果一个碎片的尺寸小于这个参数值，则会被删除。

Material ID【截面ID】：Rayfire会自动将割的面指定为这个参数值。当这个参数为0时，将Rayfire自动设置材质ID。

Noise Scale(0-Auto)【噪波缩放（0-自动置）】：定义了碎片属性的噪波缩放尺寸。当这个为0时，Rayfire将自动设置。

Rift width【裂缝宽度】：在破碎的时候将在碎之间产生一定的裂缝。如果碎片在进行物理解算时频炸开，可以尝试将这个值适当调高。

Fill rifts【填充裂缝】：开启这个功能后，Rayfi会将切割的裂缝填满。

Bake animation【烘培动画】：当被切割的对象切割之前有动画关键帧时，Rayfire会在切割后将动烘培到碎块上面以保持其切割前后运动一致。

Create selection set【创建选择集】：在切割后为产生的碎片对象创建一个选择集，如图2-48所示。

图2-48

Animate impact\fragments visibility【碰撞动画\片的可见性】：开启这个选项后，Rayfire会在当前和前一帧为原始物体破碎产生的碎片添加可见度动画使前一帧不显示破碎后产生的碎片，而当前帧不显示始对象。在制作一些效果时，如玻璃杯破碎时，这个能将提供极大的便利。

Do not store original objects【不储存原始体】：由于Rayfire软件的特殊性，破碎操作不能通快捷键Ctrl+z【撤销】来恢复上一步的操作状态。默情况下，Rayfire会在切割对象前将其复制并隐藏，保证操作失误后不影响原始物体。

Remove angle threshold【删除角度的阈值】：

两个面的共有边顶点的最大角度。当角度小于该参数时，共有边将被删除。

Change wire Color【改变网格颜色】：若关闭则会在破碎后改变网格颜色。

Conver To Mesh【转换为可编辑网络】：将破碎象转化成可编辑网络（默认为可编辑多边形）。

.2.6 RayFire 层

这个Layers【层】选项栏主要是为了方便选择和删被创建的破碎物体。另外，它还有Presets【预设】这功能，可以保存及加载所有UI预制，如图2-49所示。

Interactive Layer Manager【交互层管理】： 在这卷展栏你可以：选择、删除、隐藏、显示、冻结和解层碎片。

Select：选择。选择层内所有对象。

Delete：删除。删除层。

Hide：隐藏。隐藏层内所有对象。

Freeze：冻结。冻结层内所有对象。

Presets：预设。

Save：保存。保存预设。

Load：载入。载入预设。

Delete：删除。删除预设。

图2-49

.3 RayFire Bomb【RayFire炸弹】

RayFire Bomb【RayFire炸弹】是一个模拟爆破碎效果的帮助物体。可以在Helpers【帮助物体】ayFire菜单中找到它，如图2-50所示。

2-50

想要使用RayFrie炸弹，需要在RayFire主窗口Simulation Properties rollout【解算属性卷展栏】elpers list【帮助物体列表】中添加RayFire BombRayFire炸弹】。

下面来了解下RayFire Bomb【RayFire炸弹】面中的参数，如图2-51所示。

2-51

① Options 【主要参数】。

Frame【帧数】：该参数控制RayFire Bomb【RayFire炸弹】开始起作用的帧数。

Strengt【强度】：该参数控制RayFire Bomb【RayFire炸弹】爆炸能量的大小。

Chaos【混乱】：调节这个参数可以使力的爆炸能量的大小有一定的变化。

Spin【旋转】：定义对象被爆破后的旋转力。

Shockwave【冲击波】：定义每一帧冲击波的速度。该参数使用世界单位。

② Range【范围】。

Display【显示】：是否显示范围。

■ **Type【类型】：**显示类型分为3种。根据不同的爆炸形式我们可以选择不同的类型，并且可以定义它的大小和角度。

■ **Spherical【球形】：**将中心到各个碎片的连线方向作为爆炸力的方向作用于对象。

■ **Planar【平面】：**将平面Z轴正方向作为爆炸力的方向作用于对象。

Cylindrical【圆柱】：将圆柱Z轴正方向作为爆炸力的方向作用于对象。

Size【尺寸】：控制RayFire Bomb【RayFire炸

弹】的作用范围和显示范围。

Angle【角度】：仅在球形显示的状态下起作用，可以控制分散角度。

■ Range Type【范围类型】：在控制范围内，影响力的递增/递减方式。和Type【类型】相作用时，这里Range Type【范围类型】也提供了3种不同的范围类型，默认为线性。

■ Unlimited Range【无限范围】：即RayFire Bomb【RayFire炸弹】的范围为无限大。

■ Linear【线性】：影响力在范围内按照线性方式

衰减。

Exponential【指数】：影响力在范围内按照指数方式衰减。

❸ Icon【图标】。

Display【显示】：是否显示RayFire Bomb【RayFire炸弹】图标。

Constant Screen Size【恒定屏幕尺寸】：开RayFrie Bomb【RayFire炸弹】图标后将不随视图化而变化。

2.4 RayFire Voronoi 破碎修改器

修改器顾名思义就是用来修改物体的，所以RayFire Voronoi【破碎修改器】也是基于物体来进行使用的。使用RayFire Voronoi【破碎修改器】可以方便地创建Voronoi【泰森多边形算法】碎片对象。它可以提供更为强大的预览功能。在进行切割前，就让特效师可以对结果进行大致的预览。这点非常有用，可以节约大量时间，如图2-52所示。

❶ Parameters【参数】，如图2-53所示。

图2-52　　　　　图2-53

Point Cloud types【点云生成类型】：在这里可以定义点云类型。例如，方体、球体、圆柱体、径向、对象等。

Fragment【碎片】：选好点云类型后，就可以开始进行破碎了。

Statistic【统计】：定义点云和碎片的数量，这个卷展栏中的数值只起到统计作用，其数量根据在Distribution【分布】中设定的数值而定。

Points【点】：点的数量。

Frags【碎片】：碎片的数量。

根据选择不同的点云生成类型，RayFire提供了可以定义不同点云分布的卷展栏，可以修改其中的数值来达到预期的效果。

❷ Point Filters【点云过滤器】，如图2-54所示

图2-54

在创建RayFire Voronoi【破碎修改器】时，可会导致在几何体外部有些点云分布。在这里可以通过同的点云过滤器来分布需要的点云，强制让所有点都布在几何体内部。

Ignore【忽略】：点云会被忽略，不使用这些生成碎片。

Glue【粘合】：所有碎片有过滤点粘成一个单元素。

Delete【删除】：简单地由过滤的点删除碎片。

❸ Fragments【碎片】，如图2-55所示。

图2-55

Random Seed【随机种子】：点云发生器和其他能的随机种子。设置相同的种子可以得到相同的碎片。

Stretching【拉伸】：主要用于创建木头属性的

，产生长条状的碎片。

Glue【胶合】：这个值用于增加碎片间的粘度。
越低，则会有更多的碎片粘合起来。

Delete【删除】：删除最小的碎片。

Hide Glued Edges【隐藏粘边】：用于隐藏粘贴在
框上的碎片。

Cap before fragmenting【破碎前的边缘】：破碎
关闭所有开放的边缘。

Map Size【贴图缩放】：切面贴图的缩放。

Material ID【材质ID】：切面的材质ID号。

④ Scaling【缩放比例】，如图2-56所示。

2-56

Gap【间隙】：用来创建碎片间的距离。该参数控
产生碎片之间的缝隙宽度。

Scale【缩放】：围绕中心缩放碎块，用来查看切
贴图缩放及材质ID。

Explode to Objects【分离物体】：把碎片分离出
，成为单个个体对象。

Name Suffix【名称后缀】：在这一栏中填写后缀
把它运用到分离出来的单个对象上。

Delete After Explode【删除原物体】：默认勾选
此选项，将删除分离前的物体。

Assign Random Colors【制定随机颜色】：用随
机颜色代替原物体颜色。

⑤ Display【显示】，如图2-57所示。

图2-57

Assign Vertex Colors【指定定点颜色】：随机指
定点云分割的碎片颜色。

Show Points【显示点云】：在视图里显示分布在
物体上的点云。

Show Points on top【在物体平面上显示点云】：
这里是指有些点云产生在物体的内部，无法直接看见。
勾选这个选项可以直接看见点云在物体内部的分布，知
道该物体被分布了多少点云。

Show Ignored【显示被忽略的】：勾选这里将可以看
见通过Point Filters【点云过滤器】所忽略掉的点云。

Show Glued【显示被胶合的】：显示已经胶合的
Voronoi点云。

Show Deleted【显示被删除的】：这里是显示已
经删除的Voronoi的点云。

.5 RayFire Cache【RayFire缓存】

所谓Cache，就是用来输出缓存的。这是在
ayFire新版本中添加的功能，用来为制作好的破碎来
出缓存。RayFire Cache主要帮助已经制作好破碎
物体来进行缓存的功能。通过储存的缓存可以来控制
碎的速度、破碎的倒放等一些高级功能。下面就来简
介绍下RayFire Cache的基本功能。

单击Max面板右上方的RayFire面板下的RF
ache按钮。在界面中便可以创建一个RayFire
ache的图标，下面来了解下RayFire Cache的基本
数，如图2-58所示。

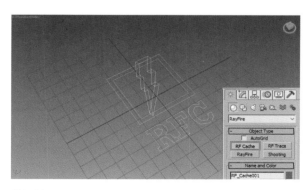

图2-58

① Parameters【参数】，如图2-59所示。

图2-59

Size【尺寸】：这里通过这个参数来控制Cache图标的尺寸大小。

Display Icn【显示图标】：打开则显示Cache的图标。

File【文件】：通过这个路径来加载缓存路径。

Status【状态】：目前缓存的状态。

New【新的】：创建新的缓存。

Load【加载】：加载缓存。

Unload【卸载】：卸载当前的缓存。

Reload【重载】：重新载入缓存。

Raload Material【重载材质】：重新载入材质。

② Record【记录】：这个卷展栏是用来记录创建缓存的，如图2-60所示。

图2-60

Start【开始帧】：记录的开始帧。

End【结束帧】：记录的结束帧

Step【子步值】：记录的间隔帧。

Nodes【节点】：这个小卷展栏是用来拾取想要建缓存的已经烘培好关键帧物体的卷展栏。

Record【记录】：开始记录。

③ Playback【播放】：这个卷展栏是用来对已有运动缓存的物体进行速度的缩放及倒放功能，如2-61所示。

图2-61

Start Frame【开始帧数】：开始播放帧数。

Speed【速度】：控制播放的速度，1为原始速度。

Sample【子采样值】：控制插值的准确度。

Reverse Playback【倒放】：打开这个选项将开倒放功能。

Playback Graph【播放曲线】：通过这个卷展栏来制播放曲线，对缓存运动进行加速度或减速度的控制。

Enabled【激活】：激活曲线。

Frame【帧】：这个帧可修改为当前缓存帧。

第3章

地面坍塌

本章内容

- ◆ 了解坍塌的形成原理
- ◆ 使用RayFire切割物体
- ◆ 使用RayFire模拟坍塌

在之前的章节中对RayFire进行了全面而细致的分析，那么从这章开始将通过不同的案例来更加深入地学习RayFire这个插件，在学习的过程中逐渐掌握这个插件的功能。下面讲解的这个坍塌案例主要的知识点在于使用RayFire切割物体并模拟出坍塌的效果，接下来就来详细地讲解制作过程。

.1 坍塌形成的原理

在开始制作前，应该对所要制作的坍塌效果的形态有一定的了解。首先要先了解一下什么样的地面破碎可以为地面坍塌，其实地面塌陷就是地表在自然力或人为因素下的向下陷落，并在地面形成塌陷坑的一种动力地质现其坍塌的平面形态有圆形、椭圆形、长条形及不规则形等，主要与下伏岩溶洞隙的开口形状及其上复岩、土体性质在平面上的分布有关，如图3-1所示。

-1

在了解了坍塌的概念及效果之后，下面就开始制作一个简单的地面坍塌效果。

3.2　使用RayFire切割物体

本小节主要了解模拟破碎步骤的首要环节。

STEP 01　首先打开3ds Max软件，然后在空场景中建一个Box【长方体】的模型，这个长方体模型就是用来模拟破碎的地面，其Box【长方体】参数，如图3-2所示。

图3-2

这里把建好的长方体沿y轴向上拖曳，注意不要向上拖太多，跟Max自带grid【网格】拉开些距离就可以了。

STEP 02　在菜单中选择RayFire选项，再单击Open RayFire Floater【打开RayFire面板】按钮，如图3-3所示。

STEP 03　把Box【长方体】模型添加到RayFire的Dynamic/Impact Objects【动态/碰撞 物体】栏下，如图3-4所示。

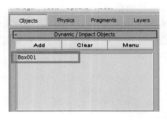

图3-3　　　　图3-4

STEP 04　开始切割整个路面。首先在Fragments type【碎片选项】中选择Voronoi-Uniform【泰森算法-规则型】，并根据Box【长方体】的大小将Iterations【重复】设置为200，以及二次变化为50。之后单击Fragment【切割】开始切割，如图3-5所示。

图3-5

STEP 05　重新回到Objects【物体】界面中，可以看切割后的物体都在第一卷展栏下（图一），单击Cle【清除】选项。因为考虑到这个案例并不是一个整体碎的案例，所以为了方便选择，首先会先清空这个卷栏（图二），如图3-6所示。

（图一）　　　　　　　（图二）

图3-6

STEP 06　在视图中画出想模拟破碎的部分。这里为了便操作，建议使用快捷键Q，将选择方式切换成 ▣【涂选择】工具进行选择，如图3-7所示。

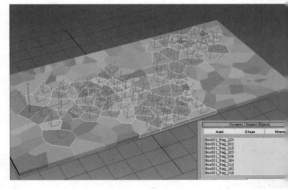

图3-7

3.3　使用RayFire模拟坍塌

下面开始进行碰撞体坍塌的模拟动画。由于在自然界中，坍塌是在力的作用下所产生的地面下落，从而在地生空洞的现象，所以在这里，如果想要模拟出塌陷的果，则需要创建出碰撞地面的物体来使地面受到冲，从而使得碎片下落。考虑到坍塌是一个动态延展下的过程，所以在这个案例里选用风场作为碰撞碎片的活体。

EP 01 首先在空间扭曲选项中选择Forces【力场】块，然后在场景中建立一个风场的图标。这里需要意风场的默认形状是Planar【平面】的显示方式，在这里主要用它来控制破碎的范围，所以这里要把它显示形式改为Spherical【球形】的显示方式，如图8所示。

EP 02 下面根据刚才选择的破碎范围来对风场进关键帧的设定。首先单击界面右下角的 Time onfiguration【时间配置】按钮，打开Time onfiguration【时间配置】面板，然后在Time onfiguration【时间配置】面板中的Frame Rate 帧速率】栏下点选PAL选项，把时间帧速率调成一般影制作使用的每秒25帧的制式，如图3-9所示。

—8　　　　　图3-9

EP 03 在时间线的右边单击Auto Key【自动关键】的按钮 ，可以看到整个帧进度条变成红色的，那么就可以对风场进行关键帧的设定了，如图10所示。

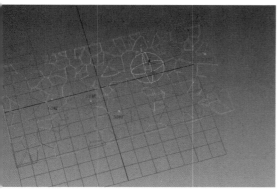

—10

这里需要注意的是，在设定关键帧的时候必须要让风场经过之前添加到Dynamic/Impact Objects【动态/碰撞 物体】的物体，因为只有在动态栏中的物体才能激活碎片，而其他物体是不会产生影响的。

STEP 04 为了产生碰撞，首先要把设置好关键帧动画的风场拾取到Simulation Properties【解算参数】卷展栏中，这样风场在模拟中才会和地面产生碰撞从而激活破碎的效果。然后单击解算参数栏下的Add【添加】按钮，再到场景中拾取Wind【风场】模型，将其添加到解算参数列表中，如图3-11所示。

图3-11

STEP 05 拾取完碰撞体之后再设置一下动力学模拟这一栏的参数。但是首先要考虑到这个案例中要破碎的地面并不是要全部坍塌，所以首先要打开Deactivate Static Dynamic objects【停用静态刚体】选项和Activate by Force【利用力场激活选项】，在这里打开Deactivate Static Dynamic objects【停用静态刚体】选项是为了使物体在被风场激活前保持sleep【睡眠】状态，而打开Activate by Force【利用力场激活】选项是为了可以运用风场进行激活碎片，如图3-12所示。

图3-12

STEP 06 因为在这个案例中只需要50帧的时间长度，所以设置End frame【结束帧】为50，将Gravity【重力】调节为1。

这里不要忘记打开Home grid as ground【以网格作为地面】的模式，如图3-13所示。

图3-13

STEP 07 这里将风场Strength【强度】减小为0.8。因为在使用风场进行激活碎片的模式中，风场的强度可以控制碰撞冲撞的力度，而在这个案例中并不会出现冲撞的效果，所以将风场的力度减小。接下来勾选Wind【风场】中Display【显示】选项中的Range Indicators【范围指示器】选项，这样风场才能在这个形状范围内起到碰撞的作用，如图3-14所示。

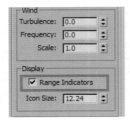

图3-14

STEP 08 到这里为止模拟破碎的准备工作就完成了，下面开始进行模拟。单击 Preview 【预览】按钮，预览一下坍塌的效果，如图3-15所示。

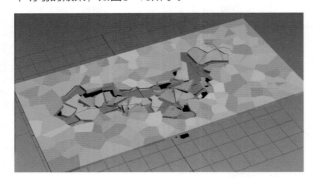

图3-15

现在已经看见坍塌的动态效果了，但是乍看起来感觉做的坍塌效果非常地单薄，缺少细节，所以接下来就来继续丰富这个效果。

STEP 09 在Physics【物理】卷展栏下找到Interactive Demolition【交互式破坏】小分栏，将Demolish geometry【摧毁几何体】的模式选择开启。注意这个小分栏在RayFire中将起到非常重要的作用，主要是来帮助实现二次破碎的。正如之前所讲到的，如果只有大小相同的碎块，会使这个坍塌看来非常地单薄，而只有打开Demolish geometry【摧毁几何体】之后，才能使物体在碰撞时再次产生破碎，使破碎具有层次感。但因为在本案例中并不想让所有的碎片都产生二次破碎而被切割成细小的碎片，所以调节Material Solidity【材质硬度】参数到0.3就可以了，如图3-16所示。

图3-16

STEP 10 设置好之后再回到Fragments【分裂】卷栏，重新设定二次破碎的碎片样式。为了丰富细节，这次选择不规则切割的样式，将Fragmentation type【碎片】设置为ProBoolean - Irregular【超级布尔算法-不规则型】。因为这个碎片数量是作用在切割的每一小片碎块上的，所以这里需要适量地减少碎片数量，将Iterations【迭代次数】值设置为5、2即可，如图3-17所示。

图3-17

STEP 11 接下来开始模拟破碎动画。但是值得注意是，之前是用Preview【预览】出的破碎效果，如开启二次破碎后，则Preview【预览】无法产生二破碎的效果，这里则需要使用Bake【烘焙】来进行拟。Bake【烘焙】模拟后的结果比之前丰富了很多到此为止，整个地面坍塌的效果就完成了，如图3-所示。

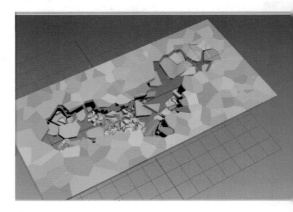

图3-18

砖墙破碎掉落

第 4 章

本章内容

◆ 了解砖墙的分割原理 ◆ 使用修改器为砖块制作倒角
◆ 使用RayFire进行砖块切割 ◆ 使用RayFire模拟破碎
◆ 使用Demolition Properties【破坏属性】进行交互式破碎

　　本章将通过砖墙破碎案例来更加深入地学习RayFire这个插件的使用方法，其主要知识点在于了解砖砌的堆砌□理并使用RayFire切割工具来进行砖块切割，制作思路为：首先对物体进行砖型切割，而后通过动力学模拟来进□二次破碎。下面就来详细地讲解这个案例的制作过程，如图4-1所示。

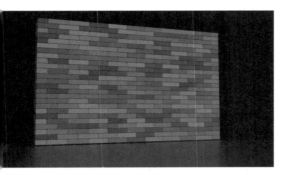

□-1

.1　砖墙的分割原理

　　由于本章案例涉及砖墙的切割问题，所以首先要先要了解用砖和砂浆砌筑的墙面才称为砖墙。在现实生活中常□的砖一般分为红砖与青砖，而砖的规格尺度长、宽、厚（高）的比例关系一般为4:2:1。但这里的比例关系并不□一定的，因为近些年来由于所定标准砖的尺寸不能同基本模数协调，所以也出现了许多不同于标准尺寸的砖块，□图4-2所示。

图4-2

到这里，对砖墙就有了一个基本的了解，那么在本章中，还是使用标准砖的方式来进行切割破碎。

4.2　使用RayFire进行砖块切割

了解了砖的基本特性后，在这里开始创建墙面和切割墙体了。

STEP 01 首先打开3ds Max界面，然后建一个Box【长方体】的模型，用这个Box【长方体】来模拟破碎的墙面。将Box【长方体】参数设置为如图4-3所示。

图4-3

技巧提示： 这里要注意Width【宽度】这个选项值，因为考虑到要做的是砖墙，这个值直接决定了要垒几层的砖。而在这里需要准备垒两层砖，也是方便制作更丰富破碎的细节。所以在这里将这个值设为4。

STEP 02 然后在菜单中选择RayFire，单击Open RayFire Floater【打开RayFire面板】按钮，如图4-4所示。

STEP 03 把Box【长方体】模型添加到RayFire的Dynamic/Impact Objects【动态/碰撞 物体】栏下，如图4-5所示。

图4-4　　图4-5

STEP 04 把Box【长方体】模型拾取进去后，开始切割整个墙面。首先切换到Fragments【切割】面板下在Fragments type【碎片选项】中选择Slice-Bric【切割-砖块】。那么根据之前了解到的标准砖的寸，这里将设置砖块的长、宽、高为4、2、1。然后们单击Fragment【切割】开始切割，可以看到砖墙经切割成了错落的两层砖，如图4-6所示。

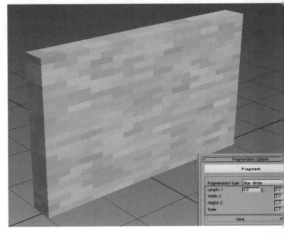

图4-6

STEP 05 切割后重新回到Objects【物体】界面中，以看见切割后的物体都在该界面的第1个卷展栏下。虑到这个案例是一个局部破碎的案例，只需要中间分的碎块参与模拟，所以这里首先单击Clear【清除按钮清空这个卷展栏，再在视图中画出想模拟破碎的分，如图4-7所示。

4-7

EP 06 这里为了方便选择，将选择方式切换成 ⬚【喷选择】工具。选择效果如图4-8所示。

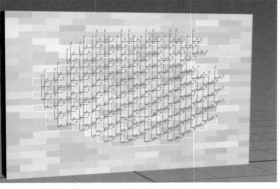

4-8

注意：由于喷涂选择的随机性比较大，所以上图仅用来做参考效果。

STEP 07 选择好后，下拉菜单栏到Sleeping Objects【睡眠物体】，单击Add【添加】按钮，把选好的碎块添加进去。把碎片添加到Sleeping Objects【睡眠物体】中是因为此案例并不是从开始就破碎掉落，而是通过碰撞体激活碎片而产生破碎掉落的效果，所以在碰撞之前需要使这些碎片保持静止状态，如图4-9所示。

图4-9

技巧提示：在选择要破碎的碎块的时候，尽量在所需范围外多选些，这样会使之后模拟出来的破碎更加自然丰富。

.3 使用修改器为砖块制作倒角

现在可以看见墙体已经切割成砖块的样式了，但是现砖块的边缘非常尖锐、不自然，所以接下来将为砖制作倒角，如图4-10所示。

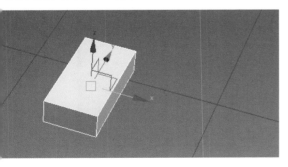

4-10

EP 01 这里为了方便选择，建议使用快捷键Q，将选方式切换成 ⬚【方形选择】工具，选择全部的砖块，图4-11所示。

EP 02 单击面板右边的 ▨【修改】图标，将工具栏换到编辑修改器，并为所有砖块添加Edit Poly【编Poly】，如图4-12所示。

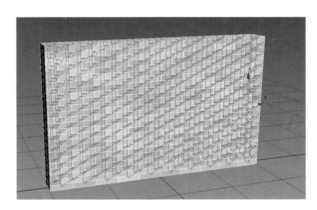

图4-11

图4-12

技巧提示： 在修改菜单栏添加修改器时，可以通过首字母快速检索不同的修改器。

STEP 03 在Edit Poly【编辑Poly】修改器中选择线模式进行编辑，是为了保证需要再一次选择需要倒角的物体时的准确性。此时线变成红色表示已经选中了物体，如图4-13所示。

图4-13

STEP 04 在编辑线的模式下单击Chamfer【倒角】键后面的编辑窗口，将倒角的范围值改为0.1，之后再单击对号键就可以完成倒角了，如图4-14所示。

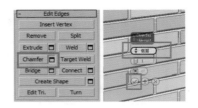

图4-14

现在可以看见，整个墙面的砖块都有了一个角度，砖与砖之间也有了堆砌的感觉，跟之前相比，整个墙面也具有更加真实、细腻的感觉了，如图4-15所示。

图4-15

4.4 使用RayFire模拟破碎

下面开始进行碰撞墙体的模拟动画，在之前的章节中，了解了塌陷是在力的作用下所产生的地面下落动画。同样地，墙体也需要在外力的作用下才会破碎掉落。而在这里，如果想要模拟出破碎的效果，则需要创造出碰撞墙面的物体来体现墙体受到冲击产生破碎并掉落的效果。在这里墙体破碎是受到一个力的冲击而产生的破碎效果，所以在这个案例中需要创建一个物体来充当碰撞体。

STEP 01 在创建碰撞体之前先创建一个新的文件层以方便后期隐藏碰撞体。首先单击界面右上角的工具栏中的 Manage Layers【文件层】选项，打开层界面，如图4-16所示。

图4-16

STEP 02 在界面中只有一个层的时候，单击层前面的加号就可以打开这个层的卷展栏，卷展栏下的子物体是场景中所有的物体。再次单击前面的减号可以关闭这层的卷展栏，如图4-17所示。

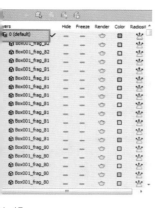

4-17

EP 03 首先单击Create New Layer【创建新层】创
一个新的层，然后单击Layer001【层001】进行重
名，这里把它重命名为Collision body【碰撞体】，
是用作放置后面创建的、与墙面产生碰撞的物体的，
图4-18所示。

4-18

EP 04 下面回到Geometr【几何】面板下，单击
phere【球形】图标，在场景中建立一个Sphere【球
】的模型。这里要注意， Sphere【球形】模型的
积要小于我们之前选择好的碎片的范围，如图4-19
示。

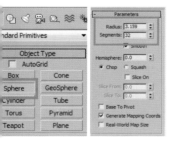

4-19

EP 05 下面进行Sphere【球形】模型的关键帧设
。首先单击界面右下角的 Time Configuration
时间配置】按钮，然后打开Time Configuration
时间配置】面板，在Time Configuration【时间配
】面板中的Frame Rate【帧速率】栏下点选PAL
项，把时间调成一般电影制作使用的每秒25帧的制
，如图4-20所示。

图4-20

STEP 06 单击在时间线右边的Auto Key【自动关键
帧】按钮 ，这时可以看到整个帧进度条都变成了红
色，这样就可以对风场进行关键帧设定了，如图4-21
所示。

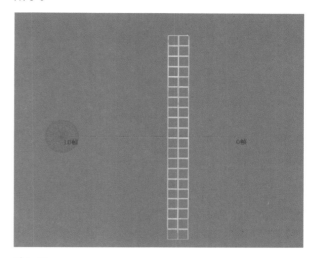

图4-21

STEP 07 为了产生碰撞，要把设置好关键帧动画的风
场拾取到Staric&Kinematic Objects【静态&运动 物
体】卷展栏中，这样Sphere【球形】在模拟中才会和
砖墙产生碰撞激活破碎的效果，如图4-22所示。

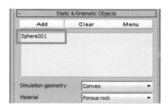

图4-22

STEP 08 拾取完碰撞体之后再设置动力学模拟这一栏
的参数。因为在这个案例中只需要50帧的时间长度，
所以使用RayFire菜单栏中的Physics卷展栏，将Start
frame【开始帧】设置为0，End frame【结束帧】为
50，如图4-23所示。

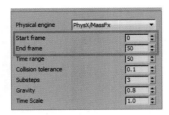

图4-23

是发现目前的砖块破碎得太整体了，缺少每块砖的破细节，所以下面就来制作小砖块的破碎效果。

STEP 09 为了不使所有的碎块都受到碰撞体冲击的激活，打开Dead Sleeping objects【使物体深度睡眠】，设置Revive dead by Velocity【根据速度激活】值为18，这样就可以通过速度范围来激活碎片了，如图4-24所示。

图4-24

STEP 10 为了使碰撞后的碎片不会在Gravity【重力】的影响下持续下沉，这里将开启Home grid as ground【以网格作为地面】的模式，将3ds Max自带的Grid【网格】作为地面，与下沉的碎片进行碰撞，如图4-25所示。

图4-25

STEP 11 到这里模拟破碎的准备工作就完成了，下面开始进行模拟。单击 Preview 【预览】按钮，预览一下破碎效果，如图4-26所示。

　　现在可以看见砖墙的破碎效果、掉落效果已经完成了，并且碎片与Grid【网格】也产生了碰撞的效果。但

图4-26

4.5 使用Demolition Properties【破坏属性】进行交互式破碎

　　在Physics【物理】卷展栏下找到Interactive Demolition【交互式破坏】小分栏，这个小分栏在RayFire起到非常重要的作用，其主要是帮助实现二次破碎的。正如之前看到的，大砖块的破碎掉落显得非常整体而且简

糙，所以下面通过Demolition Properties【破坏属性】实现小砖块的破碎效果。

EP 01 首先打开Demolish geometry【摧毁几何】，使物体在碰撞时再次产生破碎。

EP 02 再回到Fragments【分裂】卷展栏，重新设置二次破碎的碎片样式，丰富碎片细节。因为这个碎片数量是作用在切割后的每一小片碎块上的，所以设置Fragmentation type【碎片】为ProBoolean – Irregular【超级布林算法–不规则型】，又由于需要适当地减少碎片数量，所以设置Iterations【迭代次数】为5、2即可，如图4-27所示。

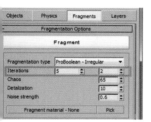

图4-27

EP 03 开始模拟，注意这里需要使用Bake【烘焙】进行模拟，如图4-28所示。

图4-28

经过Demolition Properties【破坏属性】进行交互式破碎模拟后，无论是刚开始的碰撞破碎，还是后面的碎片掉落，整体细节均比之前细腻很多。到此为止，整个砖墙破碎掉落的案例效果就完成了。

第 5 章

墙体真实碰撞飞溅

本章内容

◆ 使用RayFire进行墙体切割
◆ 使用RayFire模拟破碎
◆ 使用Particle Source【粒子流】系统丰富细节

本章将使用RayFire插件来实现墙体真实碰撞而产生的飞溅效果。墙体的碰撞飞溅效果在一些有追逐场景的片中常有出现，为影片营造了强烈的视觉冲击力。

本案例的墙体碰撞效果是在深入地学习了RayFire这个插件的基础上，添加了Particle View系统【粒子系统】的学习。Particle View系统【粒子系统】是给3ds Max提供的一种特别的效果和动画的制作手段。适用于需要量粒子的场景中，例如：暴风雪、水流、烟雾及下面要来讲解的墙体真实碰撞飞溅的场合。当然article View【局视野】系统可以实现的效果远远不止这些。3ds Max粒子系统可以分成两种类型，分别是非事件驱动粒子系统（Non-Event-Driven）和事件驱动粒子系统（Event-Driven）。在本章中主要结合Particle Source【粒子流系统的事件驱动粒子系统（Event-Driven）来丰富RayFire破碎的细节。主要思路为：先通过RayFire插件来对体进行简单的破碎效果处理，再通过Particle Source【粒子流】系统来进行更加细腻的破碎细节处理。下面就来细讲解，如图5-1所示。

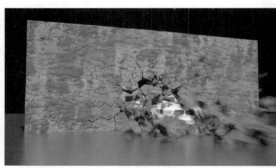

图5-1

5.1 使用RayFire进行墙体切割

本节主要进行模拟破碎的首要步骤。通过Rayfire的Fragments【破碎】模块对物体进行初步的割。

STEP 01 打开配套资源第5章提供的初始场景文件，其有已经创建好的场景模型。拖动时间滑块，可以看这个场景中的bmw7物体是带有动画的，如图5-2示。

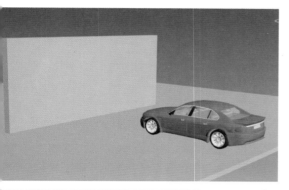

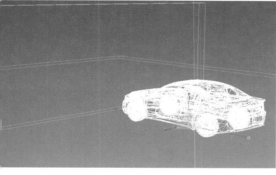

图-2

STEP 02 在界面右边菜单中选择RayFire，并单击open RayFire Floater【打开RayFire面板】打开yFire主面板，如图5-3所示。

图-3

STEP 03 把场景中的Box【长方体】模型添加到yFire的Dynamic/Impact Objects【动态/碰撞物

体】栏下。准备对这个物体进行切割，如图5-4所示。

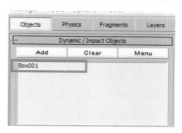

图5-4

STEP 04 拾取进去后，切换到Fragments【切割】面板下。在Fragments type【碎片选项】中选择Voronoi-Uniform【泰森算法-规则型】的切割方式；将Iterations【迭代次数】改为300-100；单击Fragment【切割】开始切割。这时，整个墙面就切割完成了，如图5-5所示。

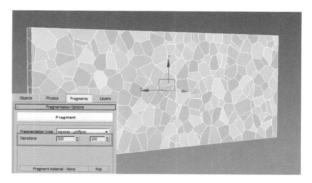

图5-5

STEP 05 之后回到Objects【物体】界面中，在Dynamic/Impact Objects【动态/碰撞 物体】选项栏中单击Menu【菜单】选项，可以看到Send to Sleeping list【发送到睡眠菜单】这个选项；选择后可以发现Dynamic/Impact Objects【动态/碰撞 物体】选项栏下的物体全部移动到了Sleeping Objects【睡眠物体】选项栏中了。这样是为了让物体在受到碰撞前保持静止的状态，如图5-6所示。

图5-6

技巧提示： 这里发现，与之前案例不同的是，这次并没有选择预计受到破碎的碎片物体，而是把全部的碎片物体添加进去了。这是因为，之前所做的案例均为小范围的碰撞破碎，而本案例预计用车作为碰撞体进行拟破碎，所以为了能实现更真实的破碎效果，就需要整面墙的碎片物体参加模拟。

5.2 使用RayFire模拟破碎

学习完5.1节后，下面来对墙面进行冲撞碎落效果的模拟。在之前的小节已经确定好了模拟碰撞的碰撞体及碎裂墙面，这里通将过RayFire来具体地实现冲撞碎落效果这一过程。

STEP 01 在本案例中，使用场景中的bmw7来充当碰撞体，把设置好关键帧动画的bmw7拾取到Staric&Kinematic Objects【静态&运动 物体】卷展栏中。这样在模拟中才会和墙面产生碰撞激活碎片的作用。接着将场景中的Box002【长方体002】也拾取进来，这里Box002【长方体002】是作为与碎片碰撞的地面而存在的，如图5-7所示。

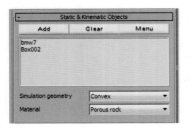

图5-7

STEP 02 拾取完碰撞体之后单击Physics【物理】这一栏，设置一下动力学模拟这一栏的参数。首先这个案例的动画只需要50帧的动画时长，所以设置Start frame【开始帧】为0；End frame【结束帧】为50；设置Gravity【重力】为1.5，如图5-8所示。

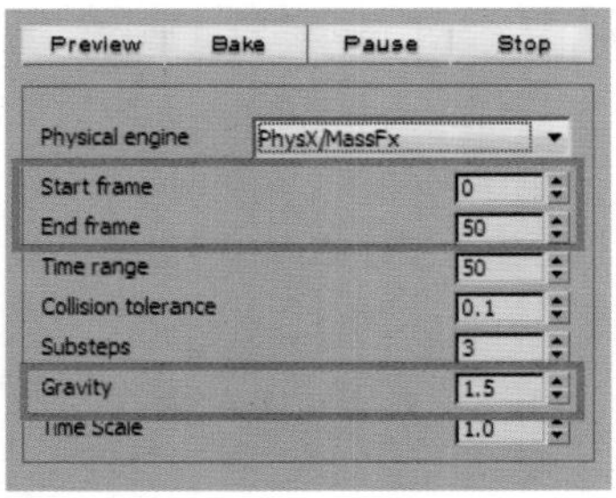

图5-8

STEP 03 为了不使所有的碎块都受到碰撞体冲击的激活，所以打开Dead Sleeping objects【使物体深度睡眠】；设置Revive dead by Velocity【根据速度激活】为20；根据速度值的范围来激活碎片，如图5-9所示。

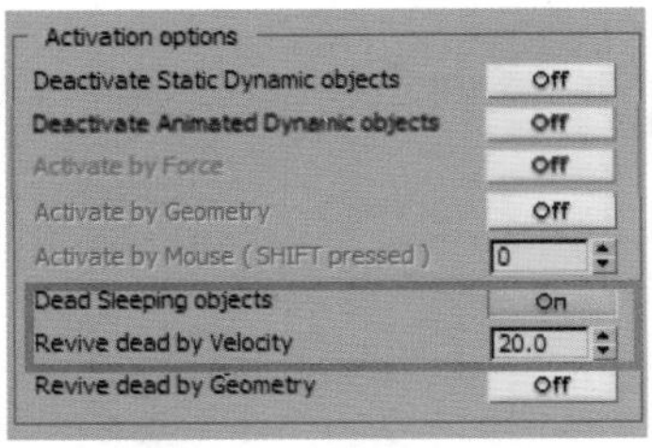

图5-9

STEP 04 到这里模拟破碎的准备工作就完成了。下面始进行模拟。单击 Bake 【烘焙】按钮，来烘焙碎片关键帧动画。可以看到汽车撞击到墙面上，汽车的动传递到墙面预先切好的碎片上，使碎片撞飞。但整体面并没有塌陷，因为力在传递的过程中会逐渐衰减，法使整个墙面坍塌掉。这也是本案例设想的效果，如5-10所示。

图5-10

STEP 05 接下来开始细致模拟。打开Demolish Geometry【摧毁几何体】，设置Material Solidity【材质硬度】为0.5，使少量碎片物体在碰撞时产生二次破碎，如图5-11所示。

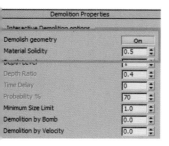

5-11

STEP 06 回到Fragments【分裂】卷展栏中，设定二次破碎的碎片样式。这里只想给规则的碎片产生一些错感，所以设置Fragmentation type【碎片类型】仍为Voronoi-Uniform【泰森算法-规则型】、设置Iterations【迭代次数】值为10.0即可，如图5-12所示。

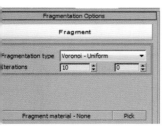

5-12

STEP 07 回到Physics【物理】选项栏，单击Bake【烘焙】再次进行模拟。可以看到，与第一次模拟相比，碎片的大小层次已经错落开了。动态效果与上一次模拟类似，但是视觉效果会更真实。大碎块之间会掺杂一些小的碎块。接下来进一步丰富效果，如图5-13所示。

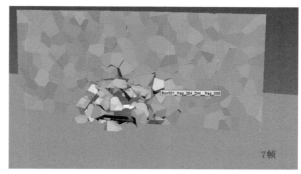

7帧

20帧

图5-13

.3 使用PF Source【粒子流】系统丰富细节

首先来简单介绍一下PF Source【粒子流】。PF Source【粒子流】是3ds Max中主要的内置粒子系统，这个粒子系统的功能非常强大。它可以实现各种各样的粒子动画效果，例如常见的雨雪、碎片、魔法效果等。在本案例中，将使用粒子流系统来丰富墙体被冲击破碎的细节。

STEP 01 在菜单中选择Particle Systems【粒子系统】，单击PF Source【粒子流】选项，单击下方的Particle View【粒子视图】，如图5-14所示。

图5-14

技巧提示： 通过单击键盘上的数字'6'也可以快捷地打开粒子视图。

STEP 02 用鼠标左键点住界面下方的Standar Flow【标准跟随】拖曳到上方空白的面板中，就可以成功地创建一个标准的粒子流。这时可以回到Max的主界面查看，界面中已经产生了粒子流了。拖动时间滑块可以看到默认的标准粒子动态，如图5-15所示。

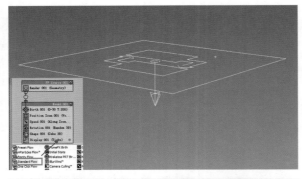

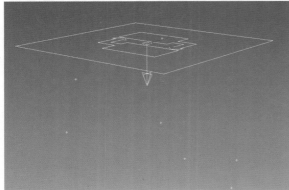

图5-15

STEP 03 本案例要使用粒子系统来丰富之前RayFire产生的破碎细节，所以选择用物体的方式进行粒子发射。这里首先在下方菜单中找到Position Object【物体位置】使用物体的方式发射粒子，鼠标点住拖曳覆盖Position Icon【图标位置】，如图5-16所示。

图5-16

STEP 04 在界面中选取一些刚才破碎飞溅的碎片，准备通过这些选中的碎片来进一步添加碎片细节。选好后直接添加进Position Object【物体位置】的Emitter Objects【发射问题】的选项栏中；再打开Lock On

Emitter【锁在发射器上】这个选项，让碎片静止在中的碎片发射物体上，如图5-17所示。

图5-17

技巧提示： 把选好的物体添加进Position Object【物体位置】的Emitter Objects【发射问题】的选项栏时，由于选择了多个碎片，所以这里要选用List【通过菜单】的方式添加。

STEP 05 由于这个粒子流是用来模拟碎片的，碎片不能一直出现。所以单击Birth 001【出生001】，调其Emit Stop【结束发射】为0帧，这样碎片就不会增长状态一直发射了，如图5-18所示。

STEP 06 删除Speed 001【速度001】、Rotation00【旋转001】、Shape 001【形状001】这3个条件因为在第一个事件中，只需要确定粒子碎片的发射指而并不涉及最终的粒子碎片，所以不需要这3个条件如图5-19所示。

图5-18   图5-19

STEP 07 回到主界面，在空间扭曲选项中选Deflectors【导向板】模块，创建一个Deflector【向板】，大小与墙面相同即可，如图5-20所示。

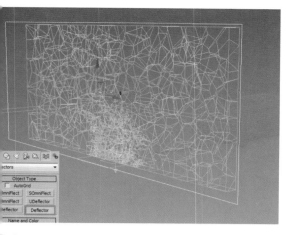

图5-20

STEP 08 回到粒子界面，在条件选项中选择Collision【碰撞】，拖曳到事件001选项栏中；再在Collision001【碰撞001】菜单栏下把Deflector【导向板】添加进来；并将Collides【碰撞】Speed【速度】改成Continue【继续】；接着选择Display【显示】拖曳到空白的界面中生成事件002选项栏中，如图5-21所示。

图5-21

STEP 09 通过Collision【碰撞】前端的手柄把Collision【碰撞】连接到事件002上，这样可以通过Collision001【碰撞001】这一条件产生飞溅的粒子碎片，如图5-22所示。

图5-22

STEP 10 可以看见以十字星显示的粒子已经有了冲击的动态。下面通过添加力场进行更写实的碎片制作。回到主界面，在空间扭曲选项中选Focre模块，选择Gravity【重力】；回到粒子面板，找到Force【力场】条件并拖曳到粒子事件002中，把之前创建的Gravity【重力】拾取到面板中；并将Influence【影响力】调节到100，如图5-23所示。

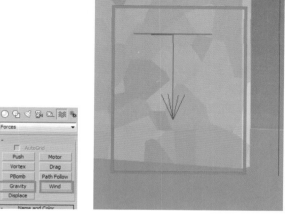

图5-23

STEP 11 为了使受到重力影响的粒子碎片不会无限下坠，这里来添加一个导向板作为地面，使粒子和地面产生碰撞。在空间扭曲选项中选择Deflectors【导向板】模块，这次由于要拾取Box002【长方体002】作为地面，所以选择UDeflector【U导向板】，如图5-24所示。

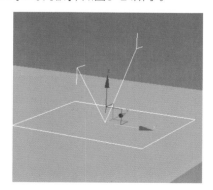

图5-24

STEP 12 单击Pick Object【拾取物体】按钮，将地面Box02【长方体002】拾取到导向板中，如图5-25所示。

STEP 13 回到粒子界面，找到Collision【碰撞】条件并拖曳到事件002中，将刚创建的UDeflector【U导向板】拾取到Collision【碰撞】中。因为这里想要粒子碎片掉落到地面上产生碰撞的效果，所以将Collides【碰撞】的模式改为Stop【停止】，如图5-26所示。

图5-25

图5-26

STEP 14 拖动时间滑块，可以看到现在的粒子已经和预想的一样产生了与碎块一样的动态效果，并且与地面也有了碰撞效果。下面接着来讲解如何把十字星显示的粒子变成真正的碎片，如图5-27所示。

图5-27

STEP 15 在粒子面板中选择Shape Instance【形体替代】并拖曳到事件002中。之后回到Max面板中，在之前破碎好的墙体中选择一小堆碎片，通过快捷键Ctrl+V【复制】的方式把它们拖出原墙面，如图5-28所示。

图5-28

STEP 16 单击界面左上角的Group【组】菜单中Group【组】键，把之前复制出来的碎片打成组，并名为fragments【碎片】，如图5-29所示。

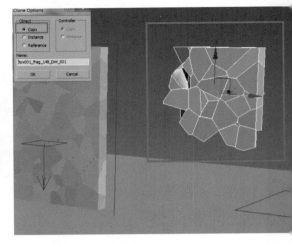

图5-29

STEP 17 回到粒子界面中的Shape Instance【形体替】条件，这里要把粒子的形状改成之前打成组的碎物体。单击None【无】按钮拾取fragments【碎片】入碎片组，勾选下方的Group Members【数字组】碎片的形状加载给粒子。这个案例想产生较大的碎片寸差用以丰富破碎的细节，所以将Scale%【缩放】置为25、Variation%【变化】为80，如图5-30所示。

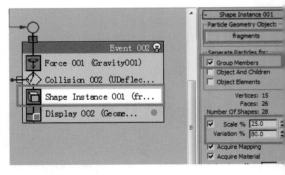

图5-30

STEP 18 为了可以直接在视图中看到粒子碎片的动态将事件002中Display【显示】粒子显示的形式改Geometry【几何体】。拖动时间滑块时就可以看见节丰富的真实墙体碰撞飞溅的碎片效果了，如图5-所示。

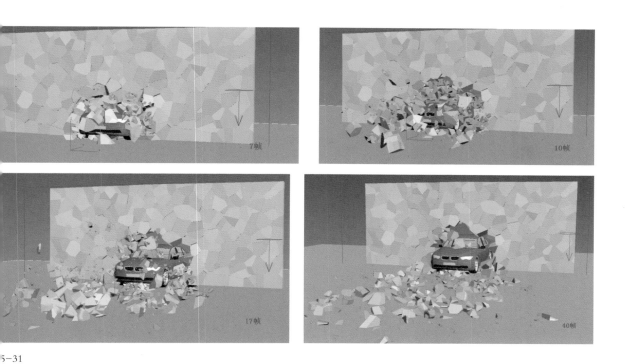

图5-31

技能提示： 粒子在Max的视图中，为了节省资源，默认显示模式为十字星模式，但此模式只用于视窗显示，Render 【渲染】出的图片仍旧是根据选定的形状进行渲染。

子弹穿透击碎玻璃

6.1　玻璃的特性

本章主要使用RayFire插件来实现子弹击碎玻璃的效果。子弹击碎玻璃的效果在各类影视片中常有出现，主用于慢镜头渲染影片紧张的气氛，从而体现完美的枪击效果。

本章主要学习在RayFire这个插件中如何运用Voronoi-Radial【泰森算法-半径】切割法来切割玻璃物体在学习的过程中逐渐掌握这个插件的用法。子弹击碎玻璃这个案例的制作思路是：首先要了解玻璃的破碎原理及片的类型；接着学习通过Voronoi-Radial【泰森算法-半径】切割法来切割玻璃物体，并通过RayFire的动力学行破碎模拟；最后来设定玻璃的材质及渲染参数，从而达到更为真实的玻璃穿透效果。下面就来详细地讲解，如6-1所示。

图6-1

6.1　玻璃的特性

在之前的案例中，主要涉及制作地面、墙面等坚硬固体的破碎效果。在这个案例里，需要破碎的玻璃是一种规则结构的非晶态固体（从微观上看，玻璃也是一种液体）。它的分子不像晶体那样在空间里长程有序地排列，近似于液体那样具有短程有序的排列。而玻璃却像固[体]一样保持特定的外形，不像液体那样随重力作用而流[动]，如图6-2所示。

6-2

在了解玻璃不同于地面与墙面之后，可以知道玻璃的破碎方式与地面和墙面有些不同。子弹打出去的玻璃碎屑呈发散式运动方式，轨迹不定，剩余部分视弹头速度决定。速度高则不会出现整块玻璃的碎裂，速度慢或弹头过重则会出现整块玻璃的碎裂。甚至有一部分玻璃会刮下弹头的铜皮，铜皮又会带走额外的玻璃碎屑，使玻璃碎屑的运动轨迹更加难以判断，之后会在玻璃上留下一个大于弹头直径的孔。在了解了玻璃的特性之后，下面开始案例制作。

.2 使用Voronoi-Radial【泰森算法-半径】切割物体

先来学习如何使用RayFire中的Fragments【破[碎]】将物体切割为玻璃碎裂的状态。

EP 01 首先打开随书资源的第6章场景文件，可以看[出]在界面中有6个物体。分别是：作为玻璃的Box001【长方体001】物体、与子弹模型重叠在一起的碰撞[体]、Sphere001【球形001】和Sphere002【球形[00]2】物体，还有一个摄像机模型及一盏V-ray灯光模[型]，如图6-3所示。

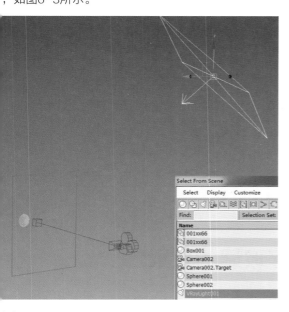

6-3

EP 02 再在界面中打开RayFire，如图6-4所示。

EP 03 把作为玻璃的Box001【长方体001】物体添[加]到Dynamic/Impact Objects【动态/碰撞 物体】栏[中]，如图6-5所示。

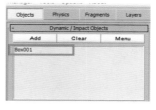

图6-4　　　　　　图6-5

STEP 04 切换到Fragments type【碎片类型】中选择Voronoi – Radial【泰森算法-半径】。这个切割碎片的模式是根据泰森算法，将沿着对象的局部Z轴作为中心进行切割。但是在交互式破碎时，将以碎片对象的中心作为切割中心。这种方法在制作玻璃破碎效果的过程中运用十分广泛。根据子弹的大小，下面来调节切割碎片的参数，将Rings \ Rays【半径\射线】设置为8、18。因为这个案例已经设置好了摄像机动画，做了一个近距离穿透效果的模拟，所以这里将Radius%【半径】设置为80、设置Radial bias【半径的偏斜率】为0.1，使两层碎片有些偏移变化，如图6-6所示。

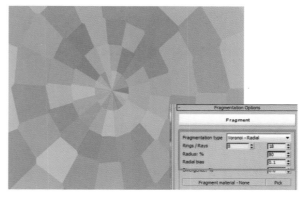

图6-6

STEP 05 切割后发现目前的效果相对于真实的子弹击碎玻璃的效果，还是较为单一。下面第二次切割碎片。由于子弹的击碎范围并不会导致整个玻璃分崩碎裂，所以回到Objects【物体】卷展栏中，单击Clear【清除】按钮清空这个卷展栏，如图6-7所示。

图6-7

STEP 06 在视图中画出需要模拟破碎的部分，再重新添加到Dynamic/Impact Objects【动态/碰撞 物体】中，如图6-8所示。

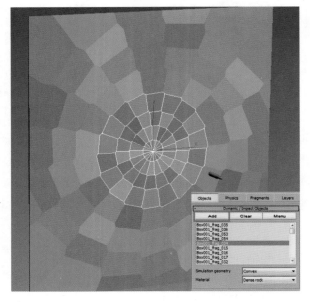

图6-8

STEP 07 之后回到Fragments type【碎片类型】中这次选择的方式是Voronoi-Irregular【泰森算法不规则型】，因为之前已经切割过一次物体了，此切割是在之前的碎片基础上再一次叠加切割。所以Iterations【迭代次数】设置为3、Offspring【子孙代】为5后开始切割，如图6-9所示。

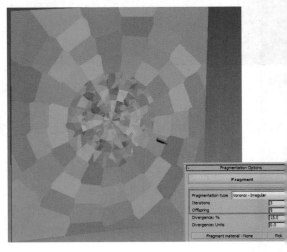

图6-9

技术提示： 本案例中进行了两次切割碎片，两次切割碎片都可以在Layers【层】的界面下进行看选择或删除隐藏，如图6-10所示。

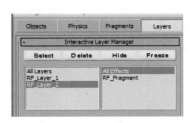

图6-10

6.3　使用RayFire模拟子弹击碎玻璃的效果

切割好物体之后开始进行子弹穿透玻璃效果的模拟。之前介绍过子弹在打出去后，玻璃碎片的运动方式及轨都是由弹头的速度决定的。速度高则不会出现整块玻璃碎裂的效果，速度慢或弹头过重都会出现整块玻璃碎裂的果。在这个案例中，模拟的是高速度的弹头击碎玻璃的效果。下面就来具体操作。

STEP 01 在场景中选择Sphere001【球型001】、Sphere002【球型002】为碰撞体，并添加Staric&Kinematic Objects【静态&运动 物体】卷展栏中，如图6-11所示。

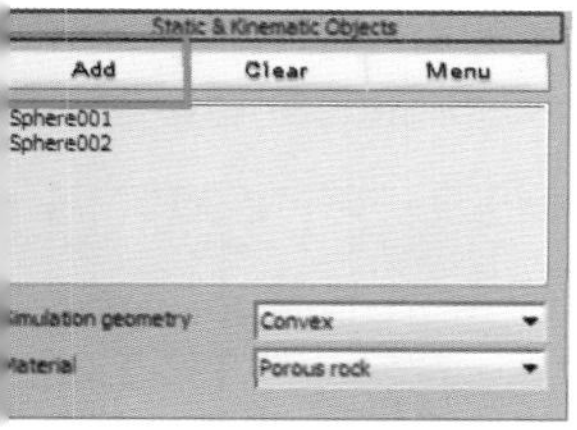

6−11

EP 02 向上滑动到Dynamic/Impact Objects【动/碰撞 物体】中，在Menu【菜单】中选择Send to eeping list【发送到睡眠菜单】将选栏中的物体全部送到睡眠菜单中，如图6−12所示。

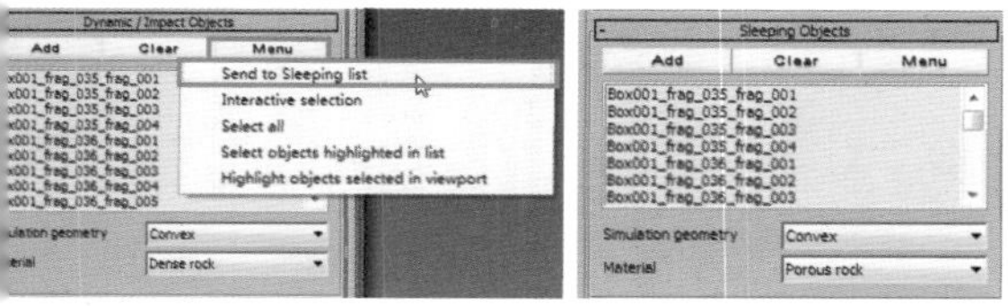

5−12

STEP 03 选择Physics【物理】这一选项栏，设置Start frame【开始帧】为0，End frame【结束帧】为50。为了实现自动穿透玻璃后碎片飞出的慢镜效果，这里设置Gravity【重力】为0.1，如图6−13所示。

STEP 04 开启Dead Sleeping objects【使物体深度睡眠】，使在Revive dead by Velocity【根据速度激活】速度值为10之下的物体都是静止的，如图6−14所示。

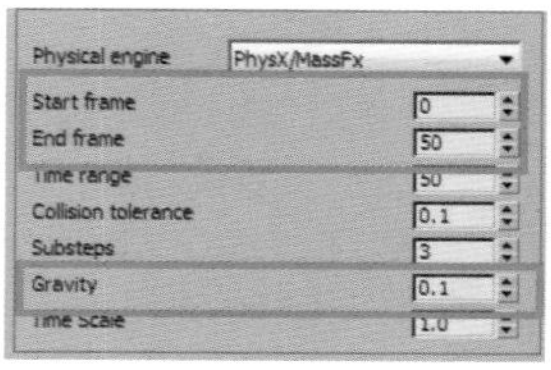

图6−13

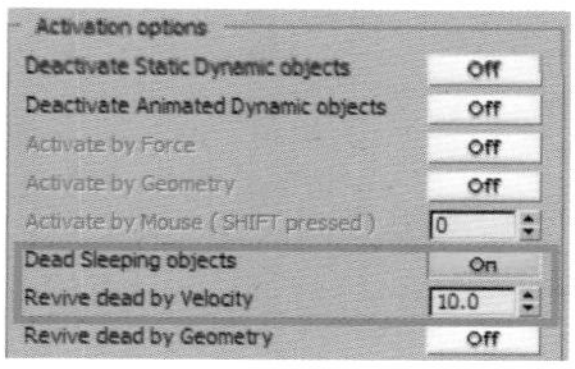

图6−14

STEP 05 完成这些之后，单击Bake【烘焙】键，开始进行碎片的关键帧动画烘焙，如图6−15所示。

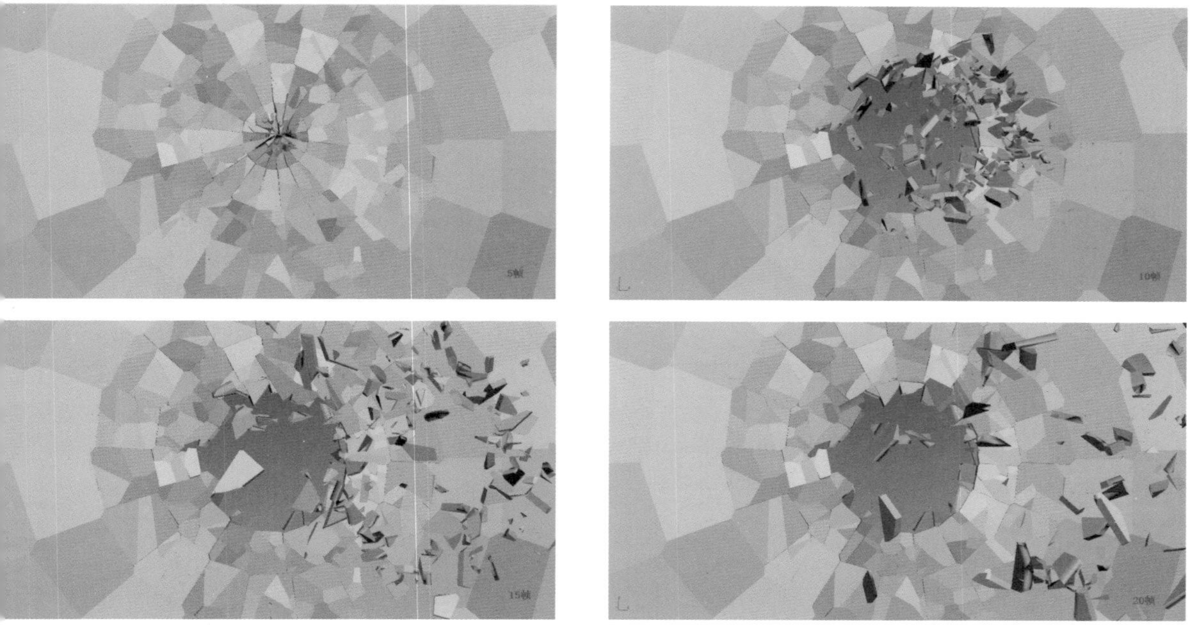

5−15

EP 06 现在已经完成了子弹击碎玻璃的破碎效果了，下面接着来学习玻璃材质的制作。

.4 制作玻璃材质并进行渲染

EP 01 为了达到更加真实的视觉效果，下面进行玻璃材质的讲解。在现实生活中，玻璃的种类是多种多样的，例，透明玻璃、磨砂玻璃及颜色各异的七彩玻璃等。在本案例中，主要学习透明玻璃材质的制作，如图6−16所示。

图6-16

本案例使用的是V-Ray材质和渲染器。V-Ray是由chaosgroup和asgvis公司出品的，是目前业界最受欢迎的渲染引擎。基于V-Ray 内核开发的有V-Ray for 3ds Max、Maya、Sketchup、Rhino等诸多版本，为不同领域的优秀3D建模软件提供了高质量的图片和动画渲染，方便使用者渲染各种图片。

STEP 02 首先单击界面右上方 🖾【渲染设置】按钮，打开渲染编辑器界面。向下拖曳界面，找到Assign Renderer【指定渲染器】卷展栏并单击，将Production【产品】改为V-Ray Adv 3.00.08，如图6-17所示。

图6-17

STEP 03 回到主面板，单击面板右上方 🖾【材质编辑器】按钮，打开材质编辑器的界面。选择一个材质球，

然后单击Standard【标准】按钮，在弹出的材质浏览器界面中选择VRayMtl材质，如图6-18所示。

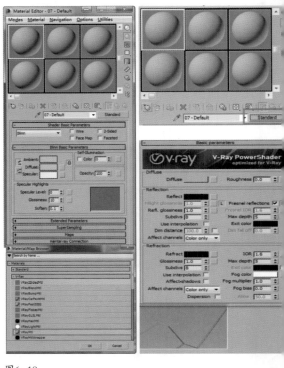

图6-18

STEP 04 了解到玻璃材质的特点是有较强的反射和射。将Reflection【反射】下的Reflect【反射强度】颜色改为白色、Refl.glossiness【反射光泽度】改0.6，如图6-19所示。

STEP 05 向下拖曳卷展栏，调节Refraction【折射】下的Refract【折射强度】颜色改为白色、IOR【折率】改为1.52，并打开Affect shadows【影响阴影选项，如图6-20所示。

图6-19

图6-20

STEP 06 在BRDF【双向反射分布函数】卷展栏下，Blinn【布林材质】改为Phong【冯氏材质】。然后择所有玻璃碎片模型，单击 🖾【指定材质给所选物体按钮，将玻璃材质附着给物体，如图6-21所示。

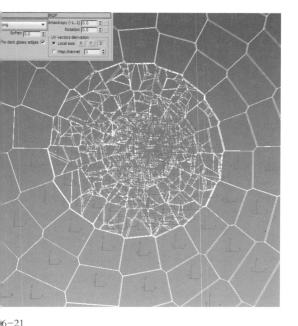

6-21

STEP 07 下面开始进行渲染设置，打开渲染编辑器，在 V-Ray面板下，Adaptive image sampler【自适应图像采样器】卷展栏中，调节Max subdivs【最大细分】参数为16。完成设置之后，单击界面右上角 【渲染产品】键，开始进行渲染，如图6-22所示。

技巧提示： Max subdivs【最大细分】这个参数的值越高，渲染出来的品质也会相对较高，相对的渲染时间也会增加，所以根据不同的渲染质量，需要合理地调节这个参数。

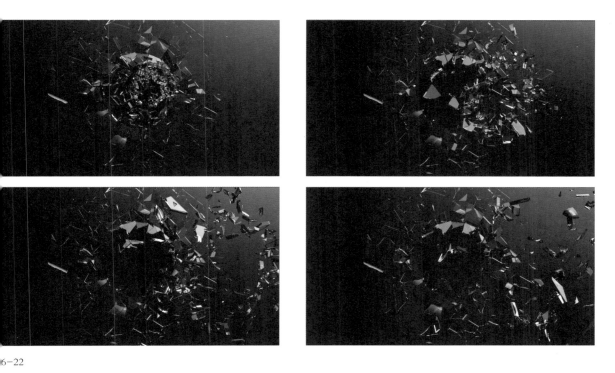

6-22

至此，本章案例就介绍完了，可以看见，当前效果与之前没有材质的效果相比，要真实好看些了。

第 **7** 章

文字逐一倒塌

本章内容

◆ 使用3ds Max编辑器制作文字模型　　◆ 使用3ds Max编辑器为模型创建UV

◆ 使用RayFire切割并模拟　　◆ 使用Particle Source【粒子流】丰富细

　　本章使用RayFire插件来制作文字倒塌的案例。文字倒塌效果在影视片头、栏目包装、广告中使用较多。主要起到丰富公司Logo或电影名称的用处，为企业建立独特的品牌形象，给观众留下较为深刻的印象。

　　本章主要来学习3ds Max中如何使用编辑器将线段制作为立体文字模型，并且使模型拥有相应的材质效果。案例的制作思路是：首先使用3ds Max编辑器创建文字模型，并给予相应的材质；接着通过之前学习的RayFire知识点来对文字进行倒塌破碎效果的模拟；最后通过调节材质及渲染参数达到产品级的效果。下面就开始来学习这案例，如图7-1所示。

图7-1

7.1　使用3ds Max编辑器制作文字模型

　　在之前的学习中已经对RayFire有了一定的了解。在本案例中，将通过使用之前学到过的知识点，结合一些基础的3ds Max知识点来制作产品级的文字倒塌效果。

STEP 01 打开随书资源的第7章初始文件，可以看见在界面中有已经创建好的Logo曲线图标，如图7-2所示。

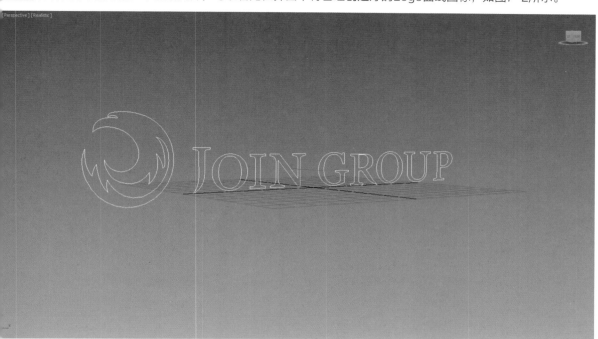

图7-2

STEP 02 由于破碎只在实体无开放边缘的模型上可以实现，所以在本小节中将通过3ds Max编辑器来将曲线Logo建立成poly模型。首先选中图中的曲线，在主界面右上角编辑器栏中选择Extrude【挤出】；调节参数Amount【数量】为0.2；Segments【分段数】为4，如图7-3所示。

图7-3

STEP 03 现在可以看到，之前的曲线Logo已经有了厚度。下面来对Logo进行倒角设置。在编辑器中选择Edit Poly【编辑多边形】，选择线模式编辑。因为倒角只需要边缘线是圆滑的，所以只需要选择模型全部的边缘线，如图7-4所示。

图7-4

巧提示： 本案例中由于线段过多，为方便选择，按快捷键Alt+W进行视图切换，在四视图下进行准确的选择，如图7-5所示。

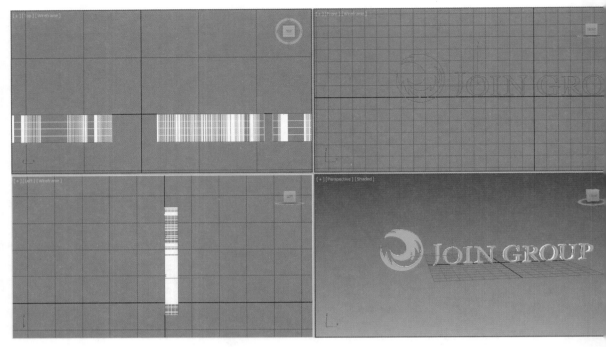

图7-5

STEP 04 在视图物体上单击鼠标右键打开线编辑菜单栏，选择Chamfer【倒角】选项，调节角度为0.01、段数为3，如图7-6所示。

STEP 05 到这里模型就已经基本完成了。由于添加了较多的编辑器，为了避免后面出错，在这里把模型塌陷设为多边形物体。在模型上单击鼠标左键，选择Convert To【转换到】项的Convert To Editable Poly【转换到可编辑多边形】。至此，曲线转换为模型的效果就完成了，如图7-7所示。

图7-6

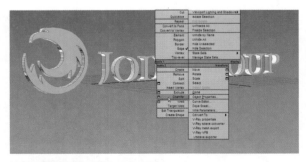

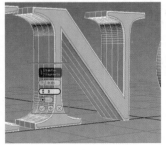

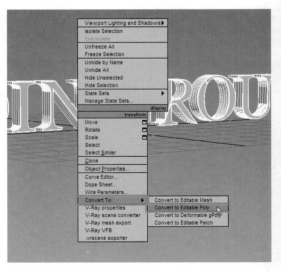

图7-7

7.2 使用3ds Max编辑器为模型创建UV

STEP 01 打开材质编辑器，将第一个材质球附给Logo，如图7-8所示。

图7-8

STEP 02 打开材质球编辑器下的Maps选项栏，勾选Diffuse Color【固有色】选项，单击None，如图7-9所示。

图7-9

STEP 03 选择后可以看见弹出了材质贴图的面板。选择一个Bitmap【位元图】选项后弹出了选择路径的界面图，选择资源中第7章中自带的金属材质贴图。可以到金属材质贴图已经附着到之前制作的材质球上了，图7-10所示。

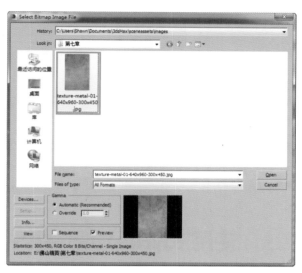

图7-10

STEP 04 回到3ds Max主界面中，发现字体并没有金属贴图材质。这是由于目前的Logo物体并没有UV。接下来给物体创建UV。在界面右边的编辑器中选择UVW Map【UVW贴图】。这时可以看到场景中的物体已经显示了金属贴图，如图7-11所示。

图7-11

3.415、Width【宽】设置为1.597、Height【高】设为【-2.7】，这样在来看场景中的Logo已经是金属质的Logo图标了，如图7-12所示。

图7-12

STEP 05 添加好UV后发现目前的贴图有一些拉伸情况。首先调节UVW Map【UVW 贴图】下的Mapping中为Box【长方体】模型，再将Length【长】设置为

7.3 使用RayFire切割并模拟

STEP 01 下面开始使用RayFire对物体进行切割处理。打开RayFire面板，如图7-13所示。

STEP 02 把Logo物体添加进Dynamic/Impact Objects【动态/碰撞 物体】栏中，如图7-14所示。

图7-13

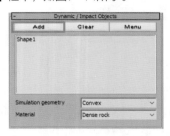

图7-14

STEP 03 在Fragments type【碎片选项】中选择Voronoi - Uniform【泰森算法-规则型】进行碎片切割。将Iterations【迭代函数】设置为200、120，使碎片产生些随机的变化，如图7-15所示。

图7-15

STEP 04 切割好之后发现，现在的碎片已经符合需要作的字体倒塌效果了。在之前的章节中对倒坍塌效果行一些讲解，下面就来直接进行模拟环节。在场景创建一个Box【长方体】来作为激活碎片的对象，如7-16所示。

图7-16

技术提示： 这里的Box【长方体】是为了来控制模拟塌的，所以这里的Box【长方体】的大小定要大于Logl字体的大小，这样才能保证后面的模拟坍塌中使字体碎片都被激活产坍塌效果。另外这里的Box【长方体】只作激活碎片模拟而使用，也可以根据喜好用Sphere【球体】等几何体。

STEP 05 为了使字体产生逐一倒塌的效果，在开始Box【长方体】进行关键帧设定时，要打开界面右下

Aoto Key【自动设置关键帧】选项，对风场进行一关键帧的设置，如图7-17所示。

7-17

EP 06 设置好风场关键帧之后，再来进行RayFire的拟参数设定。把设置好动画的Box【长方体】拾取到mulation Properties【解算参数】卷展栏中，用以活Logo碎片，如图7-18所示。

7-18

EP 07 回到Objects 【几何体】卷展栏中。为了使活前碎片保持静止，所以将所有碎片从Dynamic/pact Objects【动态/碰撞 物体】中移入Sleeping bjects【睡眠物体】中。再单击Dynamic/Impact bjects【动态/碰撞 物体】栏中的Menu【菜单】按，选择下面的Send to Sleeping list【发送到睡眠菜】，如图7-19所示。

-19

STEP 08 在Physics【物理】选项栏下的Activation options【激活选项】中打开Dead Sleeping objects【深度睡眠物体】和Revive dead by Geometry【根据几何体重新激活】这两个选项，来保证在激活前碎片保持静止状态以及更为准确地进行激活，如图7-20所示。

STEP 09 因为并没有建立地面，所以这里打开Home grid as ground【使用自带网格】作为地面，如图7-21所示。

 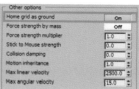

图7-20   图7-21

STEP 10 单击Bake【烘焙】按钮进行倒塌效果模拟。可以看见想要做的文字倒塌的动态效果已经出现了。下面接着进行精细的调节，如图7-22所示。

图7-22

7.4 使用Particle Source【粒子流】丰富细节

在本案例中，将使用Particle Systems【粒子系统】对倒塌瞬间的飞溅小碎块进行创建及动态模拟。在第5章案例中已经对Particle Systems【粒子系统】进行了一定的了解，下面就开始进行细节制作。

STEP 01 单击数字键6来打开Particle View【粒子视图】，如图7-23所示。

图7-23

STEP 02 在界面下方的菜单中找到Standar Flow【标准跟随】并拖曳到上方空白的面板中，创建一个标准的粒子流，并且在界面中可以看到已经创建好的粒子流，如图7-24所示。

图7-24

STEP 03 接着回到主界面。为了使倒塌时缝隙中产生细小的碎片效果，这里需要建立一些虚拟发射体。首先在

主界面中建立Plane【平面】模型，再将平面移动到要产生碎片的缝隙中，如图7-25所示。

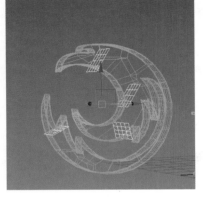

图7-25

STEP 04 在这个案例中，使用Particle Systems【粒子系统】主要是为了丰富倒塌时的细节。因为倒塌的瞬间每个字母各不相同，所以这里先来对第一个图标进行细节制作。首先将Position Icon【图标位置】替换为Position Object【物体位置】，再找到Force【力场】拖曳到事件001中，如图7-26所示。

STEP 05 单击Birth 001【出生001】选项，对照场景中的图标坍塌时间，设置Emit Start【开始发射】为4、Emit Stop【发射结束】为6、修改Amount【数量】为1000，如图7-27所示。

图7-26　　　　图7-27

STEP 06 单击Position Object 001【物体位置】，在Emitter objects【发射物体】下单击Add【添加】拾取场景中的碎片，如图7-28所示。

7-28

术提示： 根据本倒塌案例的自然破碎原理，平面主要
建立于大块的裂口碎片之间，可根据不同的
物体倒塌进行自由创建。但需要注意的是，
崩裂的裂口碎片并不是越多越好，要根据情
况适量添加

EP 07 单击Speed 001【速度001】将Speed
速度】改为50、Variation【变化】改为20。最重
的是，使细小碎片产生崩裂的效果，所以这里将
rection【方向】改为Random Horizontal【随机水
线】的模式，如图7-29所示。

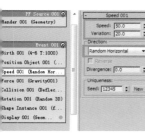

-29

EP 08 回到主界面。在空间扭曲中单击Gravity【重
】，在界面中创建出一个重力工具。

在粒子界面中，单击Force 001【力场001】，
界面中的Gravity 001【重力001】在Force Space
arps【力场空间扭曲】中拾取进来。将Influence
影响】数值更改为500，如图7-30所示。

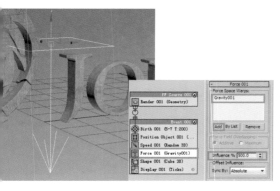

-30

STEP 09 回到主界面。由于受到重力影响的粒子碎片需
要一个可以碰撞的地面，所以这里来添加一个导向板
作为地面。在空间扭曲选项中选择Deflectors【导向
板】模块，选择Deflector【导向板】，在界面中建立
Deflector【导向板】工具，如图7-31所示。

图7-31

STEP 10 回到粒子界面，将Collision【碰撞】条件拖曳
到事件001中，并拾取Deflector【导向板】工具。因
为这里想要粒子碎片掉落到地面上产生碰撞的效果，所
以修改Collides【碰撞】的模式改为Stop【停止】。这
样粒子碎片落地效果就完成了，如图7-32示。

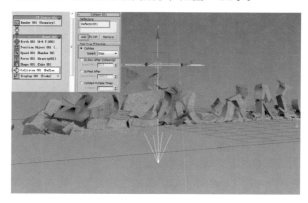

图7-32

STEP 11 粒子的动态已经完成了，下面来进行碎片代替
粒子的效果制作。回到主界面中，随意选取一些之前
切割好的碎片，可以按快捷键Ctrl+V【复制】给复制
出来。为了方便辨认，可以把复制出来的碎片拖曳到空
白界面处。单击界面左上角的Group【组】菜单中的
Group【组】键，把之前复制出来的碎片打成组，并命
名为fragments【碎片】，如图7-33所示。

图7-33

STEP 12 之后回到粒子界面中，找到Shape Instance
【形体代替】并拖曳到事件001中。单击None【无】
按钮拾取fragments【碎片】进入碎片组；勾选下方的
Group Members【数字组】把组碎片的形状加载给粒
子，再将Scale%【缩放】调为10、Variation%【变
化】为50，如图7-34所示。

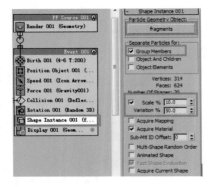

图7-34

STEP 13 接着，为了可以在视图中看见粒子碎片的
动态效果，将Display【显示】粒子显示的形式改为
Geometry【几何体】。完成之后，播放一下，就可以

看到第1个图标已经有了丰富的倒塌崩裂动态了。根
这个步骤，接下来为其他Logo字母制作崩裂粒子碎
就可以了，如图7-35所示。

图7-35

STEP 14 首先把各个字母的虚拟发射体建立出来，并
放到想要崩裂的位置，如图7-36所示。

图7-36

STEP 15 回到粒子界面，选中第1个粒子流。按住Sh
键，向空白处拖曳出来一个复制好的粒子流。这里
以看见，Copy【复制】之后粒子流001直接创建
粒子流002，所以可以不必担心命名问题，如图7-
所示。

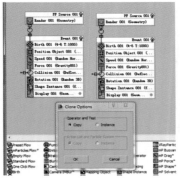
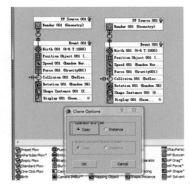

图7-37

EP 16 下面开始制作字母J的崩裂碎片。根据倒塌时
，将Birth 002【出生002】中的Emit Start【开始发
】设置为9、Emit Stop【发射结束】设置为11。根
字母的大小和虚拟发射体的数量，修改Amount【数
】为500，如图7-38所示。

EP 17 在Position Object 002【位置对象】操作符
参数面板中，将Emitter objects【发射物体】修改
字母J的虚拟发射体。这样字母J的崩裂效果也完成
，如图7-39所示。

15帧

图7-38　　　　　　图7-39

21帧

EP 18 这个模式对之后的几个字母的崩裂效果也是适
的。主要就是要更改事件中的第一个Birth【出生】
件，对照不同字母的倒塌时间及虚拟发射体的数量来
节发射时间及数量就可以了。下面来看一下最终完成
倒塌效果，如图7-40所示。

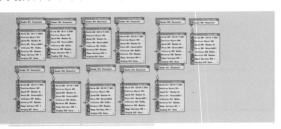

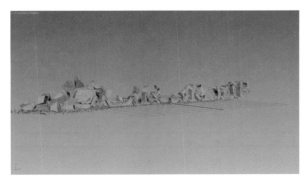

28帧

图7-40

技巧提示： 由于粒子Copy【复制】出来有时会产生粒
子流与事件断裂的问题，所以这里只需要将
粒子流重新拖曳到事件上就可以了，如图
7-41所示

图7-41

第8章

Logo脱胎换骨

本章主要使用RayFire插件来使Logo脱胎换骨。Logo脱胎换骨相对于前一章文字逐一倒塌的效果来说，实表现的效果是相反的。本章的效果更像是在雕刻，把想要表达的东西一点点雕琢出来，使表达出来的东西更深刻。

本章节主要来学习3ds Max中如何使用Collapse【塌陷】的Boolean【布尔运算】选项来"挖"物体，并利用Wind【风场】来激活Rayfire的模拟。本案例的制作思路是：将特定物体"藏"在Box【长方体】里面；然利用Rayfire对Box【长方体】进行逐步雕琢，并给予相应的材质，使特定物体显露出来。最后通过调节材质及渲参数达到产品级的效果。下面就来详细讲解，如图8-1所示。

图8-1

在本案例中，将学习使用Collapse【坍塌】和Rayfire结合制作一个雕刻的效果。需要将Box【长方体"挖"空，然后将Logo藏进被"挖空"的物体中，最后逐步地显露出Logo。下面开始案例制作。

8.1 使用Collapse【塌陷】进行Boolean【布尔运算】

EP 01 打开随书资源第8章的初始文件，可以看见界面中已经创建好了4个Box【长方体】的模型。过线框显示还可以看到4个不同的字母"J""O""I""N"，如图8-2所示。

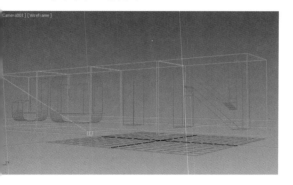

8-2

EP 02 第一步要先做Boolean【布尔运算】的准备工作。首先，如果要用字母来"挖"Box【长方体】，那需要先把字母复制一份。因为Boolean【布尔运算】后，两个物体就变成一个物体了，这样被用来"挖"的字母就会消失。所以这里使用Manage Layers【层级管理器】来进行物体的整理。首先，单击界面右上角的【层级管理器】图标，弹出Manage Layers【层级管理器】界面，如图8-3所示。

8-3

EP 03 上图中可以看到，场景文件已经分好了一些层，其中box层就是场景中的4个Box【长方体】，font【字体】层就是场景中的字母。首先单击font【字体】层，然后单击界面上方的【选择】图标，这样就选中了场景中的4个字母，如图8-4所示。

图8-4

STEP 04 接下来Clone【克隆】物体。按快捷键Ctrl + V键，在弹出的界面中选择Copy【复制】，然后单击OK【确定】按钮，完成物体的克隆。这时可以看到，Manage Layers【层级管理器】界面中多出了"J001""O001""I001""N001"4个新的字母物体，如图8-5所示。

 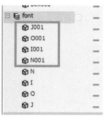

图8-5

STEP 05 选中Manage Layers【层级管理器】中复制前的字母"J""O""I""N"，然后单击右边Hide【隐藏】栏下的小横杠，点亮灯泡图标。这就把复制前的字母"J""O""I""N"隐藏了，如图8-6所示。

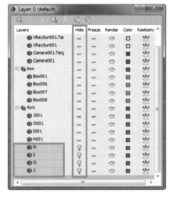

图8-6

STEP 06 接下来就开始进行Boolean【布尔运算】了。首先从"J"开始，先选择和"J"对应的Box【长方体】，然后按住Ctrl键选择视图中的"J"字母，在右边指令面板中点⤢【工具】图标，调出Utilities【实用工具】面板。然后单击Collapse【塌陷】工具，在Collapse【塌陷】下方勾选Boolean【布尔运算】选项，再选择Subtraction【差集】，最后单击Collapse Selected【塌陷选择物体】。这就完成了Boolean【布尔运算】了，如图8-7所示。

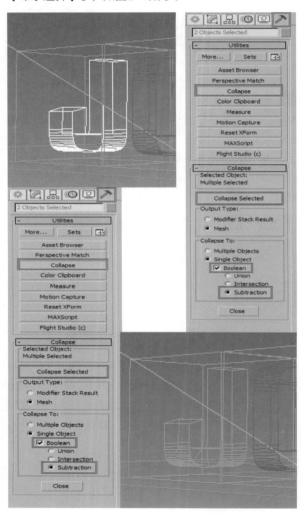

图8-7

STEP 07 接着用上述方法依次对字母"O""I""N"也进行Boolean【布尔运算】。经过Boolean【布尔运算】之后，每个Box【长方体】和其所对应的字母已经变成了一个物体。这其实就是已经"挖"好的Box

【长方体】，它内部所对应的字体的形状被"挖掉"了，一会儿使用Rayfire进行碎裂的时候就可以出来。

STEP 08 准备工作的最后一步，是要增加物体的面数这样做的原因是因为"挖"空的物体，如果面数不够话，进行切割会出现或大或小的错误。为了避免这种误，就需要增加物体的面数。

在这里选择所有的Box【长方体】，在右侧面的Modifier List【修改器列表】中选择Subdivide【分】，然后将下面的Size【细分边的长度】改为5.0这样做是为了增加面数，结果如图8-8所示。

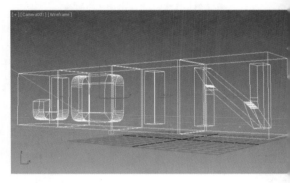

图8-8

8.2 使用Voronoi【泰森算法】切割物体

STEP 01 接下来使用Rayfire的Voronoi【泰森算法】切割物体。这里为了使切割出的碎块更不规则一些，可以使用Voronoi - Irregular【泰森算法 - 不规则型】，并且将每个物体切割两次，来达到更加随机的效果。将被切割物体添加到Rayfire的Dynamic / Impact Objects【动态/碰撞 物体】中。选择场景中所有Box【长方体】，如图8-9所示。

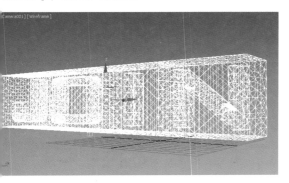

图8-9

STEP 02 再在界面中打开RayFire，如图8-10所示。

STEP 03 把所有Box【长方体】添加到Dynamic/Impact Objects【动态/碰撞 物体】栏下，如图8-11所示。

图8-10　　　　图8-11

STEP 04 切换到Fragments type【碎片类型】中选择Voronoi - Irregular【泰森算法 - 不规则型】。这个切割碎片的模式是根据泰森算法，以不规则的方式切割几何体。由于要切割两次，所以第一次切割不需要那么多的碎块。这里将Iterations【迭代次数】改为10，主要是增加不规则的强度。将Offspring【子孙后代】改为5，是为了降低碎块的数量，如图8-12所示。

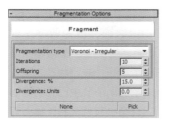

图8-12

STEP 05 再将Advanced Fragmentation Options【高级切割选项】中的Material ID【材质ID】改为2。这样就能使碎块内部产生不一样的材质。具体在材质阶段再设置。然后单击Fragment【碎片】进行切割。切割后可以看到碎片是随意分布的、不规则的，碎块的大小也相差很多，这样就有了多样化的效果，如图8-13所示。

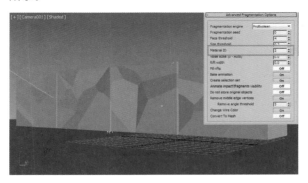

图8-13

STEP 06 下面来进行第二次切割，第二次切割的目的是为了整体减小碎块的大小，增加碎块的数量。这里将Iterations【迭代次数】改为5，将Offspring【子孙后代】改为30，如图8-14所示。

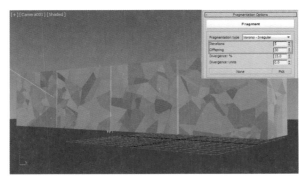

图8-14

8.3 利用力场进行模拟蜕变

根据上面的步骤切割好物体后，这里开始进行Logo蜕变动态的模拟。在进行模拟之前，首先要考虑到Logo蜕变的动态是怎样的动画。蜕变应该是物体由一个状态转变成另一个状态的一个过程，并且两者之间具备明确的对比关系。由于在之前的两小节中已经明确地交代了两者的对比关系，所以这个小节就来制作状态转变的过程。

STEP 01 首先在场景中新建一个Box【长方体】模型来控制破碎的范围。回到主界面中，在右上方选择Box【长方体】选项创建Box 009【长方体009】模型，如图8-15所示。

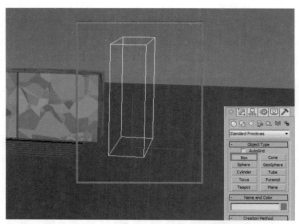

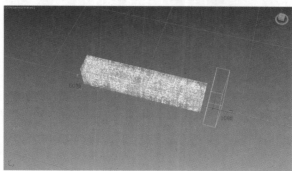

图8-15

这个Box【长方体】是用来控制破碎的范围的，也可以说是用来激活碎片的，所以要对这个物体进行关键帧设定。

STEP 02 考虑到Logo蜕变的动态不能直接掉落地面，应该是一个脱落飞散的过程，所以这里要建立一个风场来控制碎片的飞行方向及动态。在主界面的右边空间扭曲的Forces【力场】下选择Wind【风场】，创建

Wind 002【风场002】工具，如图8-16所示。

图8-16

STEP 03 这里的风场由于要控制碎片的方向，所以这里一定要调节好Wind【风场】图标的箭头指向，将Wind【风场】的Turbulence【湍流】调节为5、Frequency【频率】调节为0.1、Scale【缩放】调节为0.2，如图8-17所示。

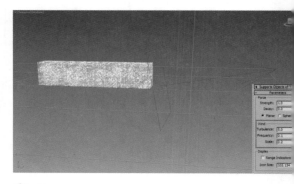

图8-17

STEP 04 回到Rayfire面板，为了使刚刚创建的物体和力场对碎片产生激活效果，将Wind 002【风场002】及Box009【长方体009】拾取到Simulation Properties（解算参数）卷展栏中，如图8-18所示。

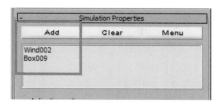

图8-18

STEP 05 接着打开Deactivate Static Dynamic objects【停用静态刚体】及Activate by Geometry【利用物体】选项，使这两物体对碎片产生影响。为了使碎片不会产生不必要的穿插情况，所以打开Hom

d as ground【自带网格作为地面】这个选项。完成
些后，就可以开始模拟了，如图8-19所示。

ctivation options		Other options	
ctivate Static Dynamic objects	On	Home grid as ground	On
ctivate Animated Dynamic objects	Off	Force strength by mass	Off
ivate by Force	Off	Force strength multiplier	1.0
ivate by Geometry	On	Stick to Mouse strength	0.0
ivate by Mouse (SHIFT pressed)	0	Collision damping	0.0
d Sleeping objects	Off	Motion inheritance	1.0
ive dead by Velocity	0.0	Max linear velocity	2500.0
ive dead by Geometry	Off	Max angular velocity	15.0

3-19

3-20

.4 制作材质并进行渲染

蜒变的动态效果已经完成了，接下来为了达到更加绚丽的视觉效果，开始进入到材质及渲染属性的设置。本案
Logo的蜒变主要应用于广告或栏目包装中，所以在材质的选择上应该选用较为亮丽的颜色作为材质。下面就来
行材质调节。

EP 01 首先，先来设定渲染器。这里还是使用之前学过的V-Ray渲染引擎。单击 ▣【渲染设置】按钮打开渲染编
器，如图8-21所示。

EP 02 向下拖曳，找到Assign Renderer【指定渲染器】卷展栏，将Production【产品】改为V-Ray Adv
00.08，如图8-22所示。

图8-21　　　　　　　　　图8-22

本案例使用的是V-Ray材质和渲染器。

STEP 03　设定好渲染器之后，开始进行材质的设定。回到主界面，在界面上方打开材质编辑器。单击选中一个材质球，单击Standard【标准】按钮，在弹出的材质浏览器界面中选择VRayMtl材质，如图8-23所示。

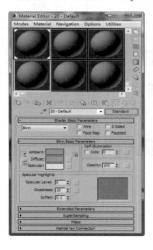

图8-23

STEP 04　前面说到要将材质调节为光滑亮丽的颜色，所以这里调节Diffuse【漫反射】为蓝色，将RGB值设置为0、15、126。调节Reflection【反射】下的Reflect【反射强度】颜色改为白色，这样可以看见有明显的高光。Refl.glossiness【反射光泽度】改为

0.6，如图8-24所示。

图8-24

STEP 05　在BRDF【双向反射分布函数】卷展栏下将Blinn【布林材质】改为Phong【冯氏材质】，如8-25所示。

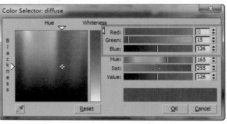

图8-25

STEP 06　调节好之后。由于只有4个字体，所以作Logo来说单一元素的字体在视觉上的效果不太尽如意。下面来通过复制材质球来快速地调节一个新的颜的材质球。拖曳住刚才调节好的材质球到边上的材质上，可以看见两个一样的材质球，如图8-26所示。

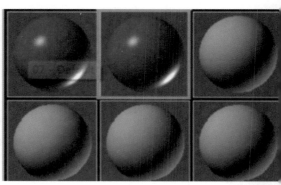

图8-26

STEP 07　单击Diffuse【漫反射】上的颜色，将颜色为浅蓝色，将RGB值设置为116、188、255，如8-27所示。

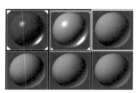

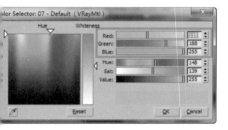

图8-27

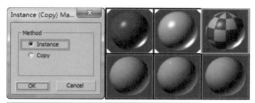

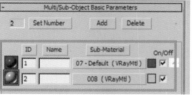

图8-30

STEP 08 现在已经调整出两个材质球了。为了使其颜色更为丰富，将这两个材质球制作为一个混合材质，这样Logo的视觉感觉会更为突出。挑选一个未经修改的材质球，单击Standard【标准】按钮，选择Standard【标准】下的Multi/Sub-Object【多维子材质】，如图8-28所示。

STEP 11 将刚才调节好的材质附着给Logo。将多维子材质附着给Logo中的"J""I""N"，将深蓝色附着给字母"O"。现在可以看见字体的材质颜色侧面和正反面显示出了不同的材质颜色。到这里，字母的logo材质就已经完成了。下面接着来给碎片制作材质，如图8-31所示。

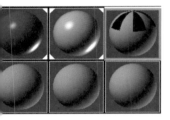

图8-28

图8-31

STEP 09 向下拉卷展栏可以看见，目前支持的材质数量为10个。其实并用不了这么多，可以将Set Number【设置数量】改为2，如图8-29所示。

STEP 12 之前在制作碎片时，对碎片的内外切面做了分ID的处理。所以这里给碎片做的材质也需要做一个多维子材质。将之前做好的多维子材质拖曳到一个空的材质球上，更改材质名称为11，再来对其进行修改，如图8-32所示。

图8-29

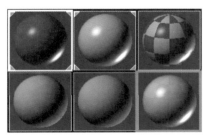

图8-32

STEP 10 将刚才制作好的材质球分别拖曳到多维子材质下。拖曳时，会弹出一个覆盖Method【方法】的选项，选择Instance【关联替代】选项。这样在调节材质时，之前的材质球也会有所更改，如图8-30所示。

STEP 13 将ID1的材质颜色修改为浅蓝色，将RGB设置为116、188、255，将ID2修改为黄色，RGB值设置为255、204、0。修改好之后将材质球附着给碎片，如图8-33所示。

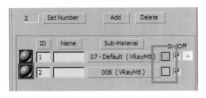
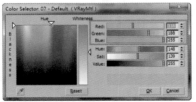
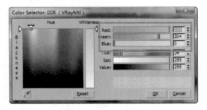

图8-33

STEP 14 调节好材质后，将不需要渲染的物体进行隐藏。选择地面Plane001【平面001】和Box009【长方体009】，在Display【显示】卷展栏下的Hide【隐藏】选项中选择Hide Selected【隐藏所选的】，使这两个物体隐藏起来，如图8-34所示。

图8-34

STEP 15 现在开始渲染，单击C键，切换到场景中预制好的摄像机角度。单击界面右上角的渲染键，开始进行渲染，如图8-35所示。

图8-35

第 9 章

Pulldownit的基本破碎动画

本章内容

◆ Pulldownit工具的介绍　　◆ 大理石的破碎设置
◆ 大理石的破碎动画处理　　◆ 大理石的材质渲染

.1　Pulldownit概述

随着影视行业的发展，辅佐影视行业发展的影视制作软件也日趋成熟。随着电影创作者、影视欣赏者们不断提的视觉需求，更多的影视制作工具不断涌现出来，为影视行业提供了一部又一部经典的作品。

在众多的三维软件中，有着各种各样具有革命性意义的、天才式的破碎工具。这里要为大家介绍一款在动力学对象碎裂领域，有着革命性突破的新特效插件，就是Pulldownit（以下简称PDI），由Thinkinetic工作室开发。

Pulldownit是一个全新的将破碎视作大规模刚体解算的动力解算器。通过它的数字技术，用户能快速地模拟量物体的场景、建筑物倒塌或者是各种易碎的物体。可以让用户轻松地制作出破碎效果及大量的rigid bodies mulations【刚体模拟】，非常简便。能实现影视中很多的破碎特效，如图9-1所示。

图-1

9.2　Pulldownit的功能

1. 快速准确的刚体解算器

内置Pulldownit的RBD解算器是CG动力学多年的研究成果。它对被模拟对象的数量没有限制，能够在几秒钟内计算数百人的碰撞特效。它克服了其他解算器所有的典型问题。它精确地节省资源，计算正确物理摩擦（PCF）。所有这些保证了稳定、准确的模拟，而不是让物体飞走！

2. 新型预切割功能

Shatter It!【破碎】是Pulldownit的一个新型预切割工具。它是基于Voronoi图的。因为这是最好的、最精确的破碎图案。这个功能能在很短的时间将3D物体预切割成上百块碎片。此外，生成的碎块在Pulldownit结算中很容易进行快速和准确的模拟。

3. 优越的破碎能力

PDI内置的破碎能力是全新的、开创性的。它新的预览破碎模式，允许可视化所有被破碎的几何物体并可任意调节破碎的碎片数量。它可以打破任何易碎料，如石材、玻璃或水泥等。并通过新的碎块窗口来制动态裂缝，具有神奇的径向破碎宽度参数。使其能整放射状图案在视觉上的尺寸，从而控制破碎的形状通过使用它的数字艺术，能够在几分钟内模拟建筑倒塌、建筑物拆除等特效。它的易用性和强大的计算力，可以控制模拟完成创建的裂纹和控制器。

4. 方便的动画设置功能

PDI集成了最优秀的3D套件。它能获取集合体终的视口计算结果作为最终的动画。它允许重置模拟者是重新计算任何一帧的参数更改和恢复模拟，此外已经制作了动画的物体或者角色也能模拟互相的影响。

9.3　大理石破碎制作

下面通过一个立方体模拟大理石的破碎动画来具体了解Pulldownit的重要参数和其神奇的功能。内容大概包PDI的破碎参数设置、PDI的刚体部分、动力学属性、解算设置、基本和高级破碎、烘焙模拟等，效果如图9-2所示。

图9-2

9.3.1　破碎立方体

第一步是对立方体进行破碎处理。首先，主要是在Shatter It【破碎对象】和Fractures Basic【破碎基本】数栏中对立方体进行破碎设置，且对碎片属性进行设置。

STEP 01 安装完Pulldownit工具后，会在菜单栏有一个Pulldownit菜单，在菜单下拉列表中单击Launch Pulldownit tool【运行PDI工具】，打开PDI工具面板，如图9-3所示。

STEP 02 弹出的Pdi Toolbar【Pdi工具栏】中包括11个工具，如图9-4所示。

图9-3　　　　　　　　图9-4

STEP 03 PDI工具栏中的工具对应PDI参数面板中的参数。单击某一工具会在参数面板中展开对应工具的参数设置栏，如图9-5所示。

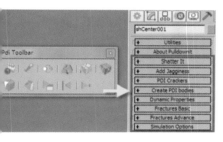

图9-5

STEP 04 新建一个立方体，到Pulldownit的Shatter It【破碎对象】参数栏下单击Preview【预览】按钮。让立方体呈线框模式显示，并且在立方体中心有一个十字叉，在十字叉的周围会有一些破碎参考点均匀分布；Num Shards【碎片数量】值可以设置其破碎参考点的数量，即相应碎片的数量；Seed【种子】值可以改变参考点的位置，即改变碎片的形态，如图9-6所示。

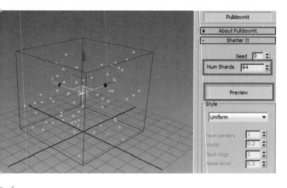

技术要点： *如果将Num Shards【碎片数量】值减小到2，那么立方体中只会有两个碎片参考点，这样，立方体会被破碎成两块，如图9-7所示。*

图9-6

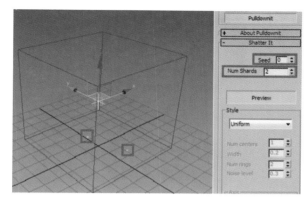

图9-7

STEP 05 保持破碎数量为64。单击Shatter It【破碎对象】按钮，将立方体打破。如果破碎结果不满意，可以单击Undo All【撤销全部】按钮，撤销刚才的破碎效果，如图9-8所示。

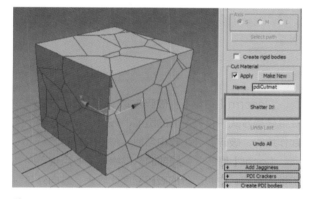

图9-8

STEP 06 此时，选择当前立方体的所有碎片，可以看到立方体的破碎数量刚好为64,即对应Num Shards【破碎数量】的值，如图9-9所示。

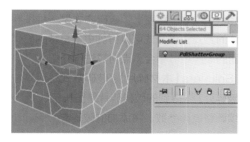

图9-9

STEP 07 如果想增加破碎的数量、增加破碎的细节，可以再次对立方体进行破碎。到破碎对象参数栏下的Style【类型】栏下，将类型设为Local【局部】，即对立方体进行局部的破碎。可以看到此时立方体中有多了一个十字叉，如图9-10所示。

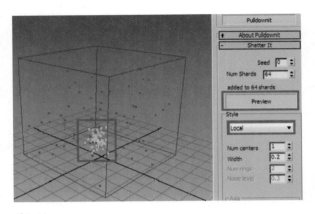

图9-10

技术要点： 在类型列表中还包括多种破碎类型，如图
9-11所示。

图9-11

Uniform【均匀】：破碎方式（默认破碎方式）。
在该破碎方式下，其下面的宽度、环数、噪波参数是不
起作用的，破碎面会比较均匀地分布于所有面。

Local【局部】：局部的、以物体中心点位置向外
扩散的方式。中心部分的破碎密度比较大，越向外越宽
松。碎片的大小也会从中心向外逐渐变大。这种方式可
以设置多个破碎中心点。

Radial【径向】：是一种以环形扩散的方式打碎
物体，其参数下的环数和噪波参数控制环形扩散的规则
程度。

Path based【基于路径】：破碎方式是一种按照
路径破碎物体的方式，该方式可以得到更多奇特的破碎
结果。在后面的破碎章节中会重点对其进行介绍。

Wood Splinters【木材碎片】：破碎方式是沿某一
个轴向进行破碎处理，得到的破碎碎片是呈长条状的。

STEP 08 继续调整破碎参数。将添加的破碎参考点移动
到立方体的一个顶角，此时的破碎参考点是汇集与一
点的，这样破碎的碎片结果会聚集得非常紧密，如图
9-12所示。

STEP 09 在Style【类型】栏下将Width【宽度】值加大
到0.4，将扩大破碎参考点的范围，即让破碎时碎片宽
松一点。从参考的扩散方式，可以看到其特点是内紧外
松的，如图9-13所示。

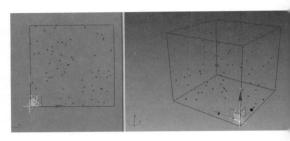

图9-12

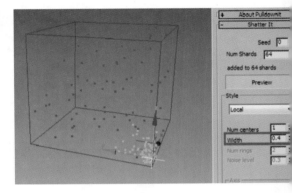

图9-13

技术要点： 如果想添加多个破碎点，可以将Num cent
【中心点数量】值加大。可以看到此时立
体中有了多个十字叉，每个十字叉均可移
调节，如图9-14所示。

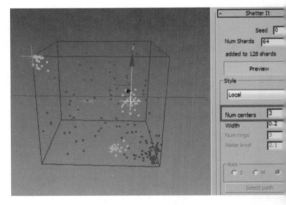

图9-14

STEP 10 在这一个破碎功能上，新版的PDI工具比旧
PDI更灵活一些。在Local【局部】类型下，它对局
的破碎不会局限在某一块碎片上（旧版PDI只会对某
块碎片进行破碎），而是对整个局部区域进行破碎。
击Shatter It!【破碎对象】按钮，可以看到立方体的
个顶点区域的碎片均被再次进行了一次破碎，且破碎
果是从破碎中心向四周，密度逐渐减小，碎片的大小

渐变大，如图9-15所示。

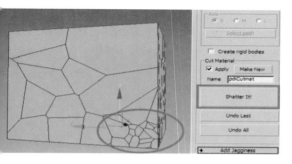

9-15

STEP 11 下面再给立方体添加一次破碎。将类型设置为 Radial【径向】，可以看到立方体中有一个环状的破碎 参考点，如图9-16所示。

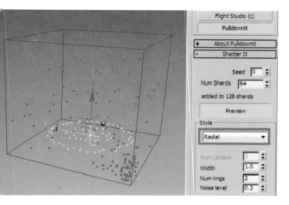

9-16

STEP 12 到Axis【轴】栏下选择L（longest【最长】）项，可以看到破碎参考点变换了一个轴向，如图 9-17所示。

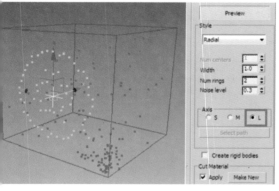

-17

STEP 13 调整径向破碎参考点的设置。到类型栏下将 Width【宽度】设为0.52、Num rings【环数】设为 3，Noise level【噪波】加大到2.1，可以看到破碎参考

考点变得有点随机凌乱了。这样可以得到较为不规则的 径向破碎结果，如图9-18所示。

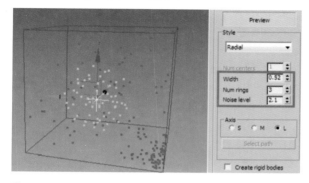

图9-18

STEP 14 再次单击Shatter It!【破碎对象】按钮，可 以看到立方体的一个侧面中心被打碎了，如图9-19 所示。

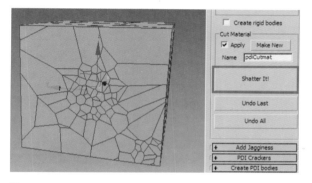

图9-19

STEP 15 如果觉得此次的破碎结果不满意，可以单击 Undo Last【撤销上次】按钮，重新对上次的破碎参数 进行设置，如图9-20所示。

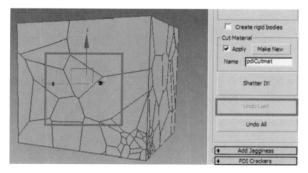

图9-20

STEP 16 下面要将所有的立方体碎片设置为刚体属性。 到Fractures Basic【破碎基本】参数栏下单击Create Fracture Body【创建破碎体】按钮，在弹出的Set up Fracture Body【设置破碎体】对话框中，单击OK【确

定】按钮。就可以将所有立方体碎片添加到Fracture Bodies【破碎体】列表中，如图9-21所示。

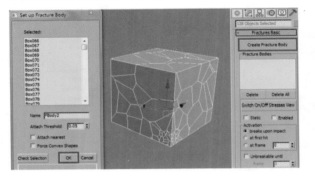

图9-21

STEP 17 再单击Switch On/Off Stresses View【打开/关闭压力视图】按钮，此时可以看到整个立方体碎片呈蓝白颜色显示。白色代表破碎的强度较大，蓝色代表破碎的强度较小，如图9-22所示。

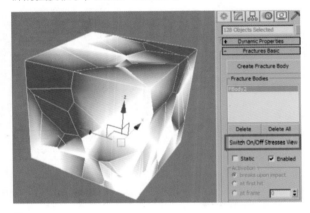

图9-22

9.3.2　设置破碎动画

第二步是对设置好的碎片进行动画处理。动画的主要模拟参数栏是在Simulation Options【模拟选项】中设置，另外需要配合其他参数栏，继续对碎片处理来得到更好的破碎效果。

STEP 01 到模拟选项参数栏下勾选Use grid as ground【使用网格作为地面】项，并选择全部碎片；将其向上移动，让其离地面有一定的距离。接下来要做一个从上往下掉落的动画，如图9-23所示。

STEP 02 在模拟选项参数栏下单击Bake Keys【烘焙关键帧】按钮，将激活动画的关键帧记录模式。这样在接下来所产生的任何动力学模拟，都会对所有碎片的动画以关键帧形式记录下来；然后单击开始计算按钮，计算

当前立方体的掉落动画。立方体在受到默认场景的重影响下，会自动往下掉，立方体掉落到地面，与之撞后，从而产生碎裂崩开的动画效果，如图9-24所示。

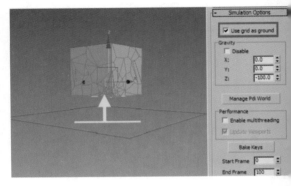

图9-23

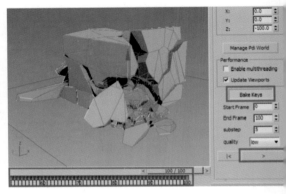

图9-24

STEP 03 此时的立方体破碎效果是所有碎片均往四周碎散开，也就是说当前立方体的硬度不够，很容易呈碎效果。下面要调整其破碎动画的效果，只让局部碎产生破碎。单击工具栏的重置计算按钮，或到模拟选参数栏下单击重置按钮即可将上次的动画模拟结果恢到初始状态，如图9-25所示。

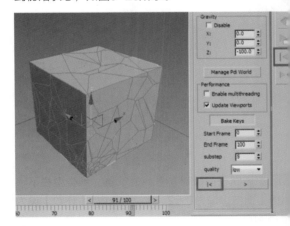

图9-25

STEP 04 到Fractures Basic【破碎基本】参数栏下再单击Switch On/Off Stresses View【打开/关闭压力视图】按钮，显示碎片的压力视图，并将Clusterize（%）【聚集】值减小到0，即让所有的白色聚集在碎片密集的部分，这样可以控制立方体碎片不会大面积地碎散开，如图9-26所示。

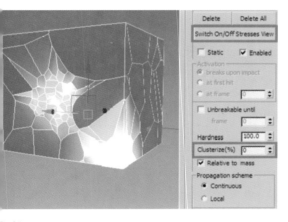

图9-26

STEP 05 保持在压力视图下，将移动工具转为选择工具（按Q键即可），再到场景中框选立方体侧面中心的碎片；然后到参数栏下单击Create Cluster【创建群集】按钮，将选择的碎片设为一个群集，如图9-27所示。

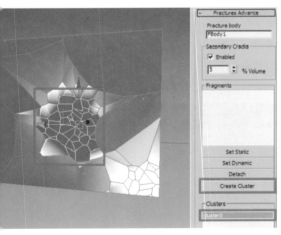

图9-27

STEP 06 到模拟选项参数栏下。首先，单击重置计算按钮，先撤销之前的模拟结果；其次，单击开始计算按钮，重新模拟破碎动画，得到的破碎动画如图9-28所示。

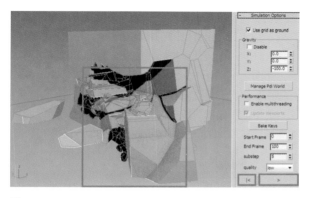

图9-28

STEP 07 此时可以看到立方体碎片除了中心部分碎片破碎得比较开之外，其中心部分的背面的碎片依然有破碎裂开的动画效果，如图9-29所示。

图9-29

STEP 08 下面要处理碎片比较密集的两个部分之外的其他碎片，让它们不要提前产生破碎散开的效果。首先到Fractures Basic【破碎基本】参数栏下打开碎片的压力视图，可以看到立方体的背面的碎片是呈白色显示的。也就是说，之前在选择侧面中心部分的碎片时，同时选择了背部的碎片，所有整个立方体才会产生较为强烈的破碎效果，如图9-30所示。

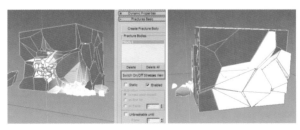

图9-30

STEP 09 到Clusters【群集】列表中选择之前创建好的群集，再单击Delete【删除】按钮，将其之前的群集删掉，并单击重置计算按钮，恢复立方体到动画初始状态，如图9-31所示。

STEP 10 再次选择立方体侧面中心密集的碎片。再到时间线的下面单击独显按钮，显示选择的碎片。可以明显地看到碎片被包括的范围比较大，如图9-32所示。

图9-31

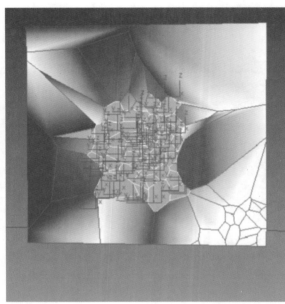
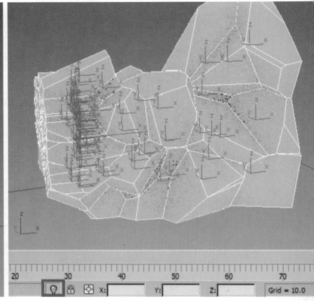

图9-32

STEP 11 到选择碎片的侧面角度，再次框选碎片最左端的部分，即侧面中心最密集的部分；再到参数栏下单击Create Cluster【创建群集】按钮，将选择的碎片添加到Clusters【群集】列表中，并将Hardness【硬度】值减小到0，也就是使碎片呈极易崩裂的状态，如图9-33所示。

STEP 12 再次模拟破碎动画，可以看到立方体背部的片依然提前破裂开了，如图9-34所示。

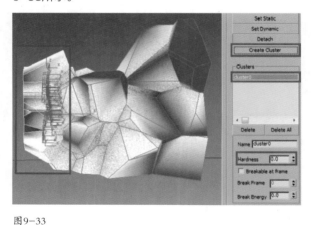

图9-33

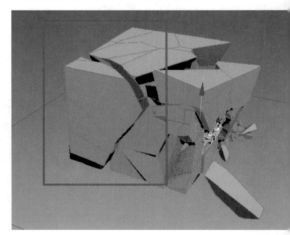

图9-34

STEP 13 保持碎片在压力视图模式下，到立方体的侧角度，框选背部的大部分碎片；再单击Create Clust

创建群集】按钮，将选择的碎片添加到Clusters
群集】列表中；然后将Hardness【硬度】值加大
1000。此时可以看到选择的碎片颜色变成了深蓝色
，也就是它们的硬度加大很多，如图9-35所示。

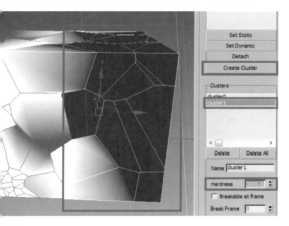

图9-35

STEP 14 为了确保背部的碎片不再产生提前破碎的现
，可以勾选上Breakable at frame【在指定帧才
碎】项；并将Break Frame【破碎帧】设为70、
eak Energy【破碎能量】值设为50；即到第70帧，
会以50的能量值来破碎背部的碎片。在第70帧之前
不会产生破碎动画的，如图9-36所示。

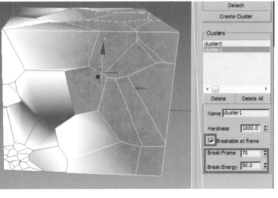

图9-36

STEP 15 再次模拟破碎动画，可以看到在第70帧前，
有两个破碎密集的部分产生了破碎动画效果。背部
大部分碎片都纹丝不动，没有任何的断裂动画，如图
37所示。

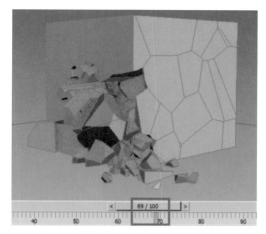

图9-37

STEP 16 而到时间滑块超过第70帧，背部的碎片便开
始产生断裂的动画效果。至此，所需要的立方体破碎动
画效果便设置完成了，如图9-38所示。

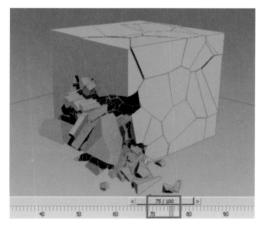

图9-38

9.3.3　设置破碎碎片的材质效果

破碎动画设置好后，需要对碎片的材质进行设
置。而PDI也为碎片的材质设置做了一些前提准备，不
仅专门有一个Add Jagginess【添加锯齿】项。而且
能加强碎片的真实效果，还会在材质中给碎片的切面准
备一个单色切面材质。

STEP 01 到Add Jagginess【添加锯齿】参数栏下，单
击Select PDI fragment【选择PDI碎片】按钮，再到场
景中单击任意碎片，将其添加进来，如图9-39所示。

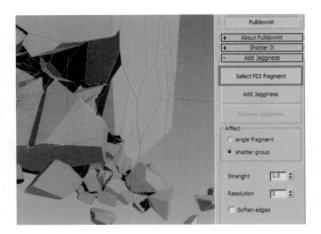

图9-39

STEP 02 然后单击Add Jagginess【添加锯齿】按钮，将锯齿应用到所有的碎片上。此时，可以看到所有碎片的边缘都有一些类似锯齿状的波纹效果，如图9-40所示。

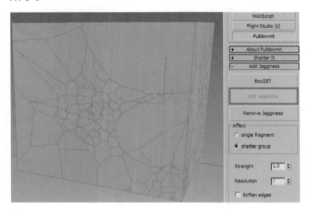

图9-40

STEP 03 从碎片的特写可以更清楚地看到每一块碎片都有了凹凸不平的效果了，如图9-41所示。

图9-41

STEP 04 如果觉得锯齿不符合需求，可以到其参数下，将Strenght【强度】值减小到0.53；并勾选Softe edges【平滑边缘】项，可以看到碎片的锯齿效果减小很多，且锯齿不再是那么生硬，如图9-42所示。

图9-42

STEP 05 按M键，快捷地打开材质编辑器面板。选择认设置好的切面材质球，并到材质面板工具栏下单Standard【标准】按钮；在弹出的材质选项面板中择Multi/Sub-Object【多维/子对象】材质；将标准质转换为多维/子对象材质；并将材质球的数量设为2此时的两个材质球均为立方体碎片的切面材质和表材质，不过此时的两个材质的ID指定不对，如图9-4所示。

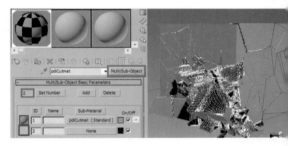

图9-43

STEP 06 将两个材质调换一下位置。选择材质球1的质将其拖到材质球2的材质上，在弹出的对话框中点择Swap【交换】选项，即交换两个材质球的位置，图9-44所示。

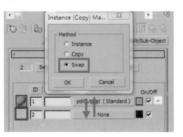

图9-44

STEP 07 下面给两个材质设置两个VrayFastSSS材质（材质的具体制作不做讲解，可以参阅相关材质制作的料），如图9-45所示。

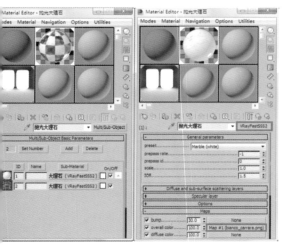

图9-45

STEP 08 这是两个材质的材质贴图，表面是一个较为白的大理石材质，内部则是一个较为浑浊的、呈暗金色材质，如图9-46所示。

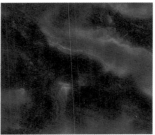

图9-46

STEP 09 最后利用V-Ray渲染器渲染材质，如果想得到较好的材质渲染效果，可以开启渲染的全局光照效果；并给场景环境添加一个折射/反射环境贴图。由于渲染的设置不是本章的重点，因此也不做具体介绍（可以查看资源中附带的工程文件中的渲染设置），如图9-47所示。

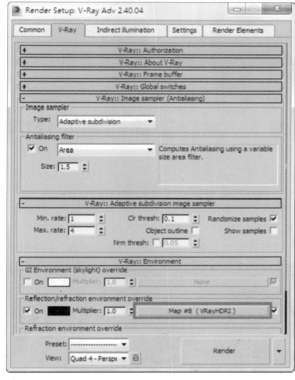

图9-47

STEP 10 至此，整个大理石的破碎动画效果便制作完成了，得到的最终破碎动画的渲染效果如图9-48所示。

图9-48

木材的破碎特效

第 **10** 章

本章内容

◆ 设置木材的基本破碎效果
◆ 模拟木材的破碎动画
◆ 设置木材碎片的材质

10.1　木材破碎动画的介绍

木材破碎是生活中非常常见的一种破碎效果了。例如，折断木棍，使其产生两段撕裂开的效果；斧头劈木头使木头产生垂直裂开的动画效果；刀削木棍，使木棍产生卷卷的木削碎片；还有锯子锯木头，木头产生碎木的果，这些效果都是木材破碎的方式。本章重点讲解一种木材被劈开的破碎效果，这也是Pulldownit破碎工具特有一种破碎类型，能得到真实的木材破碎效果。生活中常见的木材破碎效果如图10-1所示。

图10-1

10.2　木材破碎的制作

本章的木材破碎动画制作主要包括三部分：首先是在Shatter It【破碎对象】参数栏中设置好木材破碎的效果，得到长条状的木材碎片；然后是模拟木材的破碎动画，由于这里没对木材的动力学特性进行过多的调节，因此在Simulation Options【模拟选项】参数栏中对其动画的模拟做了简单的设置，便得到了所需的破碎动画效果；其次是在材质编辑器中利用Multi/Sub-Object【多维/子对象】材质为木材设置一个材质效果，木材的切面和表皮的材质是完全不一样的。下面通过一个木材破碎的案例来了解Pulldownit破碎工具的重要参数设置和破碎流程。本章的木材破碎动画效果如图10-2所示。

图10-2

10.2.1　设置木材的基本破碎效果

和所有破碎工具一样，Pulldownit破碎的第一步依然是设置和计算木材的碎片。Pulldownit的碎片设置主要是在Shatter It【破碎对象】参数栏中设置，参数虽然简单，但破碎结果却能应付很多影视级别的效果。下面开始设置木材的破碎效果。

STEP 01　新建一个高度为50、半径为15的圆柱体作为木材模型。并且把木材的位置调至离地平面有一定的高度位置。目的是让木材在动画模拟的过程中有一个掉落动作，与地面产生碰撞并产生破裂的动画效果，如图10-3所示。

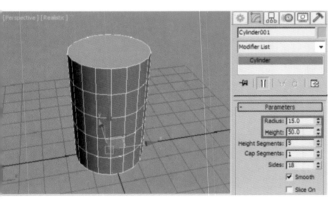 

图10-3

STEP 02　进入Pulldownit破碎的参数设置面板。在Shatter It【破碎对象】参数栏中，进行破碎前的基本参数设置。首先单击Preview【预览】按钮，激活破碎裂纹点预览状态。此时会看到场景中的木材呈线框模式显示了。并且在线框中会产生许多的小点，这些点是破碎的参考点；Num Shards【碎片数量】参数直接影响木材中的碎片参考点数量，也会使木材产生相应的碎片；设置好碎片数量，下面设置Style【类型】参数栏中的参数，默认的类型为Uniform【均匀】类型，也就是碎片参考点在木材中的分布是呈均匀状态的，如图10-4所示。

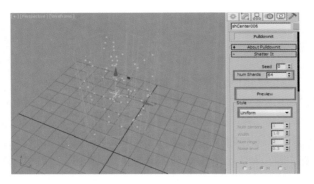

图10-4

STEP 03 下面要设置一种让木材产生几乎呈垂直效果的碎片。那么需要设置一种Wood Splinters【木材碎片】类型，此时会看到参考点呈平面的方式分布在木材的中心部分，调整Axis【轴】参数为L，如图10-5所示。

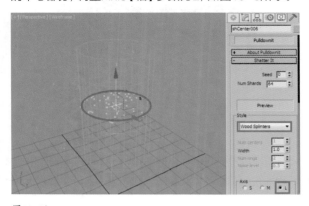

图10-5

技术要点： 该Wood Splinters【木材碎片】类型中的参考点分布方式是呈平面分布在模型对象中，但其碎裂的结果则几乎是与该平面呈垂直的效果。

STEP 04 在类型参数栏中，将Width【宽度】值减小到0.5，让破碎中心更向内集中一点，如图10-6所示。

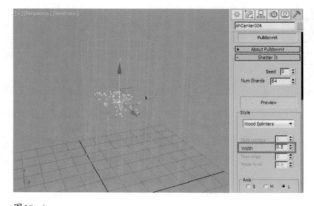

图10-6

STEP 05 在计算破碎结果前，需要将Cut Material【面材质】参数栏中的Apply【应用】项勾选上，让破的碎片切面具有一个新的材质；然后再单击Shatter【破碎对象】按钮，计算破碎，此时便可以看到木模型产生了许多的呈纵向破碎的碎片结果，如图10-所示。

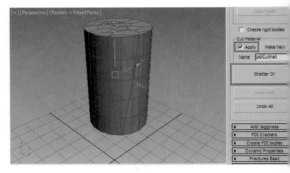

图10-7

技术要点： 在Cut Material【切面材质】参数栏中有个Make New【创建新的】按钮，它是在行多次破碎计算，且需要区别每次破碎的象材质。所以需要单击该按钮创建新的切材质。

STEP 06 如果想查看破碎的结果是否达到所需的效果可以到场景中移动碎片，查看其内部破碎的结果。可看到该次的破碎碎片基本都是呈纵向的效果了，这样材破碎的基本效果计算完成，如图10-8所示。

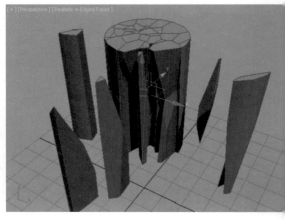

图10-8

技术要点： 如果效果不理想，可以在破碎对象参数栏单击Undo Last【撤销上次】按钮，撤销次的破碎，再重新调整破碎参数。

10.2.2 模拟木材的破碎动画

木材的碎片制作好后，便可以开始模拟木材的破碎动画了。动画的模拟主要是在Simulation Options【模拟选项】参数栏中设置，该面板中的参数也非常简单，主要是对场景的重力和动画模拟的帧数设置。

STEP 01 在模拟前需要给场景设置一个地面。由于场景中没有创建地面，因此可以在模拟选项参数栏下勾选Use grid as ground【使用网格作为地面】项，所以场景的Gravity【重力】都是将Z轴向设为-100，若为正值，则重力是反向的。地面效果如图10-9所示。

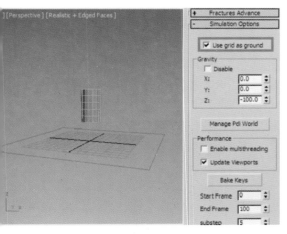

图10-9

STEP 02 此时单击开始模拟按钮，是不会有任何动力学动画的，因为当前的场景对象都不是刚体对象，如图10-10所示。

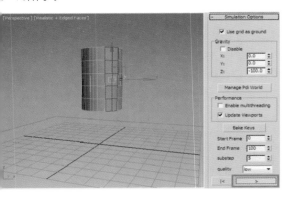

图10-10

STEP 03 下面需要调整破碎参数。首先需要撤销当前破碎结果，到场景中选择任意碎片对象，再到Shatter It【破碎对象】参数栏中单击Undo All【撤销全部】按钮。撤销之前的破碎效果，将原始圆柱体对象显示出来，如图10-11所示。

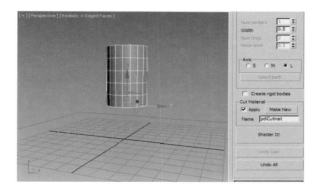

图10-11

STEP 04 再到破碎对象参数栏中勾选Create rigid bodies【创建刚体】选项，这样所产生出来的碎片对象都会被自动设置为刚体对象，且能产生动力学动画了；然后单击Shatter It!【破碎对象】按钮，再次破碎木材，如图10-12所示。

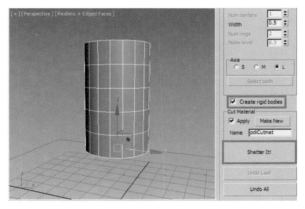

图10-12

技术要点： 此时的所有碎片都被赋予了一个PdiShatterGroup修改器，说明这些碎片都具有了刚体的属性，如图10-13所示。

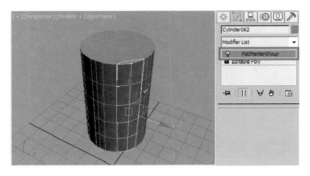

图10-13

STEP 05 开始模拟破碎动画。到模拟选项参数栏中单击Bake Keys【烘焙关键帧】按钮。激活关键帧记录模式，这样模拟的动画会以关键帧的方式记录所有碎片的动画。然后单击开始模拟按钮，可以看到木材垂直掉落到地面后，与地面产生碰撞，向四周碎裂开来；与此同时，所有的木材碎片的动画都以关键帧的形式记录了下来，得到的破碎动画结果如图10-14所示。

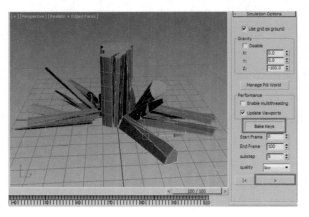

图10-14

10.2.3 设置木材碎片的材质

Pulldownit破碎工具设置材质非常便捷，其默认破碎的碎片均被设置为两个材质ID；即切面为一组ID，外表为一组ID。因此要设置碎片的材质效果，需要用到Multi/Sub-Object【多维/子对象】材质。

STEP 01 从破碎的结果中，可以看到碎片的切面都是非常平滑的。这对于真实的木材破碎结果来说是不相符的，如图10-15所示。

图10-15

STEP 02 下面到Add Jagginess【添加锯齿】参数栏中给木材线添加一些锯齿纹理。首先单击拾取碎片按钮，将场景中任意一块碎片添加进来；再单击Add Jagginess【添加锯齿】按钮，将锯齿应用于每一块碎片。此时可以看到所有的碎片切面都产生了凹凸不平的

锯齿效果，这样才符合了真实木材破碎的结果，如图10-16所示。

图10-16

STEP 03 在添加锯齿参数了后可以设置锯齿的强度和密度。这里将Strenght【强度】值稍微加大一点到1.3，让锯齿的凹凸效果更加强烈一点，如图10-17所示。

图10-17

STEP 04 给木材添加一个Multi/Sub-Object【多维/子对象】材质，并设置Set Number【设置数量】值为2，就是指定两种材质给木材。如果木材的材质显示不对，可以将两个材质球调换一下顺序，如图10-18所示。

图10-18

术要点: 在设置木材的破碎后，Pulldownit破碎工具会自动在材质面板中创建一个切面的材质，一般默认为绿色材质。如果要设置一个多维/子对象材质，就不要重新设置一个材质球，只需在该绿色材质工具栏下单击Standard【标准】按钮；在弹出的材质选项面板中选择多维/子对象材质，也就是将标准材质转换为多维/子对象材质即可。这样木材的材质便由一个绿色材质变为了一个具有多个ID材质的材质球了，如图10-19所示

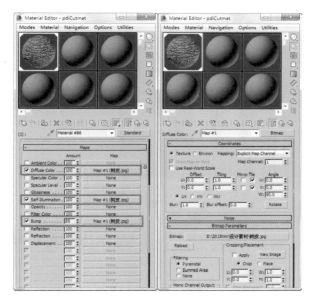

图10-20

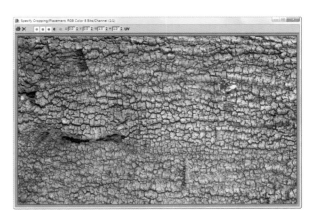

图10-21

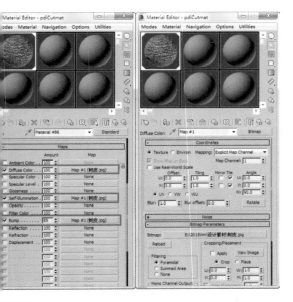

10-19

EP 05 给木材的表面和切面分别设置一个具有树皮纹的材质和木纹的纹理材质。主要是在Diffuse Color【漫反射颜色】、Self - Illumination【自发光】和Bump【凹凸】贴图中添加了一个树皮的贴图纹理，而其他参数均为默认设置，如图10-20所示。

EP 06 树皮的纹理效果如图10-21所示。

EP 07 至此，一个真实的木材破碎动画效果便制作完了，最终的木材效果如图10-22所示。

图10-22

第 11 章

Pulldownit沿路径破碎路面的特效

本章内容

◆ Pulldownit沿路径破碎的特效介绍
◆ 制作路面沿路径破碎的基本破碎体
◆ 设置路面的沿路径破碎动画

11.1 沿路径破碎的特效介绍

　　沿路径破碎特效是一个影视级别较常见的视觉特技效果。在影视剧中常常见到路面突然碎裂、坍塌的效果或者在武侠、科幻片中，通过外力将路面一次揭开的效果。这些效果如果通过现场来布置，那既费人力、物力财力，而且危险性大、可控性又小。所以必须通过后期的破碎特效来实现。这里推荐的是Pulldownit沿路径破碎特效，主要是因为它制作非常简单、快捷，效果也非常精准。如果再配合Particle Flow或Thinking Particles工具则能模拟出非常真实的路面破碎效果。影视中的场景如图11-1所示。

图11-1

1.2　制作PDI的沿路径破碎动画

　　本章主要介绍了PDI破碎动画中的沿路径破碎特效，主要是通过PDI的Path based【基于路径】类型来指定根路径，使对象沿路径产生破碎。该方法能模拟路面、墙面等沿某一路线开裂，开裂的同时并产生碎石飞散的效果。该沿路径破碎特效的制作主要包括两个部分：首先需要得到路面沿路径破碎的基本破碎体，该破碎体沿路径的域，碎块密集，越往两边，碎片越稀疏；然后通过PDI自带的一个打碎球沿路径依次撞开路径区域的碎片，从而到一种沿路径破碎的视觉特效。在设置破碎动画阶段，可以控制碎片的动态效果；虽然可调的参数并不多，但足应付各种碎片飞散的特效。本章的破碎特效最终效果图如图11-2所示。

1-2

1.2.1　制作路面沿路径破碎的基本破碎体

　　路面沿路径破碎是PDI的一个比较强大、实用的工。主要是利用路径来控制路面的破碎线路，得到指定破碎效果。另外在对路面进行破碎的时候，使用了多破碎的方法，来控制碎片的破碎结构，从而得到所需破碎结构。

EP 01 新建一个长度为150、宽度为100、高度为-3薄立方体，作为路面的基本模型，如图11-3所示。

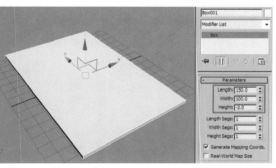

1-3

EP 02 在里面的中央新建一根随机曲折的路径，作为面的破碎轨迹。尽量将路径置于立方体的厚度间，如1-4所示。

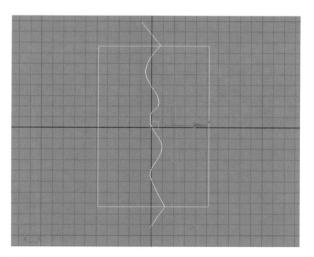

图11-4

STEP 03 进入Pulldownit的Shatter It【破碎对象】参数栏中，到Style【类型】栏下将类型设为Path based【基于路径】项；再到下面单击拾取路径按钮，将场景中的路径添加进来；因为接下来要对路面进行多次的破碎处理，如图11-5所示。

STEP 04 单击Preview【预览】按钮，激活路面的破碎参考点模式，调整Num Shards【碎片数量】到一个合适的值，如图11-6所示。

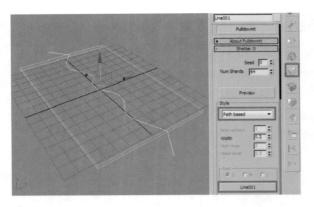

图11-5

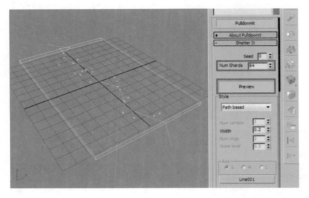

图11-6

STEP 05 调整碎片参考点的Width【宽度】值，第一次破碎将宽度值设置大一点，让碎片参考点的范围大一点，如图11-7所示。

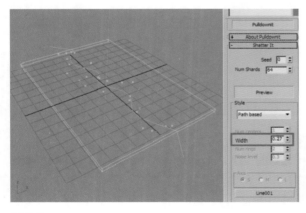

图11-7

技术要点： 如果将宽度值减小，可以看到碎片参考点都向路径靠拢。数值越接近0，参考点越靠近路径，如图11-8所示。

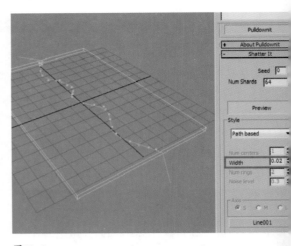

图11-8

STEP 06 调整好第一次的破碎的碎片参考点的范围后单击Shatter It【破碎对象】按钮，此时会看到路面着路径的轨迹进行了一次破碎处理，只是第一次的破的碎片会比较大，如图11-9所示。

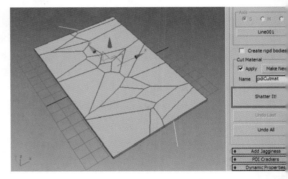

图11-9

STEP 07 下面进行第二次的路面破碎处理。将宽度值小到0.05，让碎片参考点尽量靠近路径；再次单击碎对象按钮。可以看到路面沿路径的中心部分被进行细分处理，如图11-10所示。

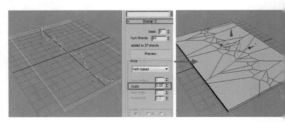

图11-10

STEP 08 再次调整碎片参考点的范围，将宽度值减小0.02。同时可以配合Seed【种子】值，改变破碎后碎片形态，如图11-11所示。

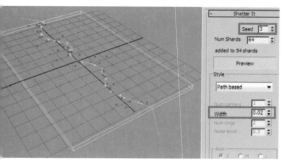

图1-11

EP 09 此次破碎后，沿路径部分的路面再次被细分处，增加了许多碎片效果，如图11-12所示。

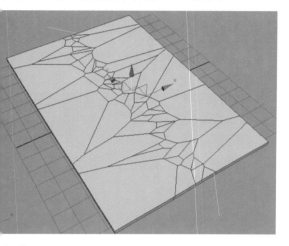

图1-12

EP 10 这是经过多次破碎后得到的路面破碎效果，以看到路面的中心明显地增加了许多小碎片，如图-13所示。

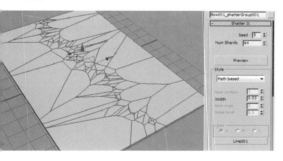

图1-13

术要点： 为什么不一次增加许多碎片参考点，一次打碎路面？这是因为一次打碎路面，得到的碎片会比较均匀，即碎片的尺寸是均匀地从中心向路面两边梯度增大。而要进行多次破碎，是因为每一次的破碎会限定在前一次的

碎片结构中，破碎不会任意向两端扩散。因此第一次的破碎非常重要，它决定了整体的碎片结构

STEP 11 设置好路面的破碎效果后，还需要将它们设置为刚体对象。到Fractures Basic【破碎基本】参数栏下单击Create Fracture Body【创建破碎体】按钮；在弹出的设置破碎体窗口中单击OK【确定】按钮，即可将所有碎片添加到Fracture Bodies【破碎体】列表中，如图11-14所示。

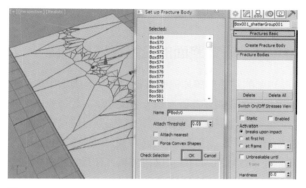

图11-14

STEP 12 再单击Switch On/Off Stresses View【开启/关闭压力视图】按钮，将路面碎片显示为蓝白色的压力视图模式，再到参数栏下将Clusterize【聚集】值减小到0。此时可以看到路面沿路径的部分显示为白色，其余部分都显示为蓝色，说明此时产生破碎影响较强的部分是靠近路径的碎片，如图11-15所示。

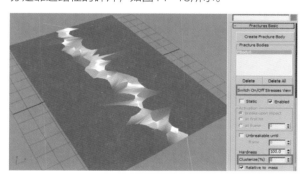

图11-15

STEP 13 下面要设置路面碎片的破碎影响状态。到破碎的基本参数栏下勾选Static【静态】项，并点选Activation【激活】栏下的breaks upon impact【碰撞后才打破】项。这样，路面就不会自动破碎，而是需要有碰撞对象来碰撞它，它才会破碎，如图11-16所示。

图11-16

11.2.2　设置路面的沿路径破碎动画

当前的路面破碎体已经准备好了，但要制作路面沿路径破碎的动画还需要准备一个碰撞体。让碰撞体沿路径轨迹来冲撞路面，将其打碎；在沿路径碰撞破碎的动画制作过程中，还重点对破碎的效果进行了细致的调节，使之达到所需的碰撞破碎效果；在最后还对路面的材质做了简单介绍，让路面的破碎动画更加真实。

STEP 01 到Simulation Options【模拟选项】参数栏下，单击Bake Keys【烘焙关键帧】按钮，激活破碎模拟的关键帧记录模式；再单击开始模拟按钮，可以看到当前里面没有任何的动静。因为当前场景没有碰撞体，如图11-17所示。

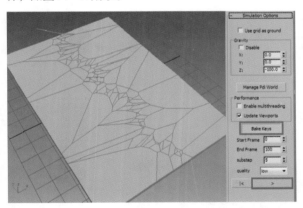

图11-17

STEP 02 新建一个碰撞体。到PDI Crackers【PDI打碎球】参数栏下，首先单击Assign path【指定路径】按钮，选取场景中的路径；再单击New Cracker【新建打碎球】按钮，此时可以看到场景中的路径一端出现了一个小球，这就是用来打碎路面的碰撞体；然后调整打碎球的Size【大小】值为2，如图11-18所示。

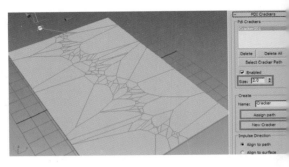

图11-18

技术要点： 打碎球的尺寸设置大小可以控制其与碎片碰撞影响的范围。球越大则影响路面两端的碎片越多；反之，球越小，则影响范围越小。

STEP 03 此时，拖动时间滑块，可以看到打碎球已经认设置了一个从第0帧到第100帧的沿路径动画，如11-19所示。

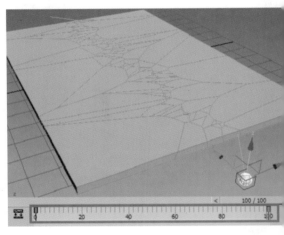

图11-19

STEP 04 单击开始模拟按钮，可以看到打碎球还未碰到后面一部分的路面，路面的所有碎片就开始自动往掉落了，如图11-20所示。

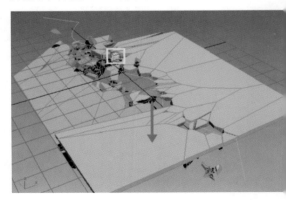

图11-20

STEP 05 路面之所以往下掉落是因为没有给场景指定
个拖住路面的地面，此时的路面只是一个场景模型
已。下面到Simulation Options【模拟选项】参数
下勾选Use grid as ground【使用网格作为地面】
，此时会在场景中添加一个PDI虚拟地面（即蓝色线
）；再次模拟动画，可以看到打碎球从路面的一端开
移动，并且将路面的碎片冲撞出来，有一种类似地鼠
地面在地表层下钻地的效果，被球体冲撞过的路面，
被打破、且碎片飞溅，如图11-21所示。

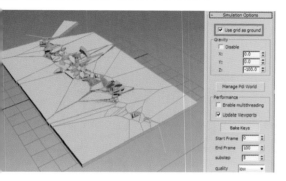

图11-21

STEP 06 此时，仔细观察路面的破碎效果，打碎球冲撞
路面碎片后，飞散的碎片会影响路面两端的碎片，从
上整个路面的破碎效果显得非常凌乱。出现这种现象
原因是：在Propagation scheme【传播方法】栏下
选的选项是Continuous【持续】项，即地面的破碎
向是持续的，如图11-22所示。

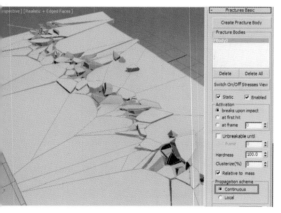

图11-22

STEP 07 下面要改变这种破碎影响的效果，只需要将传
方法改为Local【局部】项。此时再次模拟，可以看
只有被打碎球碰撞过的碎片才会受到影响，其余部分
然显得很平坦，如图11-23所示。

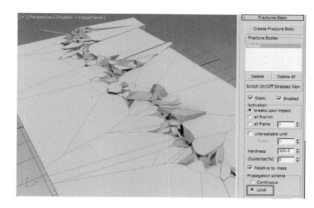

图11-23

STEP 08 在PDI Crackers【PDI打碎球】参数栏下还
可以设置破碎的影响效果。在Impulse Direction【冲
撞方向】栏下的Multiplier【倍数】值可以控制碎片飞
散的强度。值越大，碎片飞散的越开、越高。这里将其
加大到5，会看到碎片不仅飞散得高，且方向是比较凌
乱的，如图11-24所示。

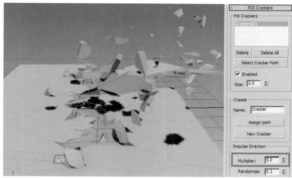

图11-24

STEP 09 想要控制碎片的方向，则需要进行自定义设
置。在冲撞方向栏下勾选Custom【自定义】项，并将
Z轴向的值设为1。再次模拟动画，会看到碎片冲撞开
后，是沿垂直方向向上飞溅的，如图11-25所示。

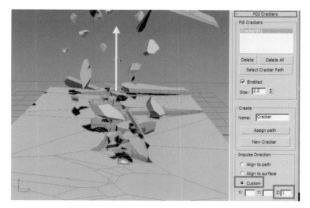

图11-25

STEP 10 将倍数值减小到0.5，不让碎片飞散得太高，仅有一种地鼠钻地的效果，如图11-26所示。

图11-26

STEP 11 仔细观察此时的路面破碎的碎片动画，它们被球体撞开后，均产生了一个较为统一的飞溅高度，这样会稍显不自然。下面加大冲撞方向栏下的Randomize【随机化】值到0.5，可以看到球体冲撞路面时的碎片是忽高忽低的，如图11-27所示。

图11-27

STEP 12 再稍微加大一点倍数值到0.7，此时得到的路面破碎动画便符合我们所需要的最终效果，如图11-28所示。

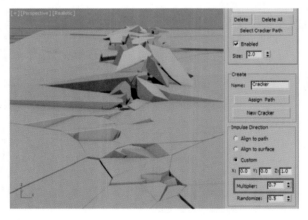

图11-28

STEP 13 下面给地面设置材质。设置材质前，先给地[面]的切面添加一些锯齿的效果，让碎片显得更真实一点[。]到Add Jagginess【添加锯齿】参数栏下单击Sele[ct] PDI fragment【选择PDI碎片】按钮；再到场景中[选]取任意碎片；然后单击Add Jagginess【添加锯齿】按钮，将锯齿应用到所有碎片上；再调整碎片的锯齿[大]小，将Strenght【强度】值减小到1、Resolution【[精]度】值加大到3。最终得到的碎片锯齿效果如图11-[29]所示。

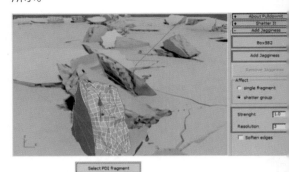

图11-29

STEP 14 给路面添加材质效果，让路面更真实。到[材]质编辑器将路面的切面材质转换为Multi/Sub-Obje[ct]【多维/子对象材质】，给路面和切面分别设置一个[材]质，如图11-30所示。

图11-30

STEP 15 路面和切面的材质设置很简单，就是分别给[它]们的Diffuse Color【漫反射部分添加了一个路面和[切]面贴图，如图11-31所示。

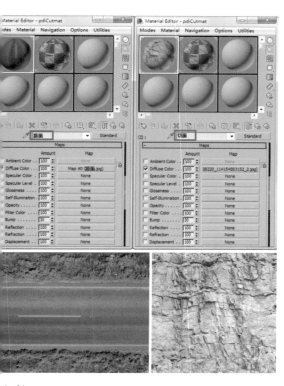

1-31

STEP 16 至此，路面沿路径破碎的动画效果制作完成，此时的路面破碎效果显得更加真实了，如图11-32所示。

图11-32

第 **12** 章 力场控制物体的破碎

本章内容

◆ 制作中心主体部分的基本破碎动画
◆ 利用旋涡力场控制石墩的破碎
◆ 石墩碎片之间的互动碰撞

12.1 力场控制物体的破碎特效介绍

用力场控制物体的破碎效果，是在许多较大的破碎场景中经常被使用的方法。因为它需要场景中有多个对的存在，通过力场来牵引其中一个对象的碎片撞击另一个对象，并使其产生破碎。因此，这种效果一般在影视中得比较多。例如，龙卷风卷起地面的物体，使物体在空中飞舞的过程中会撞击到其他楼房、汽车等对象，并产生碎的效果；还有通过风力吹动某些物体，使其撞向其他对象，而导致的破碎、或连环破碎等。这些效果似乎和物碰撞物体所得到的破碎结果是一样的，但它们的动力学关系是不一样的。通过力场来产生破碎特效的视觉效果如12-1所示。

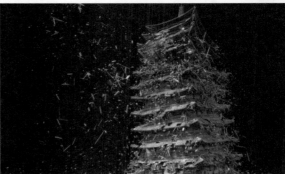

图12-1

2.2 PDI的力场破碎特效实例制作

本章的PDI破碎动画运用了一个旋涡力场来控制碎片，并与其他碎片产生互动碰撞。这与前面章节的PDI破碎画是有所区别的。整个动画分为3个部分：首先是制作中心主体部分的破碎动画；再利用旋涡力场来控制碎片的动方向；然后通过旋涡飞散的碎片与周围物体相撞，撞出新的破碎。其中重点会讲解力场控制破碎动画的部分。过该案例的介绍，主要是说明PDI中的这个重要功能可以通过各种力场来控制破碎动画的破碎效果。下面具体来解该破碎动画的制作过程，案例效果如图12-2所示。

2-2

2.2.1 制作中心主体部分的破碎

中心部分的石墩破碎效果是利用PDI的常规破碎方来实现的，虽然只需要几个步骤便可以轻松地得到所的破碎效果，但也难免会出现一些碎片穿透的情况。里对这些特殊情况的处理也进行了介绍。

STEP 01 准备一个需要进行碰撞处理的场景，该场景中活地面模型和中心部分的椭圆石墩模型（注意，石墩立在地面上的立方体之上的）。暂时未将周围部分的本加入进来，主要是方便观察主体部分的破碎动画，图12-3所示。

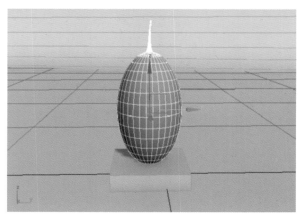

图12-3

STEP 02 在PDI工具面板中单击Shatter It【破碎对象】按钮，并进入其参数栏中。首先设置破碎的Num Shards【碎片数量】值为一个合适的值，这里设置为64，如图12-4所示。

图12-4

技术要点： 这里没有开启Preview【预览】模式，是因为在Style【类型】为Uniform【均匀】下的破碎效果都是很均匀地将物体进行破碎的。如果需要设置破碎的状态，则可以配合预览模式来调整。

STEP 03 在破碎前，一定要勾选上Create rigid bodies【创建刚体】项，那么PDI破碎的碎片都会自动赋予刚体属性。再单击Shatter It!【破碎对象】按钮，就可以打破椭圆石墩，如图12-5所示。

STEP 04 下面设置场景对象的动力学属性。选择地面，并到Create PDI bodies【创建PDI刚体】参数栏下，将type【类型】设为Static【静态】，即让地面呈静止状态；再到该栏下的Bounding Volume【包容体】栏

中点选Mesh【网格】项，如图12-6所示。

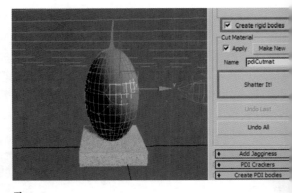

图12-5

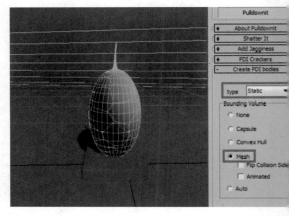

图12-6

STEP 05 单击开始计算动画按钮，会看到石墩碎片掉后直接穿过了地面，仅只有地面的立方体之上的碎片有穿透，如图12-7所示。

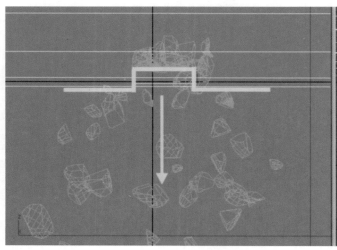

图12-7

术要点：之所以碎片有一部分穿透地面有一部分留在立方体上，是因为PDI对于包容体的精确控制还不够。

EP 06 碰到上面这种情况，可以通过下面的方法来解。到Simulation Options【模拟选项】参数栏中，勾上Use grid as ground【使用网格作为地面】项，时会看到场景中有个蓝色线框与当前的地面重叠了，就是PDI的默认地面，如图12-8所示。

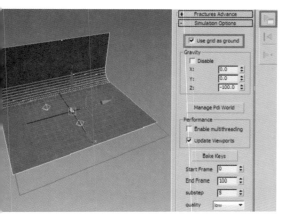

2-8

EP 07 再次模拟破碎动画，可以看到碎片都留在了地与立方体上面了，说明此次的破碎动画准确了，如图-9所示。

2-9

1.2.2 利用旋涡力场控制石墩的破碎

下面利用一个Vortex【旋涡】力场来控制石墩的碎动画。PDI破碎动画可以通过各种力场来控制，例风力、重力、阻力、推力等，这样会让破碎的动画更丰富。

STEP 01 在创建面板的空间扭曲下拉列表中选择Forces【力】选项，并在对象类型中选择Vortes【旋涡】力，再到场景中拖出一个旋涡图标，如图12-10所示。

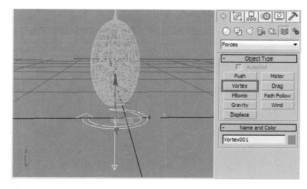

图12-10

STEP 02 默认的旋涡图标指示箭头是朝下的，因此其旋涡力的影响也是朝下影响的。下面在工具栏中单击Mirror【镜像】按钮，并到弹出的对话框中，将Mirror Axis【镜像轴向】设为z轴。这样，旋涡图标便沿z轴方向反转了过来，如图12-11所示。

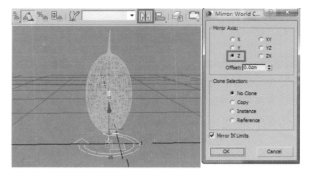

图12-11

STEP 03 到旋涡参数栏下，将Capture and Motion【捕捉和运动】栏中的Orbital Speed【轨道速度】值设为1000，让其有一个较大的旋涡力来影响碎片的动画。其他值保持默认即可，如图12-12所示。

图12-12

第12章 力场控制物体的破碎 | 115

STEP 04 如果想要让场景中的力场来控制碎片的动画，那就需要在PDI的Dynamic Properties【动力学属性】参数栏中勾选Affected by force fields【力场的影响】项。这样，才能让旋涡力影响碎片，如图12-13所示。

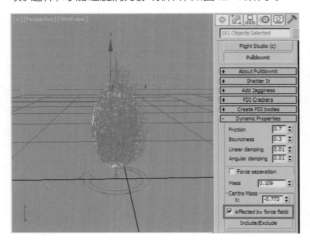

图12-13

技术要点： 要让力影响场景中的碎片，则必须选择所有碎片，再在动力学属性下勾选力场的影响项，否则力只会影响被选择的对象。

STEP 05 在Simulation Options【模拟选项】参数栏中，激活Bake Keys【烘焙关键帧】模式，再单击开始计算按钮，模拟破碎动画。此时可以看到碎片的动画不再是垂直掉落，而是以螺旋的运动轨迹扩散开来了。这样，石墩的破碎动画便被力场很好地控制了，如图12-14所示。

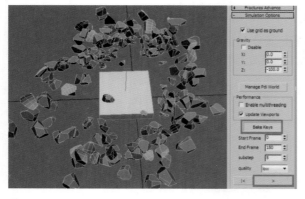

图12-14

12.2.3 石墩碎片之间的互动碰撞

这一步主要是将中心石墩呈旋涡状分散的碎片与周围的石墩产生碰撞，并将它们打破。该打破并不是真地将一个完整的石墩打破，而是利用PDI将周围的对象提前破碎，再与中心石墩的碎片产生碰撞。

STEP 01 下面再创建3个大小不一的石墩模型，分别在中心石墩的周围，如图12-15所示。

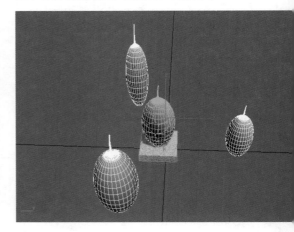

图12-15

STEP 02 分别将周围3个石墩进行破碎处理。在破碎象参数栏下，将碎片数量设为64。再单击Shatter It【碎对象】按钮，将3个石墩打破，如图12-16所示。

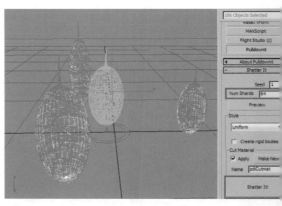

图12-16

STEP 03 保持3个石墩的碎片被选择的情况下，在命令板的最上方单击颜色按钮，将碎片的颜色换一个蓝色注意区分其与中心石墩的碎片颜色，如图12-17所示。

图12-17

STEP 04 设置3个石墩的碎片。在Fractures Basic【碎片基本】参数栏下，单击Create Fracture Body【创建破碎体】按钮，在弹出的建立破碎体窗口中单击【OK】按钮。将3个石墩的碎片添加到破碎体列表中，这样便可以对3个石墩的碎片进行细节的设置了，如图12-18所示。

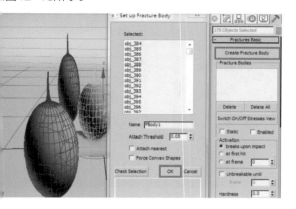

12-18

STEP 05 在碎片基本参数栏下，单击Switch On/Off Stresses View【打开/关闭压力视图】按钮，让碎片以白蓝颜色模式显示。将Hardness【硬度】值减小到10、Clusterize（%）【聚集】的百分比减小到20。可以看到3个石墩颜色中的白色立即减小了很多，只有底部的几个碎片上有白颜色。这说明了此时3个石墩的碎片受破碎影响的强度减小了很多，如图12-19所示。

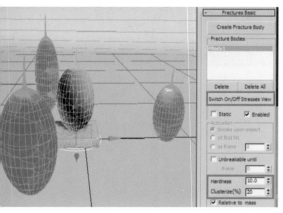

12-19

STEP 06 回到旋涡力的参数面板中，给其Orbital Speed【轨道速度】值从第0帧到第25帧设置一个从100到200的动画，即让旋涡力到第25帧后，迅速减小，如图12-20所示。

STEP 07 在PDI的模拟选项参数栏中，单击开始计算按钮。可以看到中心石墩的碎片撞击到3个石墩上，只有

几个碎片被撞落了下来，如图12-21所示。

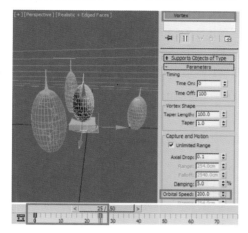

图12-20

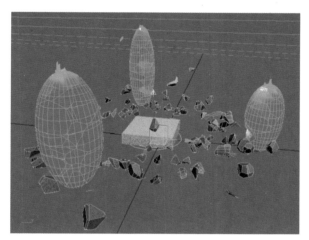

图12-21

STEP 08 此时的碎片碰撞效果并不是所设想的效果，所以下面需要调整碎片的参数。在碎片基本参数栏下，将硬度值设为100，并将聚集的百分比加大到50，如图12-22所示。

图12-22

STEP 09 再到Fractures Advance【碎片高级】参数栏下。首先到场景中选择3个石墩上，背向中心石墩的部分碎片；然后单击Set Static【设置静态】按钮；将选择的碎片添加到Fragments【碎片】列表中，此时可以看到被选择的碎片呈黑颜色了，如图12-23所示。

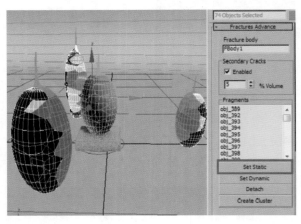

图12-23

STEP 10 到碎片基本参数栏下的Activation【激活】栏下点选breaks upon impact【在碰撞后才破碎】选项。顾名思义，就是在中心石墩的碎片没有碰撞到3个石墩上时，它们是不会产生破碎动画的，如图12-24所示。

图12-24

STEP 11 最后，再次单击开始计算按钮，模拟最终的破碎动画。可以看到中心石墩的碎片撞击到3个石墩上后，3个石墩没有被设为静态属性的碎片，而是都被撞击了下来，得到的破碎动画效果如图12-25所示。

图12-25

STEP 12 给碎片添加上材质后的最终破碎场景如图12-26所示。

图12-26

第 **13** 章

小屋的综合破碎特效

3.1　概述

　　房屋的破碎是一种较为大型的破碎效果，现实生活中也只有在一些楼房拆迁或地震的时候才能看到楼房倒塌的果。随着CG技术的不断进步，在影视剧中，也越来越多地能看到高楼倒塌、破裂，城市崩塌、地面裂开等较大景的破碎效果。然而实现这些细节较多、场面宏大的破碎效果，除了电脑要有足够高的配置外，还需要掌握更多碎处理的技法，才能实现任何情况下的复杂破碎处理。影视剧中的一些经典房屋破碎效果如图13-1所示。

图3-1

　　本章主要介绍了一个虚拟的星形小屋的综合破碎动画处理。该小屋主要包括两个部分的元素：分别是屋顶和体。屋顶和墙体是分开的不同的材质，具有不同的破碎类型。两种不同破碎对象综合在一起，如何控制好它们的撞关系极为重要。该小屋的综合破碎制作主要分为3个部分：首先制作小屋的基本破碎效果。由于由两个部分构，所以每个部分的破碎类型都是不一样的；其次利用另一种沿路径破碎的方法设置屋顶的破碎效果，这种效果更合木质结构的屋顶处理；最后主要是对小屋的屋顶和墙体进行破碎动画处理，动画的过程中会重点对屋顶和碎片的动力学特性进行细致的处理。包括屋顶破碎的各种状态调节、小屋整体破碎、掉落的多种状态处理等。本章的小屋综合破碎动画效果如图13-2所示。

图13-2

13.2　初次破碎小屋

　　第一步是利用Pulldownit对小屋进行基本的破碎设置。其中对小屋的屋顶和墙体做了不同破碎类型的处理，要是区别它们所具有的不同材质特性。

STEP 01　准备一个用来做破碎动画的场景。场景元素由两部分组成：一个是由五角星组成的木质屋顶、红砖墙屋；另一个是一根硬度较高的用来撞击小屋的石棍，且为石棍设置了一个快速位移的动画，如图13-3所示。

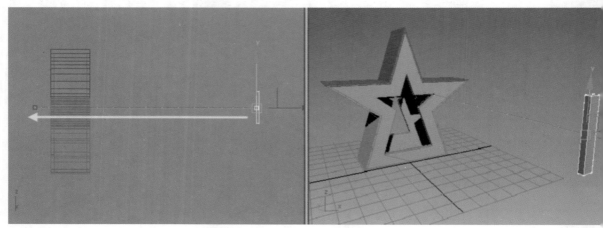

图13-3

STEP 02　当前场景中的屋顶是一个整体元素，下面要将它拆分为由许多木板组成的屋顶。给屋顶添加一个Editab Poly【可编辑多边形】修改器，在其Selection【选集】参数栏下单击Polygon【多边形】按钮；再选择屋顶网的每一个部分，然后到参数栏中单击分离按钮，将每一个部分打散开，形成一块块木板，如图13-4所示。

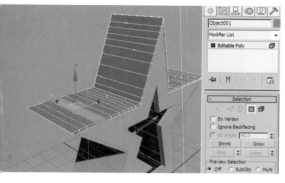

13-4

EP 03 此时的每一块木板都不是一个实心的元素，所需要给它们添加一个【Cap Holes】补洞修改器，样它们才是一个实心的木块。这样在做破碎动画的时，木块的破碎才不会出现错误，如图13-5所示。

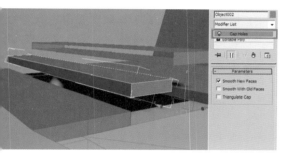

3-5

术要点： 由于每一个木板都是从屋顶上分离出来的，木块与木块的衔接处都是没有面片的，因此需要利用补洞修改器来弥补这些镂空的部分。

EP 04 到任意一块木块的可编辑多边形修改器中单击 ach【附加】按钮，再到场景中将其他木块合并为一整体，如图13-6所示。

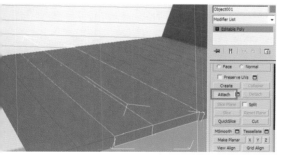

3-6

STEP 05 下面利用Pulldownit工具来破碎小屋。由于屋顶和砖墙是分离的两个部分，因此需要分别对它们进行破碎处理。选择砖墙部分，在Shatter It【破碎对象】参数栏下单击Preview【预览】按钮，将砖墙部分转换为线框模式。且在线框中会出现一个白色的十字叉，以及在十字叉的周围会有一些破碎参考点，这些破碎参考点的数量由Num Shards【碎片数量】的值决定；这里需要为砖墙设置两个破碎中心点。下面在Style【类型】栏下将类型设置为Local【局部】，将Num centers【中心数量】值设为2。这样，在砖墙中便出现了两个十字叉中心点，也就是Pulldownit会以这两个中心点为破碎中心将砖墙打破，在这两个十字叉的部分的碎片会比较密集，如图13-7所示。

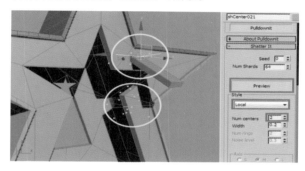

图13-7

技术要点： 在Preview【预览】模式下，可以按F3键，将对象显示为实体模式，这样可以更准确地观察两个破碎中心点的位置。

STEP 06 在破碎对象参数栏下的Cut Material【切面材质】栏中，给Name【名称】项输入一个"star1"的名称，这是砖墙的破碎碎片的名称；然后单击下面的Shatter It【破碎对象】按钮，将砖墙破碎处理，如图13-8所示。

图13-8

STEP 07 此时，可以看到砖墙被打破了，且两个破碎中心位置的破碎会比周围的碎片更小、更密集，如图13-9所示。

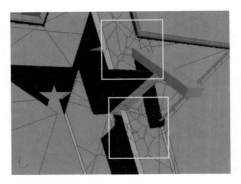

图13-9

STEP 08 为了让破碎中心的碎片更多，且碎片更小一点。下面继续对砖墙进行破碎处理，在预览模式下，保持中心数量为2。将Width【宽度】值设减小到0.06，即把破碎间距减小，这样会让破碎的碎片更集中，如图13-10所示。

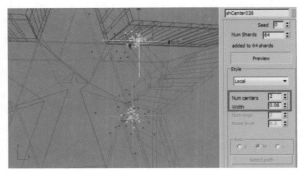

图13-10

技术要点： 如果在同一位置进行多次破碎处理，可以适当地移动破碎中心点，改变破碎的效果；也可以通过改变Seed【种子】值来改变破碎的效果。

STEP 09 此时，可以看到两个破碎中心的碎片被打破地更小了一些，这样破碎的时候细节也会更多一些，如图13-11所示。

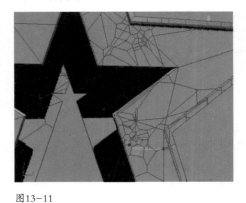

图13-11

STEP 10 重复同样的方法，继续将两个破碎中心的碎片打碎，将宽度值减小到0.03，得到的破碎中心的碎效果如图13-12所示。

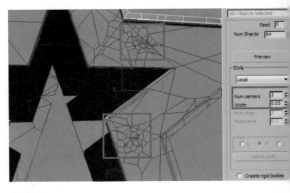

图13-12

STEP 11 下面开始对屋顶进行破碎处理，这里需要将顶沿其横向中心线进行破碎。在预览模式下，将类设为Wood Splinters【木材碎片】项，将当前的Ax【轴】保持为S轴。此时可以看到在屋顶上均匀地分了许多破碎参考点，如图13-13所示。

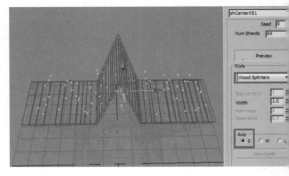

图13-13

STEP 12 单击Shatter It【破碎对象】按钮后，可以到屋顶的破碎碎片是非常均匀的，并不是所需要的破效果，如图13-14所示。

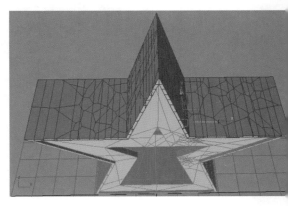

图13-14

STEP 13 由于此时的碎片效果不满意，所以下面选择其□的任意一块碎片；再单击Undo All【撤销全部】按□，即可将star002模型恢复为之前的完整模样，如图□3-15所示。

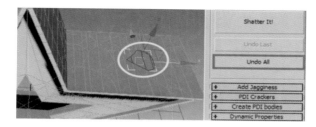

图13-15

3.3　沿路径破碎屋顶

下面利用另一种破碎的方法，来得到一种沿指定位置进行破碎的效果。即利用一根路径穿过屋顶，再利用□lldownit工具的沿路径破碎的功能将屋顶打破，破碎的中心自然会以路径位置为中心。

STEP 01 到场景中的前视图，沿屋顶绘制一根路径，并到顶视图调整路径到屋顶中心位置。路径是穿过屋顶的厚度□，如图13-16所示。

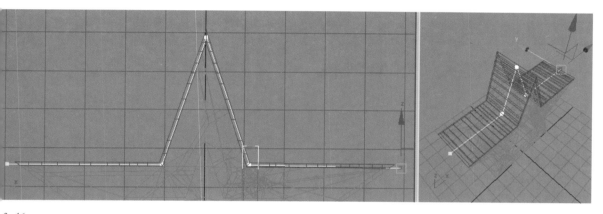

3-16

STEP 02 设置破碎参数。首先在Style【类型】栏下将类□设置为Path based【基于路径】项，并在其参数栏下□单击Select path【拾取】路径按钮，就能拾取场景中□Line001路径；再单击Preview【预览】按钮，显示破□点，通过调节Style【类型】栏下的Width【宽度】数值□控制破碎的范围；然后单击Shatter It【破碎对象】按□将屋顶打破，如图13-17所示。

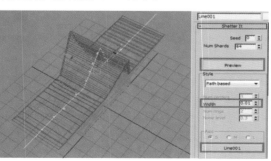

3-17

STEP 03 此时的屋顶已经沿路径位置被打破了，但破碎的细节并不多。下面继续对屋顶进行破碎处理。设置Seed【种子】值为7，改变其破碎的形态。也可以通过尝试设置宽度值来改变破碎碎片的间距，得到更多细节的破碎效果；然后再次单击Shatter It【破碎对象】按钮，如图13-18所示。

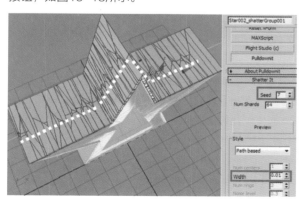

图13-18

13.4 设置小屋的破碎动画

下面给小屋设置一个碰撞破碎的动画效果，即石棍撞击小屋后，小屋开始沿撞击中心向四周破碎掉落。

STEP 01 选择石棍，在Create PDI bodies【创建PDI刚体】参数栏下，将Type【类型】设为Kinematic【运动学】项，如图13-19所示。

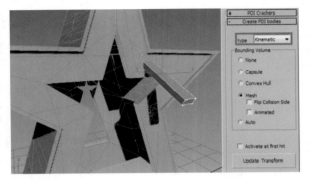

图13-19

技术要点： *之所以将石棍设为运动学对象，是因为它具有位移关键帧动画。这是为了保留它的位移关键帧动画，并让其具有动力学的影响。*

STEP 02 选择地面，在创建PDI刚体参数栏下将类型设为Static【静态】项，即让地面静止，不产生动画，但具有动力学的影响，如图13-20所示。

图13-20

STEP 03 选择屋顶的其中一块碎片，在Fractures Basic【破碎基本】参数栏下，单击Create Fracture Body【创建破碎刚体】按钮；再在弹出的设置破碎刚体窗口中单击OK按钮，就可以将所有的屋顶碎片设置为一个破碎刚体集，并添加到Fracture Bodies【破碎刚体集】列表中，如图13-21所示。

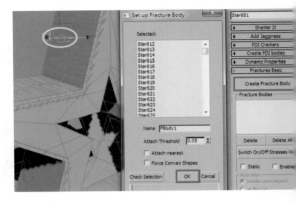

图13-21

STEP 04 用同样的方法将砖墙的碎片添加到破碎刚体中，这样破碎刚体集中便有了两个刚体集。继续调碎片的参数，选择第一个破碎刚体集，并单击Switch On/Off Stresses View【打开/关闭压力视图】按钮让屋顶呈蓝白颜色显示；再在参数栏下将Hardness【硬度】值设为20，该硬度值越大，碰撞产生的碎片就越少，反之亦然，如图13-22所示。

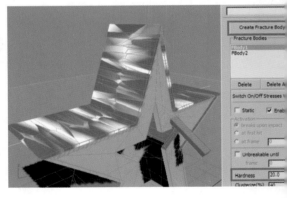

图13-22

技术要点： *开启Switch On/Off Stresses View【打开/关闭压力视图】按钮后，破碎物体会有白色和蓝色的面出现。白色代表破碎的强度比较大，蓝色代表破碎的强度比较小。*

STEP 05 开始模拟破碎动画。在Simulation Options【模拟选项】参数栏下，单击Bake Keys【烘焙关键帧】按钮，激活其记录动画关键帧模式，然后单击模拟按钮。此时可以看到碎片在未收到石棍的碰撞前便开始往下掉落了，如图13-23所示。

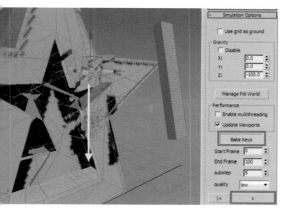

图13-23

图13-26

EP 06 下面在Fractures Basic 破碎基本】参数栏下，分别将 ody1和FBody2设置为Static 静态】项，即屋顶和砖墙只有 受到碰撞后才产生动力学动 ，如图13-24所示。

图13-24

STEP 09 再次模拟，可以看到中心部分碰撞最强烈的碎片飞散得越猛烈，越往四周，破碎的影响力越小，碎片的受力强度也越小，效果如图13-27所示。

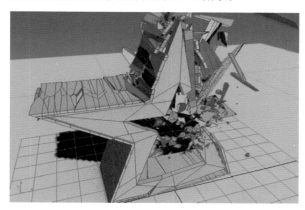

图13-27

EP 07 在模型选项参数栏下，首先单击Reset mulation【重置模拟】按钮，将之前的模拟动画撤 卓，再单击开始模拟按钮。此时，可以看到整个房屋 受到了碰撞影响，并产生了飞溅、掉落的动画，如图 -25所示。

STEP 10 将两个刚体集都设为at frame【在指定帧】激活方式，并设置值为60。即在第60帧，未受到碰撞影响的碎片也会开始产生力学的影响，散开或掉落，如图13-28所示。

3-25

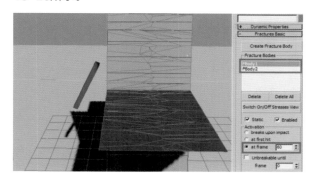

图13-28

EP 08 此时的小屋碎片在受到石棍碰撞后，整个小屋 碎片都迅速地产生了飞散、掉落动画，并没有像当初 设想的那样让小屋沿碰撞中心逐渐向四周破碎。所以 面到破碎基本参数栏下，分别选择两个刚体集，并分 到其Activation【激活】栏中将breaks upon impact 撞击后才破坏】选项勾选上，如图13-26所示。

STEP 11 可以看到时间刚过第60帧，所有的碎片都产生了力学的影响，即产生松动、后掉落等现象，如图13-29所示。

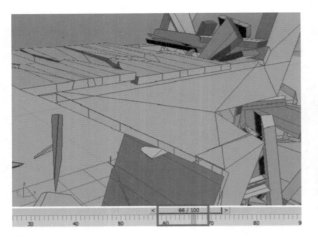

图13-29

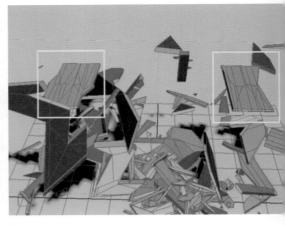

图13-31

STEP 12 如果要将局部的碎片设为静态效果，即不产生任何碰撞影响，保持静止不动。那么需要先到场景中选择指定的碎片，然后在Fractures Advance【破碎高级】参数栏下，单击Fragments【碎片】栏下的Set Static【设置静态】按钮，将选择的碎片指定为静态碎片，这样这些碎片便和地面一样成为静止不动的对象了，如图13-30所示。

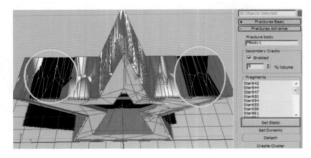

图13-30

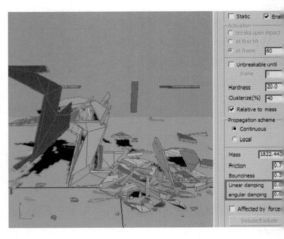

图13-32

STEP 13 模拟破碎动画，可以看到小屋整个都坍塌了下来，只有被设为静态对象的碎片保持原地不动，如图13-31所示。

技术要点： 如果想让碎片的破碎动画速度慢一点，可以到Fractures Basic【破碎基本】参数栏下将Linear Damping【线性阻尼】和angular damping【角度阻尼】值设置小一点。

STEP 14 这里将它们设为0.01，得到的破碎动画效果如图13-32所示。

STEP 15 至此整个小屋的碰撞破碎动画便制作完成了，最终的破碎动画效果如图13-33所示。

图13-33

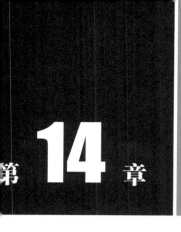

第 14 章

Thinking Particles 粒子破碎系统

本章内容

- ◆ Thinking Particles 概述
- ◆ Thinking Particles 项目分析
- ◆ 高级动力学

本章主要介绍了3ds Max中的破碎插件Thinking Particles的使用。该工具一直是特效方面的主力软件之一，仅能运算大量的物理效果，而且完全支持非线性、程序化的动态系统，也能制作出非凡的特效效果。

14.1 Thinking Particles 概述

Thinking Particles是总部位于加拿大的cebas公司推出的3ds Max平台上的进阶粒子系统。 Thinking Particles包含了无与伦比的强大功能，其是用规则和条件来控制粒子的效果，而不是用时间或事件的触发来控制粒子。如果用Thinking Particles来做粒子特效的话，完全不需要顾及创作动画过程中的关键帧时间和数量的变化。其真正的强度功能在于它的条件和操作项的无限结合，并且可以定义粒子系统中所有独立粒子的行为，如图14-1所示。

图14-1

资料来源：cebas官方网站

Thinking Particles拥有先进的几何体转换粒子系统、完整的程序性Joint【关节】处理（可以产生关节、设定关节），还拥有真正的层级动态破碎系统和完整的层级式条件与操作符工作流程，而且完全支持粒子与几何体的交互作用，并拥有近乎即时的粒子与物体的碰撞侦测。它是一个强化的、即时的、以规则为基础的动态物理系统。

　　Thinking Particles与Rayfire相比，Rayfire是专门用来处理破碎特效，是相对的。破碎特效只是Thinking Particles的其中一个部分，所以它们两个市场定位是不同的。Rayfire在切割方面有其过人之处，它可以产生更规则、更随机的切割断面。所以有些人会先利用Rayfire产生切割碎片，然后在Thinking Particles中进行动态的定。若想制作更复杂、更真实的视觉特效的话，建议多花点时间学习Thinking Particles，如图14-2所示。

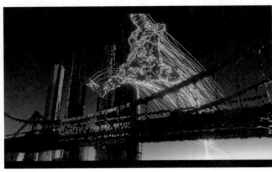

图14-2　　　　　　　　　　　　　　　　　　　　　　　　资料来源：Thinking Particles官方网

14.2　Thinking Particles 项目分析

　　本小节主要来了解一下Thinking Particles如何进行项目制作，怎样使用这款软件。这里将针对Thinking Particles进行一个全面的、系统的讲解。

　　在创建菜单中找到Particle Systems【粒子系统】，然后可以看到Thinking【思维】按钮，这就是Thinking Particles的创建按钮。单击Thinking【思维】按钮，然后单击视图内的任何区域，就可以创建一个Thinking Particles系统。在视图中是一个小叉号和"TP"的字符表示，如图14-3所示。

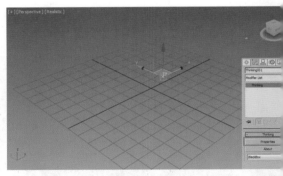

图14-3

图14-4

　　选择视图中的TP图标，然后在编辑面板中单击Thinking卷展栏下的Properties【属性】栏，就可以调出Thinking Particles的面板，如图14-4所示。

　　Thinking Particles面板主要分为4个区域。

　　A. Particles Group【粒子组区域】。从左角开始，这个区域成为粒子组区域。由于Thinking Particles是以组为中心来控制粒子的。所以设定特的第一步，往往就是先到粒子组区域设定粒子组。

B. Dynamic Set【动力学组区域】。这里是
Thinking Particles设置动力学组的地方。

C. Main Wire Setup View【主要串接区】。单
击任何一个Dynamic Set【动力学组】，在界面中间
的空旷区域，就是所谓的串接区。在串接区里面可以产
生很多的Operator【操作符】或Node【节点】，把这
些节点串接在一起，就可以做出有趣的粒子特效，如图
14-5所示。

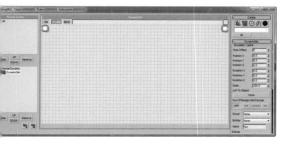

图14-5

D. Parameter Rollout Menus【参数展示菜
单】。在串接区选中任意节点，这里都会出现该节点的
参数面板。用来调节参数。

现在介绍一下Thinking Particles创建节点的方
式。Thinking Particles提供三种创建节点的方式。

以创建Position Born【位置生成】为例。第一种
方式是在串接区中单击鼠标右键，就会出现许多不同类
型的Operator【操作符】。比如：如果用鼠标选择的
顺序是Operators【操作符】/Generator【生成器】/
Position Born【位置生成】，就可以创建一个Position
Born【位置生成】的节点。如果单击红色的Position
Born【位置生成】，那么它的参数面板就会出现在参数
展示菜单，显示出它的参数，如图14-6所示。

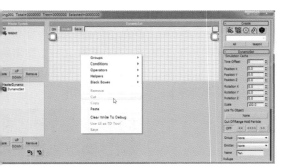

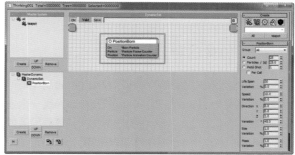

图14-6

第二种方式。在Thinking Particles界面的右上
角，参数展示菜单的上面，是Create Panel【创建面
板】。在【创建面板】中单击Operators【操作符】的
图标，然后选择Generator【生成器】之后，可以看到
Position Born【位置生成】的按钮。单击Position Born
【位置生成】按钮，然后在串接区单击鼠标左键，就可
以创建一个新的Position Born【位置生成】节点，如图
14-7所示。

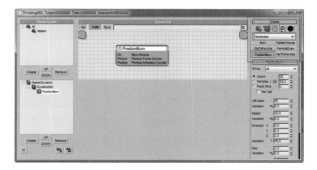

图14-7

第三种方法。直接在串接区按Tab键，就可以调
出节点输入窗口。然后直接输入positionborn，再按
Enter键，就可以创建一个新的Position Born【位置生
成】节点，如图14-8所示。

图14-8

本书中，为了方便起见，使用第三种方法创建节点。

14.2.1 物体的导入

物体的导入，是使用Thinking Particles制作破碎特效效果的第一步。由于Thinking Particles是一个独立的系统，所以在3ds Max中的任何物体都需要导入或关联进Thinking Particles中才可以使用。

STEP 01 首先创建一个Teapot【茶壶】模型。在创建面板选择Teapot【茶壶】，然后在视图中创建出模型，如图14-9所示。

图14-9

STEP 02 然后在Thinking Particles的面板组区域单击Create【创建】按钮，创建一个组。单击新创建的Group【组】，然后再单击它，更改组的名字，将名字更改为teapot。一定要养成将组名更改为特定名称的习惯，不然很容易在将来组特别多的时候找不到需要的组，如图14-10所示。

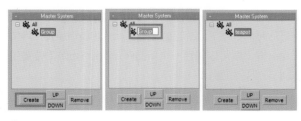

图14-10

STEP 03 接下来单击动力学组的Create【创建】钮，在动力学组区域创建一个动力学组。创建出来动学组之后，在串接区就会出现串接，如图14-11所示

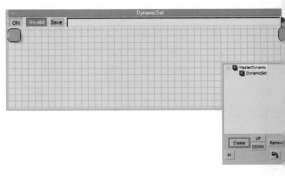

图14-11

STEP 04 接下来创建ObjToParticle【物体到粒子】点，这个节点可以将几何体、辅助器甚至是光源等象转化为粒子使用。在串接区按Tab键，将调出节点入窗口。然后输入"objtoparticle"，再按Enter键创建一个ObjToParticle【物体到粒子】节点，如14-12所示。

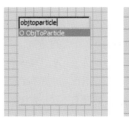
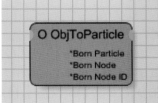

图14-12

STEP 05 选择ObjToParticle【物体到粒子】节点然后在右边的参数展示菜单中，单击Pick【拾取】钮；然后在视图中单击Teapot【茶壶】模型，将茶模型拾取进菜单里。选择菜单里的Teapot001【茶001】；将Group【组】改为之前创建的"teapot"Track【跟踪】改为Object To Particle【物体到子】、勾选Instance Shape【替换实体】，然后单Hide【隐藏原物体】，如图14-13所示。

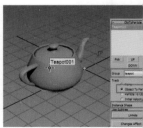

图14-13

EP 06 这样就设定好了导入物体所需设定的选项。但发现视图中的茶壶不见了，这是因为刚才将茶壶的实隐藏了，但是并没有显示粒子替换后的实体模型。时就需要先在动力学组单击MasterDynamic【主动学】，然后在右侧参数展示菜单中勾选Show Mesh显示粒子实体】。这样粒子替换后的茶壶就显示出来，如图14-14所示。

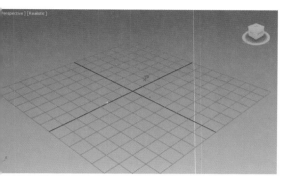

图4-14

巧提示： Thinking Particles提供两种粒子播放浏览的方式，一种是修改粒子参数后不是即时刷新粒子的Edit on the fly【快速编辑】模式；另一种和Particle Flow【粒子流】类似，是即时刷新粒子效果的。Thinking Particles默认是使用Edit on the fly【快速编辑】模式，如果想即时刷新粒子效果，取消Edit on the fly【快速编辑】按钮就好了。

14.2.2 生成彩带

接下来制作一个简单的彩带案例，深入了解Thinking Particles的节点连接方式和工作原理。

首先打开配套资源提供的生成彩带场景。场景内有一个已经做好动画的正方体。正方体有简单的位移和旋转的动作。接下来使用Thinking Particles为这个正方体生成一些彩色带状拖尾，如图14-15所示。

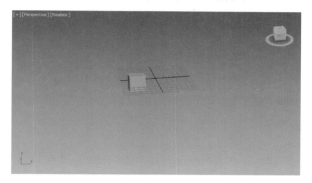

图14-15

STEP 01 在右侧创建菜单中单击Thinking【思维】，在视图中创建一个Thinking Particles图标，如图14-16所示。

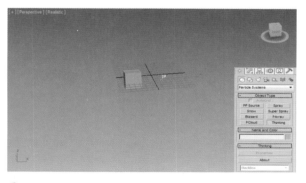

图14-16

STEP 02 单击Properties【内容】按钮，进到Thinking Particles的界面中；再单击Create【创造】按钮，创建一个新的组并更名为"trails"；到Master Dynamic【主动力学】，单击Create【创造】按钮，产生一个新的Dynamic Set【动力学组】，如图14-17所示。

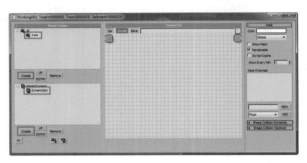

图14-17

STEP 03 在Dynamic Set【动力学组】里面按Tab键，输入"node"，创建Node【节点】；按Tab键，输入surfacepos，创建Surface Position【表面位置】；最后按Tab键，输入positionborn，创建一个Position Born【位置生成】。把这3个节点连接在一起，这样做会使粒子于场景中的Box001【盒子001】发射出来，如图14-18所示。

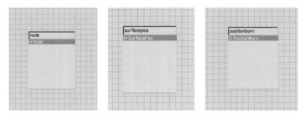

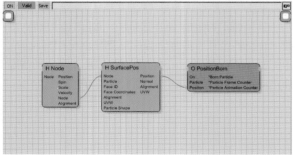

图14-18

STEP 04 选择Node【节点】，然后单击右侧的Pick

Node【拾取节点】；拾取场景中的Box001【盒001】，如图14-19所示。

STEP 05 选中Position Born【位置生成】，然后在数展示菜单中，将Group【组】设定为trails组；选Pistol Shot【手枪发射】，并将Pistol Shot【手枪射】改为8、勾选Per Call【每次调用都发射】、Speed【速度】改为0。让粒子发射后，速度等于0如图14-20所示。

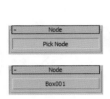

图14-19   图14-20

STEP 06 现在播放时间滑块，可以看到视图中正方体过，会带出粒子生成的拖尾，如图14-21所示。

图14-21

14.2.3 彩带上色

现在来修改彩带的颜色。用Thinking Particles粒子特效的时候，给粒子区分颜色是很重要的技巧，样可以在视图中清晰地分辨出不同组的粒子。

STEP 01 在粒子组区域单击组trails。选中trails组，图14-22所示。

图14-22

EP 02 在参数展示区域单击上方的color，然后修改
另一种颜色，如图14-23所示。

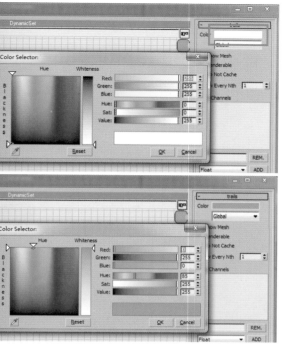

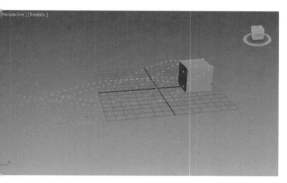

14-23

EP 03 可以看到，视图中的粒子已经改为修改后的
色了。这样可以清晰地辨认出trails组的粒子，如图
14-24所示。

Perspective] [Realistic.]

14-24

4.2.4 修改本地时间

现在的彩带粒子很少，粒子之间的间隔也很大。如
想修改这个效果，就需要增加时间上的采样。刚才在
osition Born【位置生成】上勾选了Per Call【每次
用都发射】。这个选项的意义就在于根据时间采样来
射，采样度越高，粒子发射得就越多。

STEP 01 单击Master Dynamic【主动力学】，然
后在右边参数展示区域里的Viewport/Rendering
SubSampling【视图/渲染时间子采样】中，切换到
Per Half Frame【每半帧】。这样时间上的采样就
变成原来的两倍了，可以看到粒子增多了一倍，如图
14-25所示。

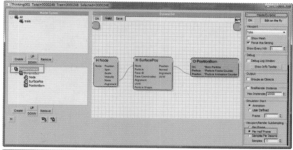

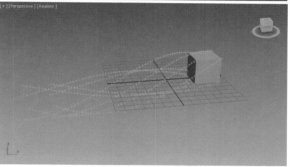

图14-25

STEP 02 也可以根据Time Configuration【时间设置】
中的FPS来自己设定时间采样值。单击Max界面右下
角的 【时间设置】图标，打开Time Configuration
【时间设置】窗口后，可以看到FPS的值是30，如图
14-26所示。

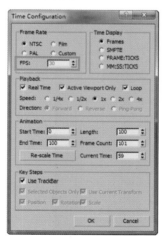

图14-26

STEP 03 然后将Thinking Particles中的Viewport/Rendering SubSampling【视图/渲染时间子采样】修改为Samples Per Second【每秒采样】,将Samples改为150。因为FPS值是30,所以实际上每帧的采样率是150/30,也就是5,所以每个发射点一帧会发射5个粒子。可以看到粒子更多了,如图14-27所示。

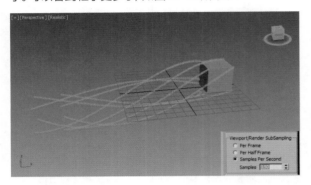

图14-27

14.2.5 粒子计时器

Thinking Particles提供先进的非线性动画的功能,让用户可以用完全不同的方式控制时间。Timer【计时器】就像它的名字一样,是一个粒子计时器,可以根据特定的条件控制每一个粒子的时间起始范围。

之前做的彩带只是粒子,还没有实体,现在来给粒子替代上实体,并给实体做大小的缩放控制,使其效果更佳完善。

STEP 01 选择MasterDynamic【主动力学】,更改Viewport/Rendering SubSampling【视图/渲染时间子采样】为Per Frame【每帧采样一次】,使粒子减少。勾选Show Mesh【显示实体】,如图14-28所示。

图14-28

STEP 02 在Dynamic Set【动力学组】里面按Tab键,输入stdshape,创建StdShape【标准外形】。按Tab键,输入size,创建Size【尺寸】。最后把这两个节点连接在之前的网络上,如图14-29所示。

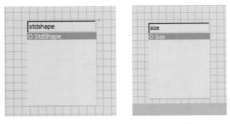

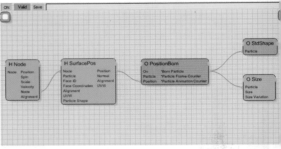

图14-29

STEP 03 选择StdShape【标准外形】,然后将外形型改为Cube。再选择Size【尺寸】,将Size【尺寸改为5。可以看到,视图中粒子替换为正方体了,如14-30所示。

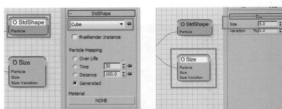

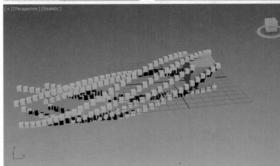

图14-30

STEP 04 接下来利用Timer【计时器】,将拖尾的方体大小由大变小。选择MasterDynamic【主动学】,然后单击Create按钮,创建一个新的Dynam et【动力学组】，如图14-31所示。

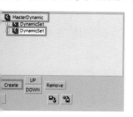

图14-31

EP 05 在新的Dynamic Set【动力学组】里面按Tab，输入"trails"，创建trails【trails组】。这个节点实就是之前创建的组"trails"。

按Tab键，输入"particleage"，创建articleAge【粒子年龄条件】。

按Tab键，输入"timer"，创建Timer【计时器】。

按Tab键，输入"float"，创建Float【浮点数】。

按Tab键，输入"scale"，创建Scale【缩】。把这两个节点连接在之前的网络上，如图14-32示。

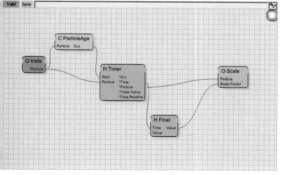

4-32

STEP 06 选择Float【浮点数】节点，然后在第0帧将数值设置置为1，第30帧将数值设置数值为0。这样就有了一个31帧的从1到0的数值动画，如图14-33所示。

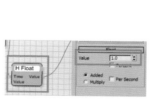
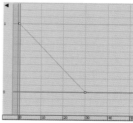

图14-33

STEP 07 为了将这个从1到0的动画，给予到每一个粒子，让其从出生到死亡有一个大小从1到0的衰减。所以选择Timer【计时器】。因为动画是31帧，所以这里将Frame的值改为31，如图14-34所示。

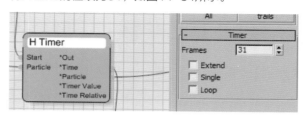

图14-34

STEP 08 播放时间滑块可以看到，粒子替代的正方体就有了一个从大到小的变化，如图14-35所示。

图14-35

4.3 高级动力学

动力学部分是Thinking Particles的核心，也是它比其他粒子系统强大的最重要的原因。接下来会讲述inking Particles的高级动力学，介绍动力学的各个部分，包括如何利用Volume Break【体积破碎】切割物体，可进行二次破碎等。

14.3.1 手动破碎

Thinking Particles是使用其内置的Volume Break【体积破碎】节点进行碎块切割。它可以快速地创造出模型的碎片，这些碎片是根据模型体积计算出来的。Volume Break【体积破碎】几乎可以套用在任何类型的模型上，包括没有完全闭合的模型。Volume Break【体积破碎】会补偿模型本身的错误，例如：没有焊接的点，或是开放的边。接下来利用一个简单的正方体来介绍Thinking Particles的手动破碎效果。

STEP 01 首先在视图中心创建一个正方体模型和TP图标，如图14-36所示。

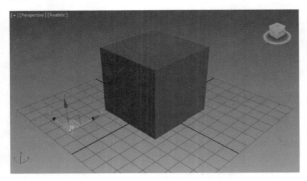

图14-36

STEP 02 单击Properties按钮，进到Thinking Particles的界面中。单击Create【创建】按钮，创建两个新的组，并更名为"Box"和"Frags"。再到Master Dynamic【主动力学】中，单击Create【创建】按钮，就会产生一个新的Dynamic Set【动力学组】，如图14-37所示。

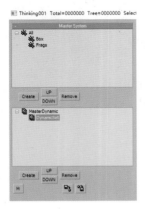

图14-37

STEP 03 创建一个ObjToParticle【物体到粒子】节点，并拾取场景中的正方体；修改Group【组】为刚刚创建的"Box"组。将Track【跟踪】改为Object To

Particle【物体到粒子】，勾选Instance Shape【替换实体】，并单击Hide【隐藏】。这样就创建了一个可以在Thinking Particles里进行编辑的正方体了，如图14-38所示。

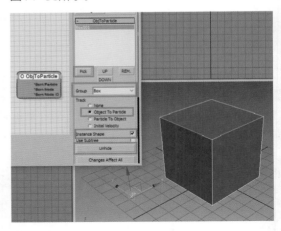

图14-38

STEP 04 创建一个Volume Break【体积破碎】节点，并将其与ObjToParticle【物体到粒子】相连。单击Volume Break【体积破碎】节点，并将其参数面板Group【组】改为"Frags"组。这时已经可以看到图中的正方体有裂缝了，如图14-39所示。

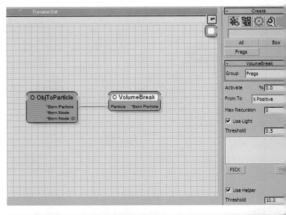

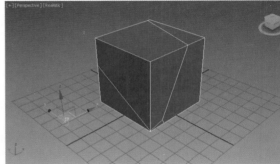

图14-39

接下来详细介绍一下Volume Break【体积破碎】节点的参数，因为这是制作破碎中最重要的一个节点之一，如图14-40所示。

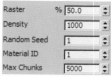

14-40

Group【组】：这个组是激活之后、碎块进入的组。这样可以方便地控制各级破碎的运动。

Activate【激活】：激活碎块数量的百分比。碎块激活之前，是处在原物体的组里。

From To【激活方向】：定义碎块激活的方向。

Max Recursion【最大递归】：定义对已经破碎过物体进行二次破碎时的最大递归深度。

Raster【栅格】：Raster【栅格】的尺寸会定义块之间的最小空间，因此可以控制碎块的大小，请注意越小的Raster【栅格】尺寸会产生大量的几何体，可能要花时间计算。这个数值会根据物体的bounding box【边界框】大小来控制百分比，建议设定为5%～10%。

Density【密度】：密度控制相对于Raster【栅格】尺寸中心里面会有多少个碎块，这同时会改变碎片大小与分布。

Random Seed【随机种子】：控制碎块分布的随机。不同的种子值会产生不同的分布情况。

Material ID【材质ID】：定义碎片内部的材质ID。

Max Chunks【最大块数】：定义碎块数量的上限。

将Raster【栅格】设置为10、Density【密度】设置为2000。可以看到正方体已经产生了许多小碎块，如图14-41所示。

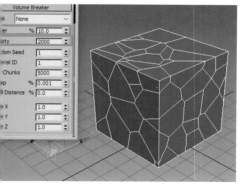

14-41

14.3.2　激活动力学

接下来介绍怎样激活碎块。为了方便测试效果。先将"Box"组和"Frags"组附上不同的颜色。单击"Box"组，然后将Color【颜色】改为红色；单击"Frags"组，然后将Color【颜色】改为绿色，如图14-42所示。

图14-42

可以看到场景中的正方体现在是红色的线框，这就表示所有的碎块依然在"Box"组。碎块并没有被激活，如图14-43所示。

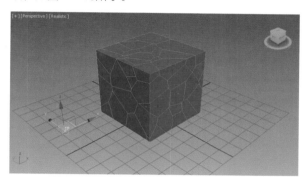

图14-43

为了激活碎块，选择Volume Break【体积破碎】节点。将Activate【激活】改为50%。可以看到碎块沿着X轴颜色进行了改变。这是因为From To【激活方向】选项选择的是X Positive【正X轴】，如图14-44所示。

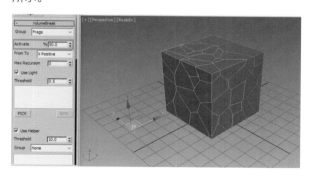

图14-44

对于真实的破碎效果，一般将From To【激活方向】选项选择为Center【中心】。这样碎块是从原始模型的边缘开始激活的，这就使得破碎变得更加真实，如图14-45所示。

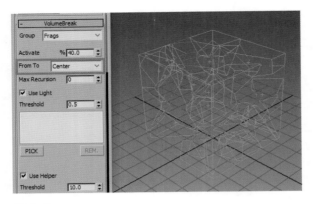

图14-45

　　接下来给碎块添加一个简单的动力学设置。Thinking Particles的高级动力学的另一个重要的节点是SC节点。SC是Thinking Particles的刚体解算器，这个刚体解算器使用最新的方法与算法来计算刚体动态物理，具有快速、精确、有效与弹性的特点。SC节点的最优秀的代表作就是被用于在2010年的特效大片《2012》里产生的建筑物坍塌的效果。

STEP 01 首先创建一个Box【盒子】，将其放置在碎块的下面充当一个底面，如图14-46所示。

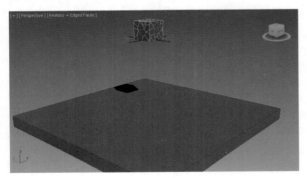

图14-46

STEP 02 然后回到MasterDynamic【主动力学】界面，在其下再创建两个DynamicSet【动力学组】，如图14-47所示。

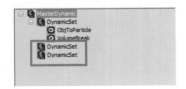

图14-47

STEP 03 在第2个DynamicSet【动力学组】中设置一个重力。首先将要受到重力影响的群组（All）连接到Force【力场】节点，并将Force【力场】的Strength

【强度】调节为500。而Force【力场】则是透过Point3【指向3】节点设定朝下（Z = -1），这样物体就会受到朝下的力场所影响，如图14-48所示。

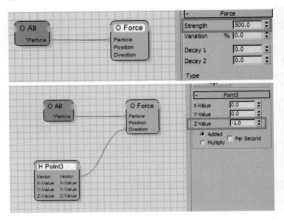

图14-48

STEP 04 在第3个DynamicSet【动力学组】中创建一个Node【节点】，然后在Node【节点】中点选场景的地面Box【盒子】物体；接着创建一个SC节点，将SC节点中的Group【主动刚体组】改为All。这样所有的物体都会发生碰撞，包括Box组和Frags组。然后将Node和SC连接在一起，这样所有的粒子都会跟地面物体发生碰撞，如图14-49所示。

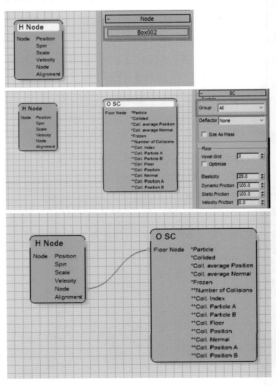

图14-49

STEP 05 播放时间滑块，会发现碎块下落并且掉落在地面上了，但是并没有发生明显的破碎。这是因为Thinking Particles物体默认的摩擦力都比较大，碎块彼此之间会产生粘连的效果。接下来需要修改摩擦力，如图14-50所示。

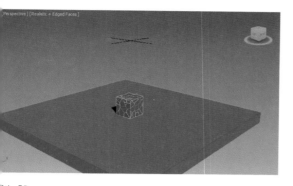

图14-50

STEP 06 点选Frags组，将Dynamic Friction【动摩擦力】设为10、Static Friction【静摩擦力】设为20。再播放时间滑块，会发现碎块碎开了，并且是只有激活绿色碎块碎开，而红色的碎块并没有产生碎裂。这就是Thinking Particles动力学的强大之处，可以产生更有细节的效果，如图14-51所示。

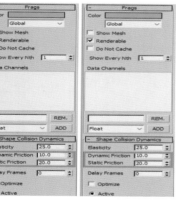

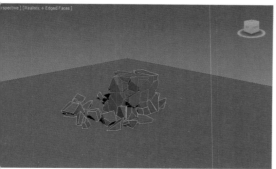

图14-51

技巧提示：动摩擦力与静摩擦力的区别。静摩擦力的方向和相对运动趋势的方向相反。也就是说，静摩擦力大就等于物体不容易移动。而动摩擦力是当两个物体之间有相对运动且彼此摩擦的话，就会产生动摩擦力。当对物体逐渐增加外力时，静摩擦力会增加（此时物体不移动）。可是当物体移动时，这时物体受到动摩擦力影响。而动摩擦力通常比静摩擦力要小。而在Thinking Particles里面，所有的组都可以有自身的Dynamic Friction【动摩擦力】与Static Friction【静摩擦力】。

14.3.3　断面判断

断面判断是一个很有用的技巧。判断出断面，可以在断面更改材质，更可以在断面处发射一些新的细小的碎片或者烟雾。制作出更真实丰富的细节。Thinking Particles的断面可以从Material ID【材质ID】入手，很简单发判断出来。

STEP 01 点选Volume Break【体积破碎】节点，将其参数Material ID【材质ID】设为2，这样断面就有了不同的材质ID，如图14-52所示。

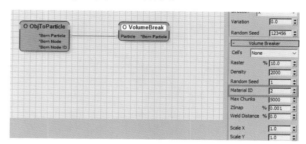

图14-52

STEP 02 点选MasterDynamic【主动力学】，新建一个DynamicSet【动力学组】。点选All组，新建一个组，将其命名为"test"，如图14-53所示。

图14-53

STEP 03 在新创建的DynamicSet【动力学组】中，创建"All"组节点、SurfacePos【表面位置】和PositionBorn【位置生成】3个节点，并将其如图串联在一起。点选SurfacePos【表面位置】节点，在其参数面板勾选Face【面】，将Mat.ID【材质ID】改为"2"；点选PositionBorn【位置生成】节点、修改Group【组】为"test"、将Count【数量】改为"100"、Life Span【生命长度】改为"1"、Speed【速度】改为"0"。这样就可以从所有材质ID为2的表面发射"test"粒子了，如图14-54所示。

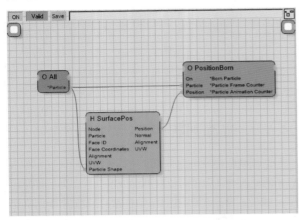

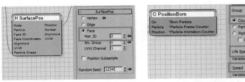

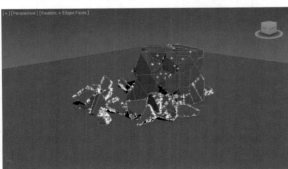

图14-54

播放动画，会发现白色的"test"粒子，只会从断面发射。这就是一个成功的断面判断。利用这些test粒子，可以利用其发射烟雾，或者将其修改为小的碎块，产生更丰富的效果。

14.3.4　设置参考

Thinking Particles里面有3个跟参考系统相关的节点。SetRef【设置参考】用来建立粒子与粒子之间的关系的参考。而在参考建立之后，GetRef【获取参考】就是用来取得参考关系的信息。而ClearRef【清除参考】则是用来移除粒子之间的参考关系。

在Thinking Particles中参考指的是两个粒子。中一个粒子是定义成To particle【给其他粒子参考】其他的粒子则是定义成From particle【从其他粒子考】。这彼此之间没有层级的关系。只有To/From方向关系。

请记住参考关系是有方向性的，就是由From到的粒子。使用SetRef【设置参考】会定义出方向性参考关系，所以使用GetRef【获取参考】的时候，定要指出要的是To还是From的参考粒子。

14.3.5　动力学属性

Thinking Particles和其他所有动力学软件一样都会有许多动力学属性，用来调节不同的材质与环境动力学动态。而Thinking Particles的动力学属性是组中设置的。下面以之前场景的"Frags"组为例，详细讲解一下各动力学属性。

首先点选"Frags"组，在其参数面板的Sha Collision Dynamic【实体碰撞动力学】卷展栏中，是各个动力学属性参数，如图14-55所示。

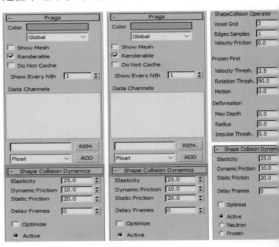

图14-55

Shape Collision Dynamic【实体碰撞动力学】

Elasticity【弹性】：用来控制粒子的反弹系数这个系数越高，粒子越容易反弹。

Dynamic Friction【动摩擦力】：数值越大，彼摩擦的粒子越容易慢下来。

Static Friction【静摩擦力】：数值越大，物体不容易移动。

Delay Frames【延迟帧数】：定义粒子受到动学计算的一个延迟时间。例如，当帧数设置为10时

味着粒子出生的10帧之后，动力学引擎才会对它有
响。

Optimize【优化】：激活它之后，处在卷展栏最
方的Shape Collision Optimize【实体碰撞优化】卷
栏就会被激活。

Active【主动】：选择这个选项，物体会被设置为
动刚体。

Neutron【中子】：选择这个选项，物体就会被设
为被动刚体，永远不会受动力学影响而移动。

Frozen【冻结】：选择这个选项，物体会暂时不
，直到它被激活。

Voxel Grid【体素网格】：定义物体的碰撞精度。
果是0，碰撞形状为模型的边界盒。如果是1，碰撞
状为物体面，此时的精度是最高的。如果大于1，则
边界盒的细分曲面。

Edges Samples【边采样】：在物体的边上增加
外的碰撞检测点。

Velocity Friction【速度摩擦力】：这个参数用于
个相对速度不同的粒子。低速度的粒子将会强制让高
度的粒子慢下来。这个数值越大，慢的速率就越高。

Frozen First【冻结激活选项】。

Velocity Thresh.【速度阈值】：冻结粒子的速度
于此值，就会被激活。

Rotation Thresh.【旋转阈值】：冻结粒子的角速
大于此值，就会被激活。

Motion Inheri.【运动继承】：设定被激活粒子继
运动的系数。

Deformation【变形选项】：改变下面的参数可以
刚体产生形变。

Max Depth【最大深度】：设定变形的粒子可形
为最大深度。

Radius【半径】：设定粒子形变区域的
径。

Impulse Thresh.【冲量阈值】：粒子的冲量大于
值，就会产生形变。

.3.6 内部约束

约束是动力学模拟的一个重要部分。有了约束，可
设置出许多不同类型的物体。比如，门的铰链、横向
合的窗户等。而Thinking Particles的约束叫作Joint
关节】。产生关节的方法很简单。打开3ds Max的
ate panel【创建面板】中的Helper【帮助物体】/

TP Helper【TP帮助物体】列表，可以看到TP Joint
SC【连接形状碰撞】按钮，如图14-56所示。

图14-56

这个Joint SC Helper【连接帮助物体】物体可以用
来定义Thinking Particles里面的关节效果，并且一定
要搭配SC节点才可以使用。这个关节的帮助物体其实
就是3ds Max标准地帮助物体，可以很容易地使用3ds
Max建模的工具来调整。

Thinking Particles提供八种关节类型，如图
14-57所示。

图14-57

Fixed【固定关节】、Spherical【球体关节】、
Cylindrical【圆柱形关节】、Ball【球形关节】、
Hinge【铰链关节】、Spring【弹簧关节】、Wobble
【橡胶关节】、Slider【滑动关节】。

比较常用的是球体、固定和弹簧关节。

Spherical【球体关节】：球体关节没有任何旋转
的限制，让物体可以在球表面上任意一点移动。

Fixed【固定关节】：在两个物体间建立固定的连
接。

Spring【弹簧关节】：建立两个物体之间具有弹
簧性质的连接。

关节除了可以固定，还可以被打断。可以设定在
某种外力冲击下，物体与物体之间的关节断开。当勾
选Breakable【易碎】时，就代表这个关节在一定速
度、旋转或是灯光条件下，关节就会断开，如图14-58
所示。

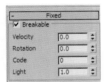

图14-58

14.3.7　二次破碎

　　二次破碎是高级动力学的一个基本标志，也是一般的破碎系统的技术难点。但这在Thinking Particles中是很容易解决的。Thinking Particles最受广大高级用户喜爱的就是用户可以自己开发自己想要的功能。它几乎是一个拥有无限功能的插件。下面就来讲解一下如何在Thinking Particles里简单实现一个二次破碎。

STEP 01 首先打开配套资源提供的"二次破碎.max"文件。这里有一个简单的场景，并且搭建好了一个简单的"TP"网络。播放动画时，会看到一个小球掉落在地面上，如图14-59所示。

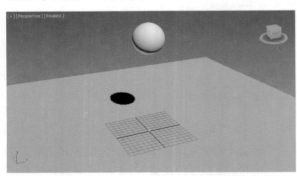

图14-59

STEP 02 打开Thinking Particles的Properties界面。首先看一下组。这里已经按层级分好了5个组。"Ball""1st_Frags""2nd_Frags"在"ACT"组下，而"Ground"组和"ACT"组是平级的。这样划分有什么好处呢？ 这样可以方便将重力和碰撞统一附加给

"Ball""1st_Frags""2nd_Frags"这3个组，也可使整个流程更加清晰，如图14-60所示。

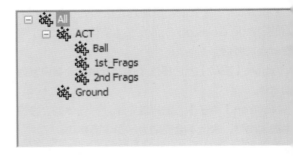

图14-60

STEP 03 在第1个DynamicSet【动力学组】，这里两个ObjToParticle【物体到粒子】。分别将场景中球和地面导入进Thinking Particles系统中，并将它分别放进"Ball"组和"Ground"组中，如图14-所示。

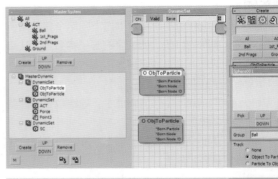

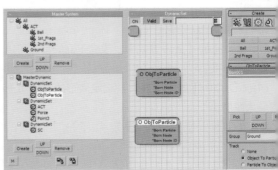

图14-61

STEP 04 在第2个DynamicSet【动力学组】中，设了一个重力设置。这里直接将重力附给"ACT"组而因为"Ball""1st_Frags""2nd_Frags""ACT"组下，所以"Ball""1st_Frags""2nFrags"这3个组也受重力影响。这就是组进行层级置的好处，如图14-62所示。

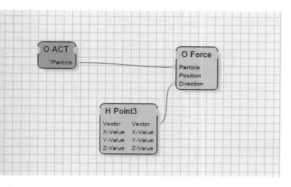

14-62

EP 05 在第3个DynamicSet【动力学组】中，有一个SC节点。之前介绍过这个节点主要负责碰撞解算。一下它的参数面板，会发现Group【主动组】设置为ACT"，Deflector【导向器】设置为"Ground"。这样"ACT"组下的所有组都会受到"Ground"的碰撞影响，也就是会被地面撞开，而"Ground"会受到影响，如图14-63所示。

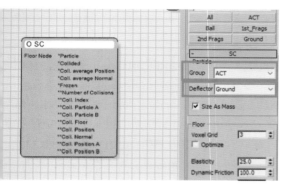

14-63

这里提供的只是一个简单的碰撞场景，并没有发生碎。

接下来首先制作第一级破碎。

EP 01 点选MasterDynamic【主动力学】，新建一DynamicSet【动力学组】，如图14-64所示。

EP 02 在新建的DynamicSet【动力学组】中，创建个"Ball"组和一个VolumeBreak【体积破碎】节。并将它们连接起来，如图14-65所示。

4-64

图14-65

EP 03 点选VolumeBreak【体积破碎】节点，修改

其参数。将Group【组】改为"1st_Frags"组，这样生成的碎块就会进入"1st_Frags"组中。将Activate【激活】改为"100%"。将Raster【栅格】改为"20%"、Density【密度】改为"2000"，如图14-66所示。

图14-66

STEP 04 播放动画，会看到，小球随着重力下落，并在撞击到地面后产生了碎块。然而这只是第一级破碎，接下来添加更为丰富的第二级破碎，如图14-67所示。

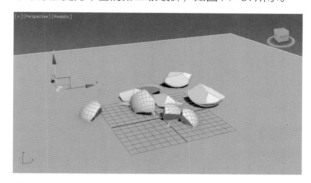

图14-67

STEP 05 点选MasterDynamic【主动力学】，新建一个DynamicSet【动力学组】，如图14-68所示。

STEP 06 这里设想二级破碎是在第一级破碎的碎块跟地面再次碰撞之后产生的。因此在这里不能利用普通的组节点了。需要创建一个PPassAB【粒子传递AB】节点。将GroupA【组A】改为"1st_Frags"组、GroupB【组B】改为"Ground"组，选择Particle Shape Collision【粒子实体碰撞】，如图14-69所示。

图14-68

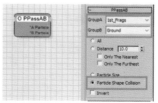

图14-69

技巧提示： PPassAB【粒子传递AB】节点与普通的Group【组】节点最大的不同在于其能够计算不同群组的粒子之间的互动，这是

Thinking Particles里面唯一能够产生最佳化的粒子互动、碰撞效果。计算两个不同群组的粒子的距离，也只能用PPassAB【粒子传递AB】节点来计算。

STEP 07 创建一个VolumeBreak【体积破碎】节点；并将其与PPassAB【粒子传递AB】节点连接；点选VolumeBreak【体积破碎】节点，修改其参数；将Group【组】改为"2nd_Frags"组，这样二次破碎产生的碎块就会进入"2nd_Frags"组中。将Activate【激活】改为"100%"。将Raster【栅格】改为"20%"、Density【密度】改为"2000"，如图14-70所示。

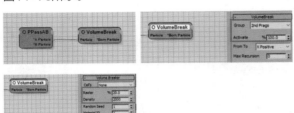

图14-70

STEP 08 播放动画，可以看到小球随重力下落，与地面碰撞后首先碎开，然后在运动的过程中，碎开又和地面碰撞，产生了二级碎块。这里一级破碎用绿色显示，二级破碎用蓝色显示。至此，二次破碎系统成功建立，如图14-71所示。

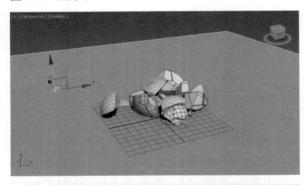

图14-71

14.3.8 自定义碎块分布

Thinking Particles的切割碎块是基于Voronoi【泰森多边形】发生成的。所以默认情况下，碎块的分布会比较均匀。但Thinking Particles贴心地提供了基于粒子生成的分布效果。接下来介绍一下如何利用粒子自定义碎块的分布。

STEP 01 首先创建一个长方体墙面模型和一个Point Helper【点帮助物体】工具，并将Point Helper【点帮助物体】放置在墙的中心位置，如图14-72所示。

图14-72

STEP 02 创建Thinking Particles粒子系统，并创建3组，"box""frags"和"cell"，如图14-73所示。

STEP 03 点选MasterDynamic【主动力学】，然后创建三个DynamicSet【动力学组】，如图14-74所示。

图14-73   图14-74

STEP 04 在第1个DynamicSet【动力学组】中创建一个ObjToParticle【物体到粒子】，并拾取场景中的长方体墙体，将其放入到"box"组里；选择Object To Particle【物体到粒子】，勾选Instance Shape【实体替代】，并选择Hide【隐藏】。这样就将墙体导入进Thinking Particles系统里了，如图14-75所示。

图14-75

EP 05 在第2个DynamicSet【动力学组】中创
Node【节点】、TimeInterval【时间间隔】和
ositionBorn【位置生成】3个节点。并将它们串联
一起；点选Node【节点】，拾取场景中的Point
elper【点帮助物体】；点选TimeInterval【时间间
】，将Start【开始时间】和End Frame【结束时
】都设置为0。这样就只会在第0帧发射粒子了。最
点选PositionBorn【位置生成】，将Group【组】
为"cell"组、Life Span【生命长度】改为0、
rection【方向】的Variation【可变性】改为180、
mit Distance【发射距离】改为15以及Variation
可变性】改为100%。观察视图，会看到第1帧时，
面中心会发射出一团粒子，如图14-76所示。

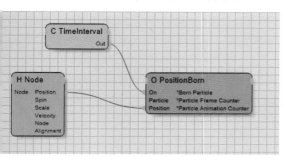

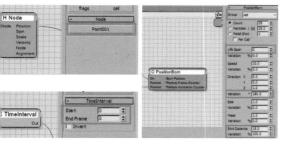

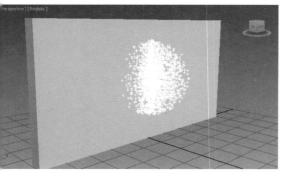

4-76

STEP 06 在第3个DynamicSet【动力学组】中创
建"box"组节点和VolumeBreak【体积破碎】节
点。并将它们串联在一起。点选VolumeBreak【体
积破碎】节点，将Group【组】改为"frags"组、
Activate【激活】改为100%。现在墙面已经碎开了，
但并不是预想的结果，如图14-77所示。

图14-77

STEP 07 继续修改VolumeBreak【体积破碎】的参
数。将Cell's【细胞】改为"cell"组。然后就会发现
碎块发生变化了。墙面的中心碎块非常多并且细致，墙
面外围的碎块稀疏并且体积很大。这样就是通过自己定
义的碎块分部效果，如图14-78所示。

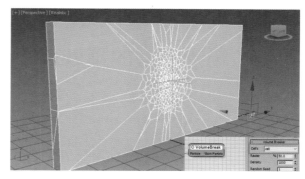

图14-78

桥体坍塌与撞击

第 15 章

本章内容

- ◆ 对破碎物模型进行碎块的切割处理
- ◆ 搭建ThinkingParticles粒子系统，并将模型转化为thinkingParticles粒子
- ◆ 搭建ThinkingParticles动力学解算系统，而后对场景进行动力学解算
- ◆ 在ThinkingParticles中制作次级破碎，增加破碎细节

建筑物的坍塌与破碎是影视剧以及三维动画中的常见效果。本章将会通过制作一个桥梁受到下落的重物撞击后而产生倒塌的效果，初探一下ThinkingParticles强大的破碎效果及动力学解算系统。坍塌效果的主要特点是：碎裂将会在重物撞击点的附近集中产生；撞击产生坍塌后，其范围将会随着时间的推移而不断扩大；坍塌的碎块身也会产生进一步的破碎。针对以上内容，本案例将会介绍如何预先对模型在集中的范围内进行切割、如何使用Fragment【破碎】节点来逐渐激活破碎从而营造坍塌的效果以及如何使用VolumeBreak【体积破碎】节点来产生大量富有层次感的次级破碎。通过本案例的学习，能够了解到使用ThinkingParticles来制作破碎效果的一般工作程以及常用节点的搭配和使用方法。

15.1 场景模型的预处理

对于建筑物坍塌这种较为复杂的破碎效果，进行场景模型的预处理是必不可少的。预处理的工作包括对模型中不同元素与部件的拆分和合并，以及对模型进行修补等。预处理工作能够使制作者了解模型的结构，从而根据模型的特点有针对性地搭建ThinkingParticles粒子系统。

STEP 01 打开随书资源的第15章初始文件。场景中包括一座桥梁的模型，一台摄像机模型以及3个石块模型。将场景的系统单位尺寸设置为米，如图15-1所示。

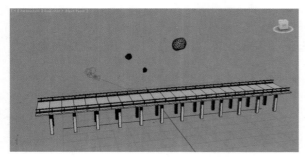

图15-1

STEP 02 桥梁模型总体上可以分为3个部分：桥面、桥墩和栏杆。先选中桥梁模型，再在element【元素】编辑层级下，选中桥面，如图15-2所示。

图15-2

STEP 03 对选中的桥面进行Detach【分离】操作，在随后弹出的对话框中将其命名为"qiaomian"，图15-3所示。

STEP 04 按照相同的做法将桥墩分离出来，并将桥墩名为"qiaodun"，如图15-4所示。

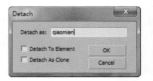

图15-3

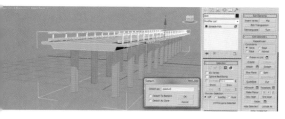

5-4

EP 05 最后，将模型剩余的部分重新命名为

"langan"。到此，桥梁模型就被拆分成了三部分，如图15-5所示。

图15-5

5.2 利用RayFire插件对模型进行破碎切割

本部分主要介绍了如何使用RayFire插件的ayFire Fragmenter【RayFire破碎器】修改器在特范围内集中切割出破碎的纹理。

EP 01 首先选中"qiaomian"模型，对其添加ayFire Fragmenter【RayFire破碎器】修改器。Count【数量】设置成400，并且将Fragment【破】按钮打开。可以看到，该修改器对桥面模型成功地行了切割，如图15-6所示。

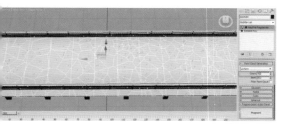

5-6

巧提示： RayFire Fragmenter【RayFire破碎器】修改器在安装了RayFire插件以后才会出现在3ds Max修改器列表中，它能够利用点云的形态对模型进行切割，并且可以使得切割以后的模型仍然为一个整体。参数Count【数量】用来控制点云的数量，Fragment【破碎】按钮用来控制是否对模型进行切割。

EP 02 对桥面模型进行进一步切割。选中桥面模型，关闭显示上次添加RayFire Fragmenter【RayFire碎器】；再添加RayFire Fragmenter【Ray Fire碎器】修改器，在Point Cloud Generation【点生成】参数面板中选择点云生成方式为Radial【辐型】，将Count【数量】设置为153；在Radial辐射型】参数面板中，将Radius【半径】设置为

7.5；Divergence【差异】设置为1.0。进入修改器的Point Cloud【点云】层级，将点云移动到大石块（Rock_01）上将会与桥面相撞，如图15-7所示。

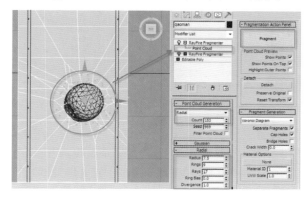

图15-7

技巧提示： Radial【辐射型】方式能够以点云为中心辐射状切割模型

STEP 03 按照同样的做法，再添加两个RayFire Fragmenter【RayFire破碎器】至桥面模型上，并且移动点云至石块在桥面跌落的位置，如图15-8所示。

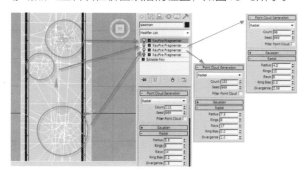

图15-8

STEP 04 此时可以将最底层的RayFire Fragmenter 【RayFire 破碎器】修改器的显示打开。至此，桥面模型的破碎切割就完成了。将所有修改器选中，在右键的下拉菜单中选择Collapse All【全部塌陷】，如图15-9所示。

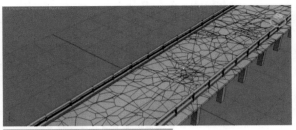

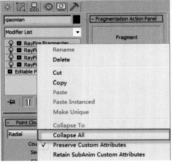

图15-9

STEP 05 选中"qiaodun"模型，添加RayFire Fragment【RayFire 破碎器】修改器。将Point Cloud Generation【点云生成】方式选择默认的Uniform【均一型】、将Count【数量】设置为800，并开启Fragment【破碎】来完成桥墩的切割，如图

15-10所示。

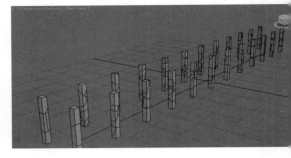

图15-10

STEP 06 选中"langan"模型，添加RayFire Fragment【RayFire 破碎器】修改器。将Point Cloud Generation【点云生成】方式选择默认的Uniform【均一型】、将Count【数量】设置为500，开启Fragment【破碎】来完成对栏杆的切割。单击Detach【分离】将碎块分离。分离以后将会产生许多以"langan_frag_"为开头命名的碎块模型，建议将其全部选中在层管理器中单独归为一层，如图15-11所示。

图15-11

15.3 ThinkingParticles动力学系统搭建

在本部分的制作中，首先初步搭建起整个ThinkingParticles粒子系统。而后，利用Fragment【破碎】节点，结合3ds Max的灯光来控制破碎发生的时间和范围。调整碎块下落的节奏，为后续的动力学解算和次级破碎的制作奠定基础。

STEP 01 在场景中创建一个ThinkingPartlces系统，打开其Properties【属性】面板，在Master System【主系统】内创建粒子组系统，并根据自己的喜好对每个粒子组设置独有的颜色，以方便后续的操作，如图15-12所示。

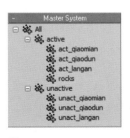

图15-12

STEP 02 在Master Dynamic【主动力学】下创建一Dynamic Set【动力学组】，并命名为"Bridge"本案例的主要动力学都将在改动力学组内进行搭建。

TEP 03 在"Bridge"动力学组中创建一个新的动力学组，命名为"Birth"。加入4个Obj. To Particle【物体到粒子】节点，并分别命名，如图15-13所示。

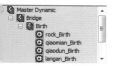

图15-13

TEP 04 选择rock_Brith节点，将场景中的3个石块物体拾取进物体列表。选中列表中的3个物体，在Group【组】的下拉菜单中选择"rocks"组。勾选Instance Shape【替换实体】并单击下方的Hide【隐藏】按钮隐藏替代的模型，如图15-14所示。

EP 05 按照上述相同的步骤，将桥面、桥墩和栏杆模型加入相对应的Obj. To Particle【物体到粒子】节点。并分别将Group【组】菜单栏设置成"unact_qiaomian""unact_qiaodun""unact_langan"模式，如图15-15所示。

图15-14　　　图15-15

EP 06 此时替代的物体并未在场景中显示出来。选中Master Dynamic【主动力学】，在右侧的属性卷展栏勾选Show Mesh【显示粒子实体】，并且把粒子的显示方式选择为None【无】。此时场景中出现了替代模型，如图15-16所示。

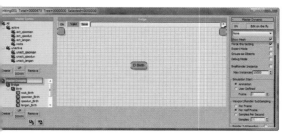

15-16

EP 07 在"Bridge"动力学组中添加一个新的动力

学组，并命名为"Gravity"。在其中添加3个节点——PPass【粒子通道】、Force【力】和Point3【矢量】，按照图示方式连接。选中PPass节点，在其中的Group【组】菜单栏下选择"active"；选择Point3节点，将其属性栏中的Z-Value【Z通道数值】设置为-1；选中Force节点，将其属性栏中的Strength【强度】设置成20，如图15-17所示。

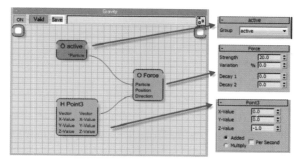

图15-17

技巧提示： PPass节点可以拾取粒子组，从而用来对其进行各种操作。对于"父粒子组"的操作可以影响到其中的"子粒子组"。在本例中，"rocks"粒子组就是"active"粒子组的"子粒子组"。Force节点是用来设置各种力来影响粒子的运动。其中Direction【方向】接口用来对力的方向进行设置。本例在Point3节点中设置了沿Z轴向下的方向向量来定义Force节点中力的方向。

STEP 08 播放时间滑块，现在可以看到石块产生了下落。观察石块的下落，发现3个石块分别在第28帧，第34帧和第36帧落到了桥上。请记住这3个时间，接下来将会用这3个时间来设置桥梁的破碎效果，如图15-18所示。

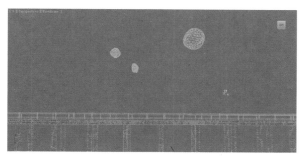

图15-18

STEP 09 在场景中创建3盏点光源，分别将其移动到石块与桥相撞的位置，并打开灯光的Far Attenuation

【远距离衰减】。将衰减的End【结束范围】属性分别设置成8.5、5.0、7.15，如图15-19所示。

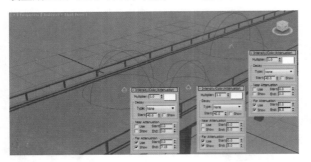

图15-19

STEP 10 在ThinkingParticles属性面板中添加一个动力学组至"Bridge"动力学组之下，命名为"Activate"。在右侧Creat【创建】卷展栏中找到"unact_qiaomian"，并将其添加到"Activate"动力学组中；而后，创建一个Time Interval【时间间隔】节点和一个Fragment【破碎】节点；单击Fragment节点左上角的绿色半圆标记，将"on"接口显示在节点之上；将Time Interval中的End Frame【结束帧】设定成36，与"rock_01"和桥面相撞的时间一致，并勾选Invert【反转】，如图15-20所示。

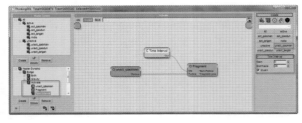

图15-20

技巧提示： *Time Interval节点可以控制节点发生作用的时间范围。本例中勾选了Invert参数，表明Fragment节点将在36帧以后发生作用。*

STEP 11 选中Fragment节点。在Source【资源】属性框内，勾选Use Lights【使用灯光】，并将点光源"Omni001"拾取；将Threshold【阈值】设置为0.2、Crack Spreading【破碎延伸】设置为15、Spreading Time【延伸时间】设置为80；在Fragment【碎块】属性框内，在Group【组】选择"act_qiaomian"；勾选Break Visible Edges Only【只破碎可见边】；选择Count【数量】模式。在Initialize【初始化】属性框内，将Life Span【生命值】设定为999、Speed【初速度】设定为0.0；

在Fragment Shape【碎块形状】属性框内，将Thickness【厚度】设置为0.0。在Remaining Shape【剩余形状】属性框内，将Thickness【厚度】也设置为0.0，如图15-21所示。

图15-21

技巧提示： *Fragment节点能够根据预先切割好的模型状态进行破碎。本例采用了灯光的方式来激活破碎。Threshold为0.2表示在灯光强度为0.2以上范围内的碎块才与桥面主体进行分离。Crack Spreading设置了破碎在激活以后向外扩散的半径范围，而Spreading Time设定了扩散完成所需的帧数。本例勾选了Break Visible Edges Only选项，这导致事先切割好的可见边才会进行分离破碎，Count参数的含义在于产生碎块的最小数量。此外，参数中的两个Thickness分别是来设定产生的碎片的厚度以及模型剩余部分的厚度。由于本例不需要模型具有额外的厚度，所以均设置为0.0。*

此时播放时间滑块，可以看到桥面出现了破碎并且扩散的范围逐渐扩大，如图15-22所示。

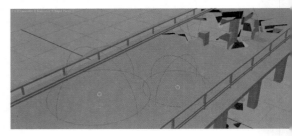

图15-22

STEP 12 在"Activate"动力学组的节点串联区选中Fragment节点，按住Shift键拖动，复制出两个Fragment节点。两个Fragment节点分别重新拾取场景中的另外两盏点光源。将其Crack Spreading和Spreading Time参数均设定为0。再添加两个Time Interval节点，将其End Frame分别设定为28和34，配合石块下落的时间。节点连接方式如图15-23所示。

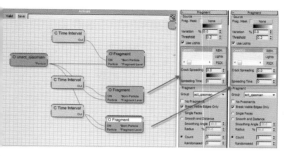

图15-23

EP 13 此时播放时间滑块，将有3组桥面产生下落，如图15-24所示。

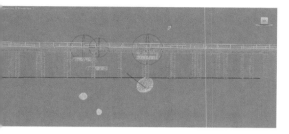

图15-24

EP 14 将"Activate"动力学组中的7个节点全部选中，按住快捷键Ctrl+Shift拖动，复制出一套节点。将新复制出的一套节点的粒子组改为"unact_qiaodun"；并将新复制出的Fragment节点的Group调整为"act_qiaodun"。播放时间滑块可以看到，桥墩的模型也出现了破碎及下落，如图15-25所示。

EP 15 在"Activate"动力学组中添加一个PPassAB节点。其中，在GroupA【组A】下拉菜单中选择"unact_langan"、在GroupB【组B】下拉菜单中选择"act_qiaomian"、在Distance【距离】

设定为10。添加一个Distance节点，其中将Radius 2【半径2】设置置为5。再添加一个Group节点，在Group【组】菜单中选择"act_langan"。播放时间滑块可以看到，栏杆也产生了破碎和下落。连接方式如图15-26所示。

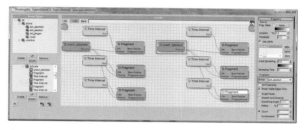

图15-25

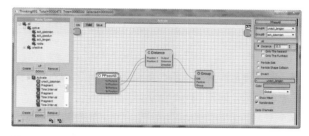

图15-26

技巧提示： PPassAB节点能够对所设定的两个粒子组做搜索操作，从而对满足要求的粒子做进一步操作。本例中，将粒子相互搜索的范围限定在了10个单位以内；并且对"unact_langan"粒子组进行组转换操作，将距离"act_qiaomian"5个单位以内的粒子全部转移至"act_langan"粒子组内

5.4 进行动力学解算

SC节点能够提供精确而快速的动力学解算。本部分主要介绍该节点的使用方法以及其他相关动力学参数调整。

P 01 在场景中创建一个Box【盒子】物体，置于桥梁使其覆盖整个桥梁模型的范围，如图15-27所示。

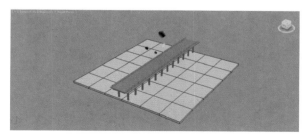

图15-27

STEP 02 添加一个新的动力学组，并命名为"Dynamic"，并在其中添加一个Node【节点】节点和一个SC节点。在SC节点中，在Group【组】菜单选择"active"粒子组；Deflector【导向体】选择为"unactive"，并勾选Size As Mass【尺寸决定质量】。Node节点拾取场景中的Box物体，从而为该破碎场景添加地面，防止粒子无限下落。连接方式如图15-28所示。

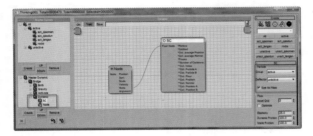

图15-28

STEP 03 播放时间滑块将会看到场景出现了动力学解算之后的效果，如图15-29所示。

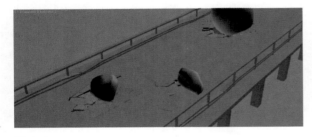

图15-29

技巧提示： SC节点是ThinkingParticles的动力学解算器，能够实现精确的刚体动力学解算。"主动刚体"为Group菜单中所选择的粒子组，"被动刚体"为Deflector菜单中所选择的粒子组。

STEP 04 调整动力学参数。选中Master Dynamic【主动力学】，在右侧的参数卷展栏中找到Viewport/Render SubSumpling【视图/渲染子采样】，切换到Per Half Frame【每半帧】，如图15-30所示。

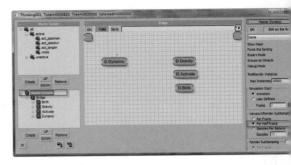

图15-30

STEP 05 在粒子组列表中选择"act_qiaomian"子组。在右边参数栏中，将Elasticity【弹力】设置10、Dynamic Friction【动摩擦】设置为20、Sta Friction【静摩擦】设置为25。选中"rocks"粒组，将其Dynamic Friction【动摩擦】设置为20 Static Friction【静摩擦】设置为25，如图15- 所示。

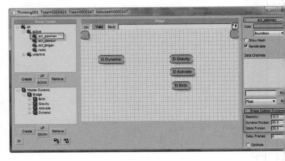

图15-31

STEP 06 再次播放时间滑块进行解算，产生了不同果。破碎的动态基本成型，但是缺乏一些细节，需要加次级破碎，如图15-32所示。

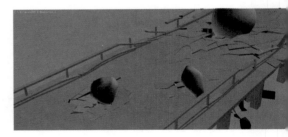

图15-32

15.5　产生次级破碎

次级破碎的产生能够为整个坍塌效果增添细节。本部分将会介绍使用VolumeBreak【体积破碎】节点来产次级破碎的一般方法。

STEP 01 增加一个新的粒子组"secondary_frag"作为"active"粒子组的子粒子组。将粒子组的Dynamic Friction【动摩擦】设置为80、Static Friction【静摩擦】设置为85，如图15-33所示。

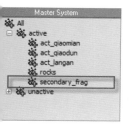

图15-33

STEP 02 增添一个新的动力学组，并命名为"VB"。在其中添加一个VolumeBreak【体积破碎】节点产生次级破碎。在Group【组】菜单里面选择"secondary_frag"，使次级破碎产生的粒子进入新建的粒子组。将Activate【激活】设置为20、From To菜单中选择"Center"【中心】。将Spreading Size【扩散尺寸】设置为50、Spreading Time【扩散时间】设置为30、Raster【栅格】设置成12、Density【密度】设置为1000。

以上参数设置完后，按住Shift拖动VolumeBreak节点来进行复制。而后在"VB"动力学组中添加"act_qiaomian"和"act_qiaodun"粒子组，如图15-34所示连接节点。

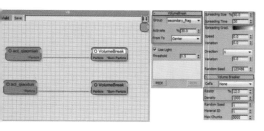

图15-34

技巧提示： VolumeBreak节点是一个基于体积的破碎工具，能够快速地创建大量的次级破碎。Activate参数定义了粒子的破碎程度，100%意味着完全破碎。From To菜单定义了次级破碎产生的方向。本例中选择的Centere方式使得破碎由外向里产生；Spreading Size参

数代表破碎扩散的尺寸与原物体的百分比，而破碎扩散完成的时间由Spreading Time来定义；Raster定义了破碎栅格之间的最小距离。因此，数值越小将产生越多碎块。Density参数既会影响碎块产生的大小，也会影响碎块的分布。

STEP 03 播放时间滑块，进行解算，可以看到，次级破碎增加了坍塌效果的细节。至此，本案例全部完成，如图15-35所示。

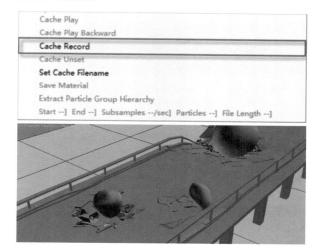

图15-35

技巧提示： 当破碎场景变得复杂时，直接播放时间滑块会变得非常慢，此时可以将动力学解算结果生成为缓存文件保存起来。本案例中，右键单击"Bridge"动力学组左侧的标志图案，在弹出的菜单中选择Cache Record【缓存记录】来保存缓存。

第16章

冰山震撼崩裂

本章内容

◆ 碎块从主体上逐渐产生
◆ 产生的碎块从主体逐渐脱离
◆ 使用次级破碎增加碎块崩裂处的细节
◆ 搭建ThinkingParticles动力学系统进行解算

上一章的制作使我们了解到在ThinkingParticles中制作破碎效果的一般流程，其中主要包括对模型进行破碎切割；将模型转化为粒子并逐渐激活破碎的效果，使其进行动力学解算以及产生次级破碎来丰富细节。那么接下来在本章中将通过一个冰山崩裂的效果来介绍新的激活破碎的方法，以及怎样对次级破碎进行动态控制，使得崩裂破碎效果具有强烈的破坏感和层次感，能够带给观众很强的视觉冲击感。在制作中需要注意的方面在于碎块是渐脱落并且在破碎处伴有小碎块的崩出。针对这一特点，本案例将着重使用VolumeBreak【体积破碎】节点来产和控制所有的破碎效果。也是对VolumeBreak节点的强化使用。完成本案例的制作后，将会了解到更多与破碎关的参数的运用方式，以及更多的节点搭配方法。

16.1　ThinkingParticles粒子系统搭建

在这一部分中，首先将场景中模型转化为ThinkingParticles粒子，规划好粒子之间的层级关系，然后创建好绑定在曲线上运动的"path"粒子。因为在后续的操作中，"path"粒子将用来搜索满足条件的碎块从而将其激活。

STEP 01 打开随书资源第16章初始文件。场景中包括一台摄像机模型和一盏直射光模型，数个冰锥的模型以及一个冰山的模型（其命名为"bingshan"）。将场景的系统单位尺寸设置为米，如图16-1所示。

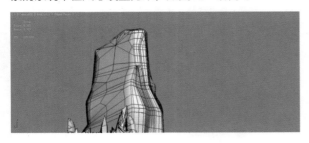

图16-1

STEP 02 在场景中创建一个ThinkingPartlces系统，然后打开其Properties【属性】面板，在Master System【主系统】内创建粒子组系统，并根据自己的

喜好对每个粒子组设置独有的颜色，以方便后续的作，如图16-2所示。

图16-2

STEP 03 在Master Dynamic【主动力学】下建一个Dynamic Set【动力学组】，将其命名"Iceberg"。接下来的主要动力学都将在该动力学内进行搭建。

STEP 04 在"Iceberg"动力学组中创建一个命名"Birth"的动力学组，并向其中添加一个Obj.Particle【物体到粒子】节点。将"bingshan"模拾取至其中，并归为"iceberg"组。然后在MasDynamic里勾选Show Mesh【显示模型实体】的项，就可以看到冰山模型被替换成了ThinkingPartlc粒子，如图16-3所示。

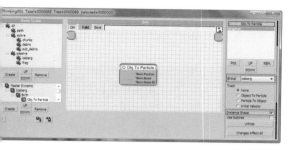

图16-3

STEP 05 切换到左视图，在左视图内绘制一条直线，并其移动到冰山模型的边缘处，然后调整线的形态，其与冰山模型的边缘形状大体可以吻合，如图16-4示。

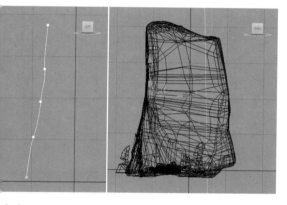

图16-4

STEP 06 在"Birth"动力学组中添加一个Position Born【位置出生】节点。在Group【组】参数选为"path"，然后发射方式选择为Pistol Shot【手枪射】，将其数值保持为1即可。将Life Span【生命】设置为999（足够大即可）；Speed【速度】设置0，如图16-5所示。

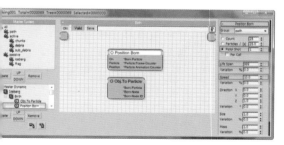

图16-5

STEP 07 在"Iceberg"动力学组中添加一个新动力组，并命名为"Path"，将"path"粒子组添加至其中。然后，创建一个Path Follow【路径跟随】节点，在节点中点击Pick Object【拾取物体】，之后再将之前创建好的直线拾取进列表中。最后播放时间滑块，就可以看到"path"粒子组中唯一的粒子会沿直线"Line001"向上运动的效果。节点连接方式如图16-6所示。

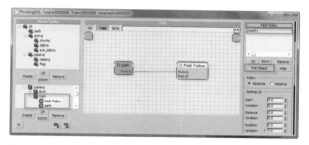

图16-6

技巧提示： Path Follow节点能够使传入的粒子按照所规定的路径运动，其运动的速度由Initial Speed【初始速度】的属性决定，可以选择From Particle【继承粒子原有速度】或者Defined【重定义】的方法。但是在本例维持了默认的选择From Particle。

技巧提示： 如果"path"粒子沿着直线从上向下运动，那么需要对直线进行反转操作：首先选中直线"Line001"，然后进入Spline【样条线】选择级别；选中整条线，在Geometry【几何体】卷展栏下点击Reverse【反转】的选项。进行这些操作后粒子沿路径的运动方向将会和之前相反了，如图16-7所示。

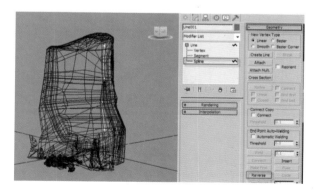

图16-7

16.2　利用VolumeBreak节点来进行破碎

VolumeBreak节点支持多种破碎的激活手段。本部分将应用其基于轴向的激活方式来控制破碎的产生。此外，本部分还将介绍怎样使用"path"粒子来搜索需要被激活的碎块粒子。

STEP 01 在"Iceberg"动力学组中创建一个新的动力学组，并命名为"VB_chunks"。将iceberg粒子组添加至该动力学组中并创建一个VolumeBreak节点。再将两节点的"Particle"接口相连，如图16-8所示。

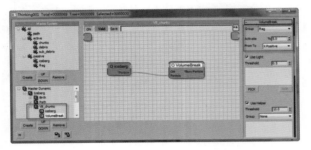

图16-8

STEP 02 选择VolumeBreak节点。其中Group【组】选择"frag"。对Activate【激活】参数进行关键帧设置，让其第0帧时为5，第100帧时为30。设置关键帧的目的在于，使通过VolumeBreak节点产生的破碎随着时间的推移逐渐被激活。在From To【激活方向】菜单中选择"X Positive"的模式，将调整Raster【栅格】参数为5；Density【密度】参数为1200。这样就使得模型破碎的产生从X轴正方向开始向X轴负方向移动了，如图16-9所示。

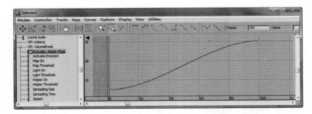

图16-9

STEP 03 播放时间滑块时，可以看到，碎块的产生由X轴正方向逐渐向X轴负方向"蔓延"的动画，如图16-10所示。

图16-10

STEP 04 在"Iceberg"动力学组中创建一个新的力学组，并命名为"Path_search"。然后向其中加3个节点，分别为：PPassAB【粒子通道AB】Distance【距离】；Group【组】。在PPassAB中将GroupA【组A】选为"frag"；　GroupB【组B】选为"path"；Distance【搜索距离】设置为20在Distance节点中将Radius 2【半径2】设置为10在Group节点中Group选则"chunks"粒子组，如16-11所示。

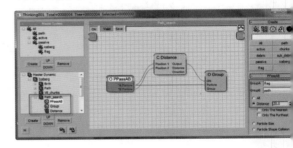

图16-11

技巧提示： 该方法在第15章中也出现过。PPassAB点能够对两组粒子进行配对比较，从选出满足条件的粒子进行操作。在本中用"path"粒子对"farg"粒子进行索，距离在10个单位以内的"frag"粒子进入"chunks"粒子组中。另外PPass节点的"Particle"接口直接与Distan节点的"Position"接口相连，是因ThinkingParticles默认会把粒子的位置信息递出去，从而不会产生错误的连接方式。

EP 05 播放时间滑块时，可以看到，被搜索到的 "frag"粒子（黄色）进入到了"chunks"粒子组 绿色）中，如图16-12所示。

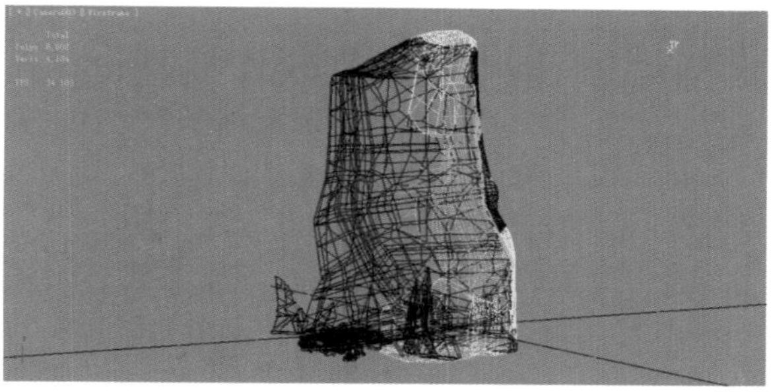

图16-12

6.3 为崩裂处增加次级破碎

本部分主要利用VolumeBreak节点来产生次级破 ，并为次级破碎的碎块添加初速度，以丰富破碎缝隙 的动态效果。

EP 01 在"Iceberg"动力学组中添加一个命名为 VB_debris"的新动力学组，向其中加入"chunks" 子组节点和VolumeBreak节点，并连接两个节点。

EP 02 修改VolumeBreak节点参数。在Group 组】选择"debris"粒子组，将Activate【激活】 定为40；From To【激活方向】选择"Center"； peed【速度】参数调整为5；Variation【变化】调整 20；Direction【方向】选择"Activate"；下面的 ariation【变化】设为30；Raster【栅格】值输入10 及Density【密度】为3000，如图16-13所示。

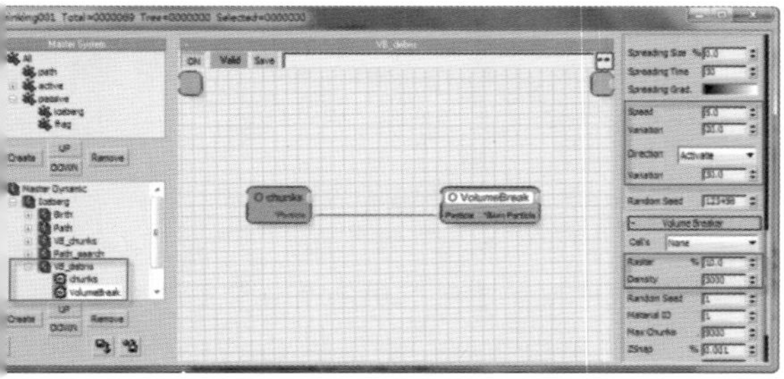

16-13

巧提示： VolumeBreak节点中，Direction定义了碎块飞离原物体的方向，将Speed参数设定为碎块产生时具有的初速度。本例中选择的"Activate"方式使碎块粒子飞离的轴向与其产生模式（From To菜单）的方向相同——向外发散射出的方向。

EP 03 此时播放时间滑块，可以看到"chunks"粒 （绿色）周边崩散出了细小的"debris"粒子（蓝 ），如图16-14所示。

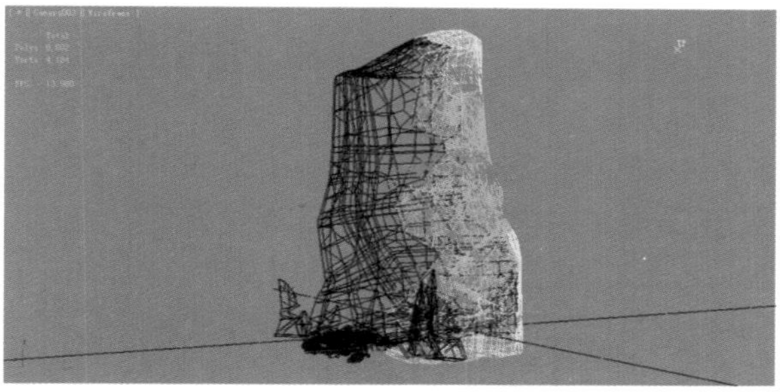

图16-14

STEP 04 在"VB_debris"动力学组中再次创建一套"PPass+VolumeBreak"的粒子组合，并加入一个Threshold【阈值】节点。将Threshold节点中的Threshold 1【阈值1】调整成1；VolumeBreak节点中Group【组】选择"sub_debris"；Activate【激活】设定为60以及From To【激活方向】同样为"Center"模式。连接方式如图16-15所示。

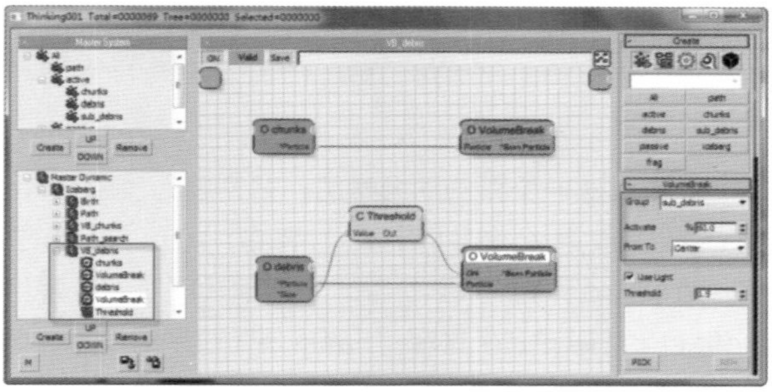

图16-15

技巧提示： 如果想要利用碎块的Size【大小】来作为条件控制VolumeBreak节点是否发生作用，那么除了Threshold节点中设定了的范围为0到1以外，还有当"debris"粒子的大小超过1时，才会被VolumeBreak节点所作用，从而产生"sub_debris"粒子。

STEP 05 选中创建好的VolumeBreak节点，进一步调整其参数。将Speed【速度】大小设为2；Variation【变化】设为80；Direction【方向】依然选为"Activate"；Variation【变化】设为15；Raster【栅格】设为10及Density【密度】定为3000。

STEP 06 播放时间滑块时，就可以看到较大的"debris"（蓝色）粒子分裂出了"sub_debris"粒子（紫色）的效果，如图16-16所示。

图16-16

16.4 进行动力学解算

在前面的操作中，我们完成了整个Thinking Particles粒子系统的生成和转换。下面，我们将基于此来进行动力学的解算。

STEP 01 创建一个新的动力学组，并命名为"Gravity"，将"active"粒子组节点加入其中。另外，再添加一个Force【力】节点和一个Point3【矢量】节点。将Force节点中Strength【强度】设定为15；Variation【变化】设定为20。将Point3节点定义一个沿Z轴向下的向量。至此，重力动力学组就搭建完成了，其将影响整个"active"节点组的效果，如图16-17所示。

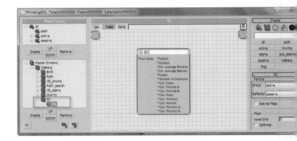

图16-18

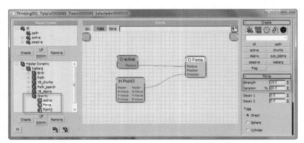

图16-17

STEP 02 创建一个新的动力学组，并命名为"SC"，再在其中放入一个SC节点。将Group【组】选择"active"粒子组作为"主动刚体"，然后将Deflector【导向器】选择"passive"粒子组作为"被动刚体"，如图16-18所示。

STEP 03 将"active"粒子组下的3个子粒子组的Shape Collision Dynamic【碰撞动力学】参数进行调整：Elasticity【弹力】设为5；Dynamic Friction【动摩擦】设为80及Static Friction【静摩擦】设为85。参数设置如图16-19所示。

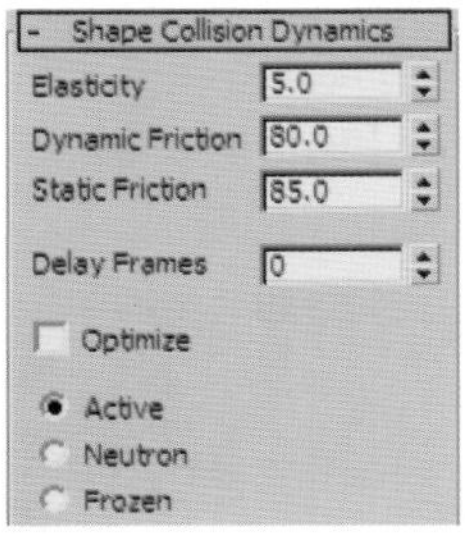

图16-19

STEP 04 选中Master Dynamic【主动力学】，后在右侧的参数卷展栏中找到Viewport/Rend SubSumpling【视图/渲染子采样】，最后切换到P Half Frame【每半帧】，这样可以提高解散精度，图16-20所示。

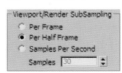

图16-20

EP 05 播放时间滑块时，将会进行动力学解算。至此，本案例效果制作完成，效果如图16-21所示。

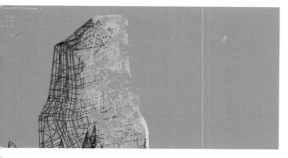

6-21

第 17 章

表面脱落飞散

本章内容

◆ 使用VolumeBreak【体积破碎】节点进行模型破碎
◆ 碎块逐渐激活并分离的设置
◆ 利用次级破碎增加细节
◆ 利用材质编号来控制粒子发射，丰富脱落的效果

通过对前面案例的练习，已经熟悉了在ThinkingParticles中制作破碎的常用节点的方法，了解了如何调整用参数。本章将继续讲解如何运用ThinkingParticles来制作物体的表面脱落与飞散的效果，从而进一步强化对碎效果中各知识点的掌握。脱落的效果既可以表现刻画对象的沧桑与厚重、又可以反映刻画对象的腐朽与破败它是一种兼具体积感、层次感与破坏感的破碎效果。本案例主要讲解了碎块从模型表面渐次分离下落，碎块在落过程中不断地自身发生破碎分裂，以及伴随产生的大量细小粉尘的飘散的效果。其制作难点有：如何灵活而快地在模型上切割出大量的碎块、如何产生更有层次感的次级破碎、以及如何在众多碎块的基础上进行细腻而有的动力学解算。由于本案例介绍的新知识点主要集中于VolumeBreak【体积破碎】节点中，因此本章会继续介VolumeBreak【体积破碎】节点强大的破碎功能，并且配合3ds Max的Helper【辅助器】工具，控制碎块的产生置以及调整破碎的扩散范围。为了增加粉尘飘散这一破碎细节，还会运用破碎面材质编号来控制次级粒子的发射

17.1　ThinkingParticles粒子系统搭建

该部分首先对模型赋予了Multi/Sub-Object【多维/子材质】材质，这是在将模型转化为ThinkingParticles子后根据材质编号来进行进一步操作的基础。此外，本章粒子系统的搭建依然采用了上一章的层级关系。针对解时的粒子运动状态将其归为： active【主动】和passive【被动】两大类。

STEP 01 打开随书资源的第17章初始文件。可以看到场景中包括一个佛像和一台摄像机模型，将场景的系统单位寸设置为米。为了方便制作，将佛像的头发和头部分离，并且将头部的模型命名为"tou"，如图17-1所示。

图17-1

STEP 02 打开3ds Max的Material Editor【材质编辑器】，创建一个Multi/Sub-Object【多维/子材质】；将子质的数量调成2，再将材质赋予给模型，如图17-2所示。

STEP 03 将ID编号为2的材质设定一个较显眼的颜色，这里将其设定为红色，如图17-3所示。

7-2 图17-3

STEP 04 在场景中创建一个ThinkingPartlces系统，打开其Properties【属性】面板；然后在Master System【主系统】内创建粒子组系统，并根据自己的喜好对每个粒子组设置独有的颜色，以方便后续的操作，如图17-4所示。

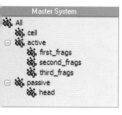

7-4

STEP 05 在Master Dynamic【主动力学】下创建一个Dynamic Set【动力学组】，并命名为"Buddha"。本案例的主要节点都将在该动力学组内进行搭建。

STEP 06 在"Buddha"动力学组中创建一个名为"Birth"的动力学组，并在其中添加一个Obj. To Particle【物体到粒子】节点；再将"tou"模型拾取其中，归为head【顶端】组。

在Master Dynamic【主动力学】参数里勾选Show Mesh【显示模型实体】，可以看到模型被替换成了ThinkingParticles粒子，如图17-5所示。

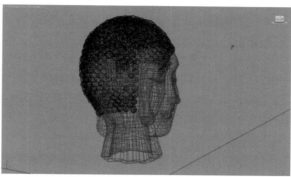

图17-5

STEP 07 在"Birth"动力学组下添加3个节点：Node【节点】、Volume Pos【体积位置】、Position Born【位置出生】。按照图示方式连接各节点，在Node节点中拾取"tou"模型；再到Position Born【位置出生】节点中，将Group【组】调为cell。这样可以使产生的粒子进入cell【细胞】组中。然后将发射方式改为Pistol Shot【手枪发射】；数量调整为300；Life Span【生命值】参数调成999，可以使粒子一直处于存在状态。再将Speed【速度】参数设置为0，可以使产生的粒子原地不动，如图17-6所示。

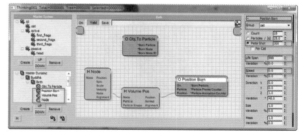

图17-6

技巧提示： Volume Pos【体积位置】节点能够读取传入模型的体积信息，并随机产生位置来赋予Position Born【位置出生】节点产生的粒子。该方法是产生粒子的常用手段。

17.2　使用VolumeBreak节点来创建破碎

之前的操作已经准备好了用于破碎的模型（"head"粒子），以及基于模型的体积而生成的"cell"粒子。接下来将基于"cell"粒子的位置来对模型进行破碎的切割动画，并且使用3ds Max的Helper【辅助器】来激活破碎效果。

STEP 01 在"Buddha"动力学组中创建一个新的动力学组，并命名为"First_break"。将head【顶端】粒子组节点和VolumeBreak【物体破碎】节点添加进该动力学组；使VolumeBreak【物体破碎】节点产生的破碎粒子归入"first_frags"粒子组；将Activate【激活】参数项保持默认的数值0，如图17-7所示。

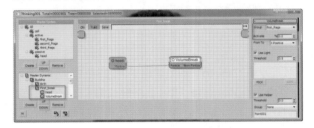

图17-7

STEP 02 在场景中创建一个Point Helper【点辅助器】工具，将其摆放至模型头部右上方的位置，如图17-8所示。

图17-8

STEP 03 调整VolumeBreak【体积破碎】节点参数。首先，确认Use Helper【使用辅助器】选项被勾选，并将新创建的Point Helper（"Point001"）拾取进列表框；再对Threshold【阈值】参数进行关键帧设置，设置第0帧时为0、第20帧时为0.8；然后将Spreading Size【扩散尺寸】参数设置为5；最后

在Cell's【细胞】下拉列表中选择cell粒子组，Material ID【材质编号】设置为2，如图17-9所示。

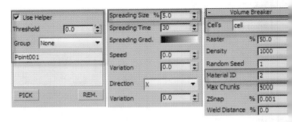

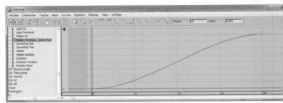

图17-9

技巧提示： Use Helper【使用辅助器】激活方式能使3ds Max的辅助物体来辅助激活破碎，Threshold【阈值】参数用来设置激活触的距离，本案例设置距离阈值从0至1，使激活的范围有慢慢扩大的效果。在Cell【细胞】选项中选择了某个粒子组来作位置参考的方式进行碎块的切割，这时认的Raster【栅格】将不再产生作用，同Material ID【材质编号】将为破碎产生的的切割表面赋予材质编号。

STEP 04 在播放时间滑块时，将会看到模型的头部将渐渐产生分离的碎块效果，如图17-10所示。

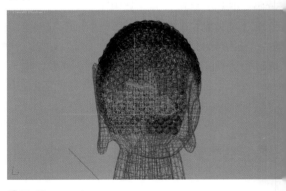

图17-10

17.3 次级破碎增加细节

为了保证效果的完整性，在破碎的基础之上增加次级破碎是必不可少的。另外也将继续利用VolumeBreak【体积破碎】节点来产生次级破碎，以此来增加大量的破碎细节，从而提升破碎的层次感。

STEP 01 在"Buddha"动力学组下创建新的动力学组，并命名为"Second_break"。将"first_frags"粒子组节点添加到其中，并连接一个VolumeBreak【体积破碎】节点；再在VolumeBreak【体积破碎】节点中，将Group【组】设定为"second_frags"；Activate【激活】调为50；Spreading Size【扩散尺寸】设置为30；Spreading Time【扩散时间】设置为15。将Cell's【细胞】保持默认的"None"模式；将Raster【栅格】调整为20；Density【密度】设置为1000；Material ID【材质编号】设定为2，如图17-11所示。

图17-11

STEP 02 此时播放时间滑块，可以看到在原有的破碎基础上出现了更小的破碎效果，如图17-12所示。

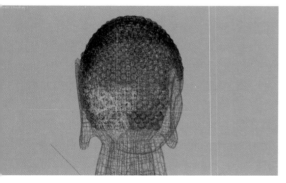

图17-12

STEP 03 在"Buddha"动力学组下再次创建新的动力学组，并命名为"Third_break"。将"second_frags"粒子组节点添加至其中，并连接一个VolumeBreak【体积破碎】的节点。做法与"Second_break"动力学组是相同的。"Second_break"与"Third_break"动力学组的创建和连接的方式如图17-13所示。

图17-13

STEP 04 在"Third_break"动力学组中的VolumeBreak节点中，将Group【组】设定为"third_frags"；Activate【激活】调为30；From To【方向】选择Center【中心】；Spreading Size【扩散尺寸】设置为30；Spreading Time【扩散时间】设置为30。将Cell's【细胞】保持默认的"None"模式；Raster【栅格】调整为7.5；Density【密度】设置为1000；Material ID【材质编号】设定为2，如图17-14所示。

图17-14

STEP 05 此时播放时间滑块，可以看到破碎的层次再次增加的效果，如图17-15所示。

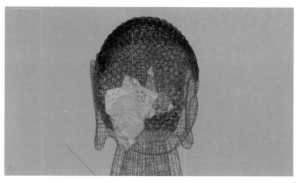

图17-15

17.4　进行动力学解算

本部分将讲解动力学系统的搭建。除了设置重力以及SC节点外，还会对各粒子组的动力学参数进行调整，使其满足真实动态的要求。此外还对解算的结果进行了缓存的输出，以方便后续粉尘粒子的加入。

STEP 01 创建一个新的动力学组，并命名为"Gravity"。将active【激活】粒子组节点加入其中；另外再添加一个Force【力】节点和一个Point3【矢量】节点。将Force【力量】节点中Strength【强度】设定为15；Variation【变化】设定为30；将Point3【矢量】节点定义成一个沿Z轴向下的向量。至此，动力学系统就搭建完成，其将影响整个active【激活】节点组的效果，如图17-16所示。

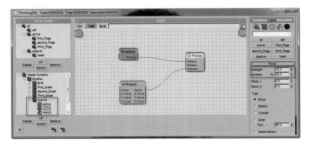

图17-16

STEP 02 在播放时间滑块时，模型上分裂出的碎块产生了下落的效果。在显示模型实体后可以看到，破裂的截断面上被赋予了红色的材质，其材质编号为2，如图17-17所示。

技巧提示： 设置不同的材质编号不仅可以清晰地辨别破碎的断裂面，而且可以根据不同的材质编号来进行不同的操作。例如：在断裂面上生成粒子从而增加破碎的细节，或者通过发射烟雾来模拟破碎时产生的烟尘效果等。

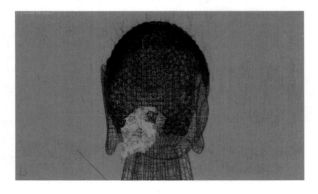

图17-17

STEP 03 创建新的动力学组加入到"Buddha"动力学组中，并命名为"SC"。在Group【组】菜单选择active【激活】粒子组作为"主动刚体"；再Deflector【导向器】菜单中选择passive【被动】粒组作为"被动刚体"，如图17-18所示。

图17-18

STEP 04 调整"first_frags""second_frags""third_frags"以及"head"粒子组的动力学属性将Elasticity【弹性】设置为5；Dynamic Friction【摩擦力】设置为5以及Static Friction【静摩擦力】置为7.5，如图17-19所示。

STEP 05 在Master Dynamic【主动力学】下，Viewport/Render SubSampling【视图/渲染子采样切换到Per Half Frame【每半帧】，这样可以适当高解散精度，如图17-20所示。

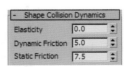

图17-19　　　　　图17-20

STEP 06 在播放时间滑块时，可以看到碎块的脱落产生真实的动力学碰撞效果，如图17-21所示。

图17-21

STEP 07 在"Buddha"动力学组中创建新的动力学，并命名为"Kill"。在其中添加4个节点：All【全部】粒子组节点、Point3【矢量】节点、Threshold【阈值】节点以及Particle Die【粒子死亡】节点，并按照图示方式连接4个节点。在Threshold【阈值】节点中勾选Inside【内部】选项；将Threshold1【阈值1】设为-1、Threshold2【阈值2】设为-100，如图17-22所示。

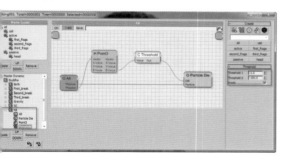

图7-22

技巧提示： 在动力学解算中，常常把一些不需要再进行解算，或者镜头之外的粒子"杀掉"。Particle Die【粒子死亡】节点能够杀死已传入的粒子。本案例中这一步就是让下落的粒子在位置低于z轴-1的数值以下死亡，从而不再进行任何运算操作。使得Point3节点将粒子的Position【位置】信息从z轴元素提取出来传入Threshold【阈值】节点中，做出判断操作。

STEP 08 鼠标右键单击"Buddha"动力学组，在弹出的下拉菜单中选择Cache Record【缓存记录】，这样就会以记录缓存的方式进行动力学解算，如图17-23所示。

图17-23

STEP 09 解算完成之后播放时间滑块查看解算结果，如图17-24所示。

图17-24

7.5 增加粉尘粒子，丰富破碎细节

本部分在已经解算好粒子缓存的基础之上，利用之设定好的材质编号来控制粒子的发射形式，模拟脱落飘散的粉尘效果。其中主要包括了调整粒子的扰乱和其发射条件进行限制等各种操作。

STEP 01 在粒子系统中添加一个新的粒子组，并命名为"Dust"，如图17-25所示。

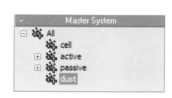

图17-25

STEP 02 在Master Dynamic【主动力学】下增添一个新的动力学组，命名为"Dust"，并在其中加入新动

力学组Generate【生成】。

STEP 03 在Generate【生成】动力学组中添加4个节点：active【主动】粒子组节点、Threshold【阈值】粒子组节点、Surface Pos【表面位置】节点以及Position Born【位置出生】节点。在Surface Pos【粒子表面】节点内，选择Face【面】方式，并将Mat. ID【材质编号】调成2；在Threshold【阈值】节点内，将Threshold1【阈值1】设置为0.2；在Position Born【位置出生】节点中，选择Group【组】中的"dust"粒子组，将其发射方式选择PartIces/[s]【粒子数量/秒】大小维持默认的25；将粒子Life Span【生命值】调成60、Variation【变化】设置成60以及Speed【速度】设置为0，如图17-26所示。

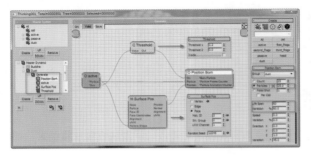

图17-26

技巧提示： active【主动】粒子组的运动通过之前的解算已经记录在缓存文件中，所以当需要再次调用active【主动】粒子组时，就不会再次对它进行解算，只会使用其解算后的结果来进行进一步的操作。

STEP 04 在播放时间滑块时，可以看到"dust"粒子（橙色）产生的效果，如图17-27所示。

图17-27

技巧提示： 本例中"dust"粒子将从"active"粒子的表面进行发射。通过Mat工具，Surface Pos【粒子表面】的Particle Shape【粒子形状】接口

读取的是粒子的外形。其中ID的设置将质编号为2的面输出至Position Born【位置出生】节点用来为产生的粒子赋予位置信息另外还用一个Threshold【阈值】节点来发射粒子的标准进行控制，让只有Size【小】属性大于0.2的粒子才能在其表面发"dust"粒子。

STEP 05 在场景中创建一个风场（"Wind001"）具，将Strength【强度】设置为0.01；Turbuland【扰乱】设置为0.2；Frequency【频率】设置为2Scale【尺寸】设置为2，如图17-28所示。

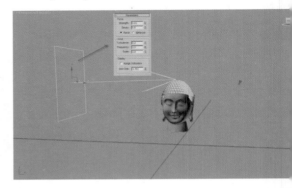

图17-28

STEP 06 单击工具架上的Bind to Space Wa【链接到空间扭曲】工具，并选中风场。然后将标拖至ThinkingParticles的图标上，完成风场ThinkingParticles的链接过程，如图17-29所示。

图17-29

STEP 07 在场景中创建一个重力场（"Gravity001"）工具，按照上述相同的方法将其链接到ThinkinParticles。将Strength【强度】调整为0.01，如17-30所示。

图17-30

STEP 08 在"Dust"动力学组中创建一个新的动力学组，并命名为"Force"。将"dust"粒子组节点接到该动力学组中，并加入一个StdForce【标准力场】的节点。在StdForce【标准力场】节点中，通过单击Activate【激活】按钮，将"Wind001"和"Gravity001"两个力场移动到Active List【激活列表】中，如图17-31所示。

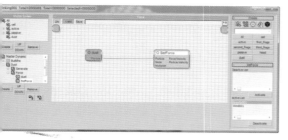

图17-31

巧提示： StdForce【标准力场】节点能够将3ds Max的力场引入到ThinkingParticles系统来影响粒子的运动，但是只有与ThinkingParticles进行了链接的力场才能出现在Deactive List【未激活列表】中

STEP 09 播放时间滑块时，可以看到"dust"粒子有了动的运动状态效果，如图17-32所示。

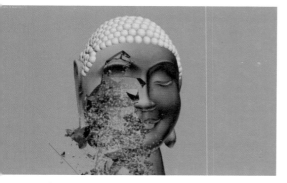

图17-32

STEP 10 在"Dust"动力学中创建一个名为"Shape"的新动力学组，再将"dust"粒子组节点

添加至其中。另外，再加入两个节点：Std Shape【标准形状】节点和Size【尺寸】节点。在Std Shape【标准形状】节点的下拉列表中选择Sphere【球体】作为粒子的形状；再在Size【尺寸】节点中，将Size【尺寸】设置为0.03；Variation【变化】调至80，如图17-33所示。

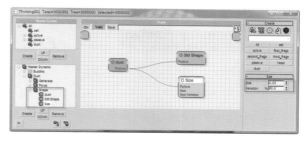

图17-33

STEP 11 播放时间滑块时，整个脱落的效果增加了飘散的粉尘这一细节。至此，本章案例的制作就完成了，如图17-34所示。

图17-34

灰飞烟灭特效

第 18 章

本章内容

◆ 使用Fragment【破碎】节点，配合渐变贴图来产生碎块
◆ 采集debug中读取的数据用于选择需要次级破碎的碎块
◆ 使用VolumeBreak【体积破碎】节点进行模型次级破碎
◆ 通过PositonBorn【位置出生】节点产生新的粒子来增加细节

通过前面三章的学习，已经掌握了许多在ThinkingParticles中制作破碎效果的方法和技巧，以及3ds Max中用辅助器对于破碎制作的帮助。本章将会继续运用ThinkingParticles来制作灰飞烟灭的效果。其特点是破碎会逐渐产生并在力场的作用下飘散开来。因此，在本章的案例中将会介绍如何利用贴图来逐渐激活破碎；如何通过粒子自身属性来选择性地激活次级破碎；并且配合3ds Max的力场来调整飘散粒子的动态，以制作出更加灵活而生动的飘散破碎的效果。

18.1   材质贴图的创建以及模型预处理

在本部分中，创建并编辑了渐变贴图，并且对模型进行了修改，使其具有厚度。贴图将会在后续步骤中用来控制破碎的产生，而有厚度的模型将会使得破碎产生的碎块是一个"壳"状的形态。

STEP 01 打开随书资源的第18章初始文件。在场景中包括一台摄像机模型和一个Teapot【茶壶】模型，如图18-1所示。

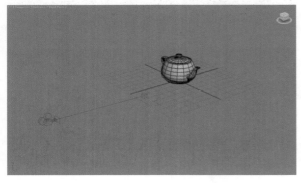

图18-1

STEP 02 打开Material Editor【材质编辑器】给茶壶赋予一个标准材质，并将其重命名为"for_displace"。给予材质的Diffuse【漫反射】贴图通道一个Gradient Ramp【梯度渐变】，如图18-2所示。

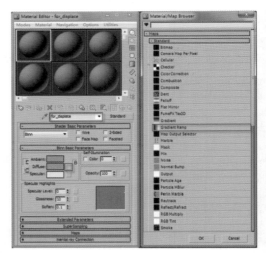

图18-2

STEP 03 进入Gradient Ramp【梯度渐变】贴图，Gradient Ramp Parameters【梯度渐变参数】卷栏下来编辑渐变图。为其增加一个滑块，并且将所有块的颜色调节为黑色，如图18-3所示。

图18-3

STEP 04 对滑块的位置添加关键帧动画，让材质有一从黑到白逐渐扩散的效果。首先，对Flag #1（滑块）的颜色属性进行关键帧设置，使其在第34帧时为色、在第46帧时为白色；其次将Flag #3（滑块3）颜色属性调整为白色，并对其位置属性进行关键帧置，使第30帧时其位置为1、第100帧时其位置为0；最后对Flag #4（滑块4）的颜色和位置属性设置键帧，使其颜色属性在第30帧时为黑色、在第50帧为白色；使其位置属性在第50帧时为0、第120帧时99，如图18-4所示。

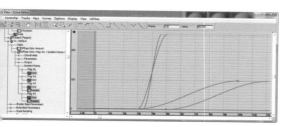

图18-4

STEP 05 为整个渐变图增加噪波。将Gradient Type【梯度类型】设置为Radial【径向】。调节Noise【噪】参数：将Amount【强度】设置为0.25、Size【尺】设置为0.46、噪乱类型选择Fractal【分形】、vels【水平】设置为4，如图18-5所示。

图18-5

STEP 06 下面对茶壶模型进行处理，使其满足制作的要制作中，需要茶壶整体都是单面。因此给茶壶增加Edit Poly【编辑多边形】修改器，选择面层级。的面删除，如图18-6所示。

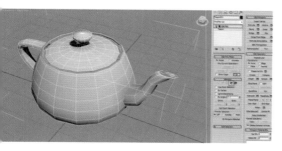

图18-6

STEP 07 然后进入元素层级，对多余的元素加以删除，如图18-7所示。

图18-7

STEP 08 给模型增加一个Shell【壳】修改器，将Shell【壳】修改器的Outer Amount【外部厚度】设置为0.35，如图18-8所示。

图18-8

技巧提示： 这样操作的目的是为了保证增加Shell【壳】修改器后茶壶模型法线的正确性。而且之后使用RayFire插件破碎物体时，也可以保证破碎后的物体是一个有厚度的、类似于鸡蛋壳的形态。

STEP 09 为模型添加一个TurboSmooth【涡轮平滑】修改器，将Iterations【迭代】参数设置为2，使模型表面变得平滑，如图18-9所示。

图18-9

18.2 使用RayFire破碎物体并且增加置换效果

STEP 01 打开RayFire插件，拾取茶壶模型。选择ProBoolean-Uniform破碎模式，将iterations【迭代】参数调整为300，单击Fragment【破碎】按钮进行破碎的切割，如图18-10所示。

STEP 02 选择已破碎好的物体，进入Hierarchy【层次结构】。选择Affect Pivot Only【只影响轴心】，单击Center to Object【到物体中心】，将所有碎块的轴心规整到物体的中心，如图18-11所示。

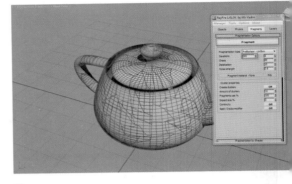

图18-10

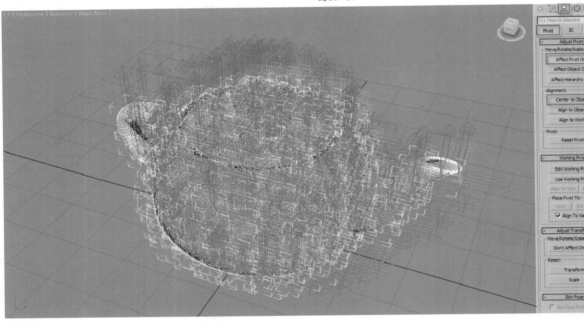

图18-11

STEP 03 选择所有的物体，进入Utilities【公用工程面板】，单击Collapse【塌陷】。在打开的参数卷展栏中，单击Collapse Selected【塌陷已选择物体】，将碎块塌陷为一个物体，如图18-12所示。

STEP 04 为模型增加一个UVW Map修改器，选Shrink Wrap模式。然后移动并旋转UVW Map修改的Gizmo【控制体】，将其对称轴指向壶嘴的方向如图18-13所示。

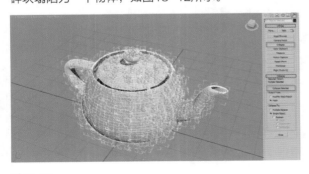

图18-12

图18-13

EP 05 添加Displace【置换】修改器。将"for_splace"材质的diffuse【漫反射】贴图（即之前辑好的Gradient Ramp【梯度渐变】贴图），指定Displace修改器的Map上，并且勾选Use Existing apping【使用已存在贴图】。将Strength【强度】数设定为0.6。播放时间滑块，茶壶模型出现了从右左的渐变置换效果，如图18-14所示。

到此为止，准备工作已经完成，接下来就是建立inkingParticles粒子系统的过程了。

图18-14

8.3　ThinkingParticles破碎制作

现在开始进入ThinkingParticles中的制作。主思路是用Fragment【破碎】节点将已经切割好的本根据贴图的变化来进行激活。而后，基于粒子的Size"属性来决定其是否发生次级破碎。最后，再加风场和重力的作用，模拟出飘散的动态以后，基于本的碎块粒子来发射新的粒子，用来模拟飘散的粉以丰富动态。下面进入正式的制作。

P 01 在"All"层级下创建3个粒子组，分别将其名为"unactive""dynamic"以及"detail"。在ynamic"粒子组下创建命名为"activefragment"粒子组，以及命名为"ground"的粒子组。为各粒子指定颜色，用以区分不同粒子组，如图18-15所示。

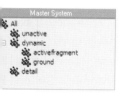

8-15

P 02 在MasterDynamic层级下创建一个新动力组，将其命名为"First_fragment"；在"First_gment"动力学组下再创建一个动力学组，命为"Birth"。用于将场景中的模型元素拾取到inkingParticles粒子系统中。

P 03 在"Birth"动力学组中创建一个Obj.To ticle【物体到粒子】节点，命名为"Unactive"，理完的茶壶模型拾取进来；将Group【组】设置为nactive"，勾选Instance Shape【模型替代】，"Hide"按钮将原模型隐藏，如图18-16所示。

图18-16

STEP 04 在3ds Max中创建一个box【盒子】物体置于茶壶模型下面作为碰撞面，如图18-17所示。

图18-17

STEP 05 在"Birth"动力学组中添加一个新的Obj. To Particle节点，命名为"Ground"。把新创建的box【盒子】物体拾取进来；将Group【组】设置为"ground"，勾选Instance Shape【模型替代】，单击"Hide"按钮将原模型隐藏，如图18-18所示。

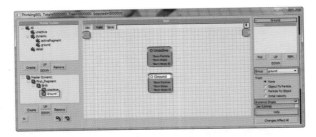

图18-18

STEP 06 在"First_fragment"动力学组下再创建一个新的动力学组，将其命名为"Fragment"。将"unactive"粒子组节点导入，创建一个"Fragment"点和一个"Group"节点。在"Group"节点中将"Group"选择为"activefragment"粒子组，如图18-19所示。

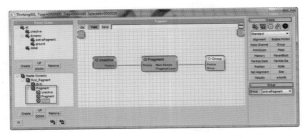

图18-19

STEP 07 回到材质编辑器中。复制"for_displace"材质球的"Diffuse"【漫反射】贴图通道中的"Gradient Ramp"贴图，至另外的材质球的Diffuse贴图通道上。将新材质重命名为"for_activation"。因为茶壶的置换发生在其被转化为碎块之前，所以需要把"for_activation"上贴图的动画关键帧向后移动，如图18-20所示。

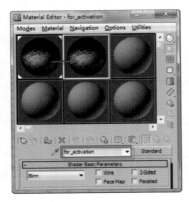

图18-20

STEP 08 在菜单栏的"Graph Editors"【图形编辑器】菜单下打开"Dope Sheet"【摄影表】。这里将会显示所有3ds Max中的关键帧信息。选择"Medit

Materials"下的"for_activation"，展开Maps选Diffuse Color，如图18-21所示。

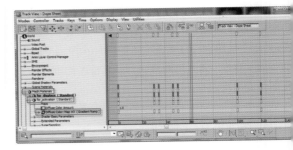

图18-21

STEP 09 再选择Gradient Ramp，全选右侧的关帧，向后拖动十帧即可，如图18-22所示。

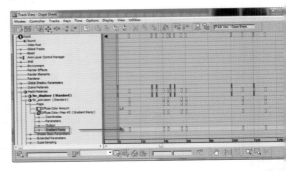

图18-22

STEP 10 回到ThinkingParticles中，打开Fragmen点。把"for_activation"材质中的diffuse贴图拖动Fragment节点里的Frag.Mask【破碎遮罩】上，用白贴图作为激活碎块的条件。将Threshold参数调整0.05，勾选Break Visible Edges Only【只破碎可边】，并且选择Count模式；将Life Span【生命值】改999、Speed【速度】改为0、Fragment Shape【码形态】和Rmaining Shape【剩余部分形态】属性的Thickness【厚度】均改为0，如图18-23所示。

图18-23

STEP 11 在Master Dynamic【主动力学】中勾选SMesh【显示面】。播放时间滑块，可以看到茶壶是先的置换效果，然后变成碎块，如图18-24所示。

图18-24

STEP 12 接下来就是将这些碎块进行次级破碎。继续使用VolumeBreak【体积破碎】节点来进行模型的次级破碎。在破碎之前需要进行碎块的筛选。在这里，用子的Size【尺寸】属性作为筛选的条件。在"First_fragment"动力学组下创建一个新的动力学组，重命名为"Debug"；并添加一个"activefragment"粒组节点和一个Memory【记忆】节点，如图18-25所示。

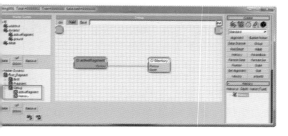

图18-25

STEP 13 进入Memory节点，右键单击列表框中的Memory"。在弹出的菜单栏中选择"Size"，将Depth值设为1。将"activefragment"粒子组节点中的Size属性显示出来。连接到Depth上，右键单击Size，单击Write Debug Log【写入Debug日志】，如图18-26所示。

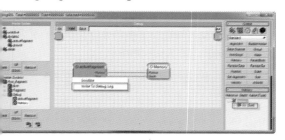

图18-26

STEP 14 选择MasterDynamic动力学组，在右侧属性中勾选Debug Mode【Debug模式】，如图18-27所示。

图18-27

STEP 15 播放时间滑块，可以看到在弹出的窗口中出现了粒子的Size属性的记录。可以根据这些记录值作为参考将发生次级破碎的粒子限定在某个范围内，如图18-28所示。

图18-28

STEP 16 右键单击"Debug"动力学组，关闭其运行，如图18-29所示。

图18-29

STEP 17 在"First_fragment"动力学组下创建一个新动力学组，将其命名为"VB"。在这个动力学组里面进行次级破碎的操作。首先创建activefragment粒子组节点，调出Size属性。创建Threshold【阈值】节点将Size值连接上去，把范围限制在6～10之间，勾选Inside【内部】，这样Size为6到10的粒子就被选中了，如图18-30所示。

图18-30

STEP 18 然后创建一个Random【随机】节点和Threshold节点。将"activefragment"粒子组节点的"Particle"输出端接入Random节点的"Particle"连接端上。将Threshold节点的范围设置为0.3~0.8，勾选Inside选项。再创建一个And【逻辑与】节点，将两个Threshold节点的"Out"输出端连接到And节点的"In"输入端上，这样就做好了一个基于粒子"Size"属性的随机的选择，如图18-31所示。

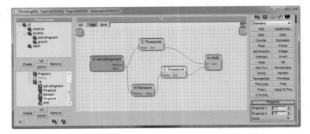

图18-31

STEP 19 最后，创建一个VolumeBreak节点。将And节点的"Out"输出端连接到VolumeBreak节点的"On"端口上，成为触发次级破碎的条件，如图18-32所示。

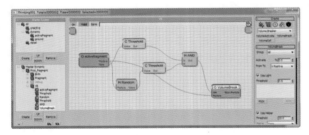

图18-32

STEP 20 在"activefragment"粒子组之下创建一个新的粒子组，并命名为"vb"。将其粒子组颜色设置为蓝色，如图18-33所示。

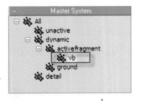

图18-33

STEP 21 调整VolumeBreak节点的参数。将Group选择为新创建的"vb"粒子组。将Activate【激活】设定为100。在Volume Breaker卷展栏下，将Raster【栅格】设定为10、Density【密度】为5000，如图18-34所示。

图18-34

STEP 22 播放时间滑块，会发现较大的粒子被破碎成更小的碎块。接下来就需要给粒子添加力场来驱动运动。创建一个3ds Max的风场，调整好方向，通Bind To Space Wrap绑定到ThinkingParticles上调整Wind力场的参数，将Strength【强度】调整0.1、Turbulance【扰乱】调整为1.0、Frequen【频率】设定为0.2、Scale【尺寸】设定为2，如18-35所示。

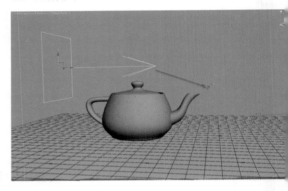

图18-35

STEP 23 在"First_fragment"动力学组下创建新动力学组，命名为"Force"。在"Force"动力组之下创建命名为"wind"的动力学组。在其中添"activefragment"粒子组节点。创建一个StdFor【标准力场】节点，单击"Activate"将连接好的风激活；创建一个Float【浮点数】节点连接到StdFor的Multiplier【乘数】上用于控制风场的强度；将其Value参数设置为4。再添加一个Spin【旋转】节用于控制粒子的旋转。将Spin Time【旋转时间】置为1.1、Variation【变化】设置为52；在Spin AControls【旋转轴控制】中选择Direction of Tra【运动方向】，如图18-36所示。

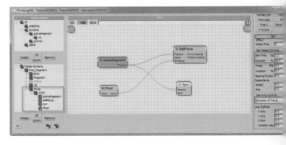

图18-36

STEP 24 在"Force"动力学组内添加一个新动力学组，命名为"Gravity"。将"activefragment"粒子组节点加入其中。另外，再添加一个Force【力】节点和一个Point3【矢量】节点。将Force节点中Strength【强度】设定为9、Variation【变化】设定为20。将Point3节点定义一个沿Z轴向下的向量。至此，重力就搭建完成，其将影响整个"activefragment"粒子组，如图18-37所示。

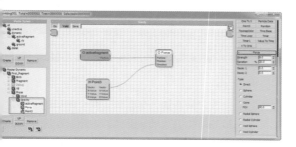

18-37

STEP 25 在"Force"动力学组内添加一个新动力学组，命名为"Friction"。在"Friction"动力学组里添加"activefragment"粒子组节点和Friction【摩擦力】节点，将Friction【摩擦力】设置为2.4。至此，基础的力场就搭建完成了，如图18-38所示。

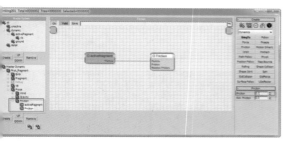

18-38

STEP 26 接下来将创建动力学解算器，用于对ThinkingParticles的粒子系统进行碰撞的计算。在"First_fragment"动力学层级之下再创建一个动力学组，命名为"Col"。在其中创建一个SC节点，把Group设置为"activefragment"、Deflector设置成"ground"，这样初级破碎和次级破碎以及地面都可以产生碰撞，如图18-39所示。

图18-39

STEP 27 为"First_fragment"动力学组创建解算缓存。缓存创建完成后，播放时间滑块，茶壶模型产生了逐渐飘散的效果，如图18-40所示。

图18-40

8.4 添加粉尘粒子增加细节

STEP 01 为了丰富效果，需要添加一些细小粒子来模拟飞散的粉尘。在Master Dynamic下创建一个新的动力学组，命名为"Detail"。在"Detail"动力学组下添加一个命名为"Detail_birth"的动力学组。在其中添加"activefragment"粒子组节点和PositionBorn【位置出生】节点；在PositionBorn节点中将发射方式改为Particles/[s]（每秒粒子发射率），将数量调整为100；将Life Span【生命值】调整为60、Variation【变化】改为40、Speed【速度】改为0，将出生的粒子归于"detail"粒子组，如图18-41所示。

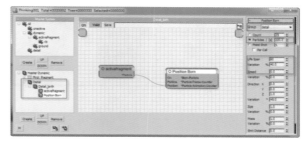

图18-41

STEP 02 接下来就为这个粒子组添加外形、大小、重力、风场等控制。在"Detail"动力学组中创建一个命名为"Detail_control"的动力学组。向该动力学组中引入"detail"粒子组节点。再添加一个StdShape【标准外形】节点，将外形设置为Cube【球】，如图18-42所示。

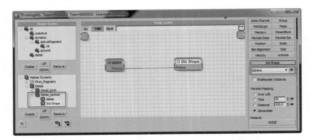

图18-42

STEP 03 创建一个Force【力】节点和一个Point3节点【矢量】。Force节点中，将Strength【强度】设定为5、Variation【变化】设定为3。将Point3节点定义成一个沿Z轴向下的向量，重力就搭建完成。其将影响整个"detail"粒子组，如图18-43所示。

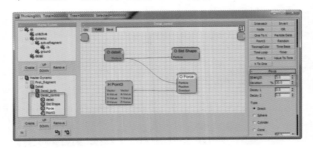

图18-43

STEP 04 创建一个StdForce【标准场】节点，单击"Active"将连接好的风场激活。创建一个Float节点连接到StdForce的Multiplier上用于控制风场的强度，将Float节点的Value【值】设置为1.3，如图18-44所示。

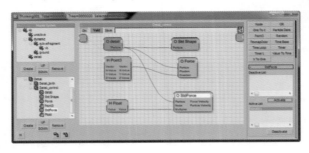

图18-44

STEP 05 创建一个Size节点，用于设置新粒子的大小，将Size设置为0.1、Variation设置为60，如图18-4所示。

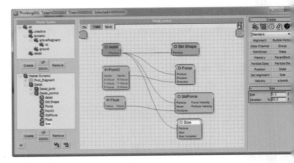

图18-45

STEP 06 播放时间滑块，会看到在整个破碎的动态之增加了飞散的粉尘的效果。至此，本章案例完成，如18-46所示。

图18-46

第19章

粒子控制大型破碎的表现

本章内容

◆ 理清思路，并创建辅助物体为解算提供支持
◆ 将物体导入Thinking Particles中，并利用条件激活碎块
◆ 学习使用Expression【表达式】创建自己的条件
◆ 利用碎块的大小进行二次破碎

大型破碎是破碎特效的一个高点，因其规模的庞大、影响因素之多，而使得制作大型破碎往往是很困难的。Thinking Particles利用自身条件来控制粒子特效的机制，和优秀的动态物理引擎，吸引着越来越多的艺术家选择使用Thinking Particles制作大型破碎特效。在电影《2012》中，楼房的倒塌、大地的陷落都是使用Thinking Particles制作的，这也是Thinking Particles在特效软件领域的一个里程碑。

本章主要讲解如何使用Thinking Particles进行大型破碎。这里提供一个陨石坠向古塔，并将古塔毁坏的场景。在进行特效制作之前，一定要理清思路，考虑最终效果，根据最终效果来判断用怎样的方法来实现效果。下面来详细讲解，如图19-1所示。

19-1

19.1 理清思路，并创建辅助物体为解算提供支持

首先，分析一下这个场景。陨石砸中古塔，古塔不会一下子全碎开。而是根据陨石砸中的位置，逐步向周围扩散。而力的传递是会衰减的，所以扩散到一定位置之后就不再破碎了。因此不妨创建一个球体包裹着陨石，当塔部件进入球的范围就进行破碎，利用陨石的冲击使碎块碎开。而球没有包裹到的物体是被动刚体，不会被陨石撞击。这样既可以产生破碎，又不至于破碎范围太大，使塔整个炸开。效果会比较真实，思路如图19-2所示。

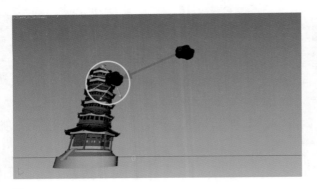

图19-2

接下来将进行案例讲解。

STEP 01 打开随书资源的第19章的初始文件，如图19-3所示。

图19-3

STEP 02 接下来创建包裹在陨石外的球体。首先创建一个球的模型，选中新创建的球体，如图19-4所示。

图19-4

STEP 03 然后单击3ds Max界面右上方的 【对齐】按钮，再单击陨石，在弹出的界面单击"OK"按钮，会发现球自动对齐到陨石所在的位置了，如图19-5所示。

图19-5

STEP 04 单击3ds Max界面左上角的创建链接按钮 【链接】。单击球然后将它拽向陨石，完成链接。拖动时间滑块，会发现球跟随陨石移动了，如图19-6所示。

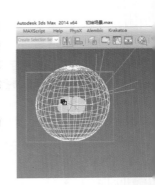

图19-6

STEP 05 接下来创建一个底面。创建一个长方体，放在塔的下方，如图19-7所示。

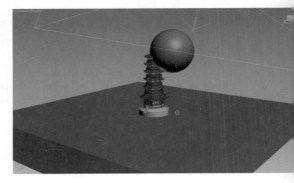

图19-7

这样就完成了辅助物体的创建。

将物体导入Thinking Particles中，并利用条件激活碎块

现在就需要将塔和陨石导入Thinking Particles，然后利用刚刚创建的球来激活物体产生碎块，如图19-8所示。

9-8

STEP 01 将碎块导入Thinking Particles中，并建立组，以便之后使用。创建TP图标，打开Thinking Particles面板；创建分组，在Thinking Particles的面板的组区域单击Create【创建】按钮；创建一个组，击新创建的Group【组】，然后再单击它，更改组的字，如图19-9所示。

9-9

STEP 02 将一个组拖向另一个组，在鼠标变为黑色向箭头的时候松开，就可以变为这个组的子组。 因为"Tower"组和"Stone"组都是被动物体组，所以将它们的动力学属性改为Neutron【中子】，如图19-10所示。

9-10

STEP 03 然后将预先分好的碎块导入进Thinking Particles中，点选MasterDynamic【主动力学】。创建一个DynamicSet【动力学组】，然后创建两个ObjToParticle【物体到粒子】节点，如图19-11所示。

STEP 04 点选一个ObjToParticle【物体到粒子】节点，将所有组成古塔的物体拾取进这个ObjToParticle【物体到粒子】节点中。然后将Group【组】改为"Tower"组，选择Object To Particle【物体到粒子】；勾选Instance Shape【替换实体】；单击Hide【隐藏】，如图19-12所示。

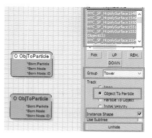

图19-11 图19-12

STEP 05 再单击另一个ObjToParticle【物体到粒子】节点，将陨石拾取进这个ObjToParticle【物体到粒子】节点中，并将Group【组】改为"Stone"组。同样选择Object To Particle【物体到粒子】，勾选Instance Shape【替换实体】，单击Hide【隐藏】，如图19-13所示。

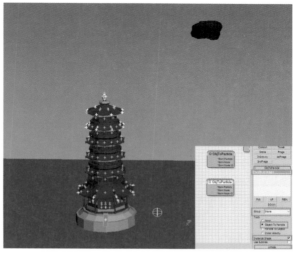

图19-13

STEP 06 接下来利用球体激活在球内的物体，使它们产生碎块。点选MasterDynamic【主动力学】，创建一个新的DynamicSet【动力学组】。创建一个"Tower"组节点；一个InMesh【在物体中】条件的节点；一个Node【节点】和一个Group【组】节点，如图19-14所示。

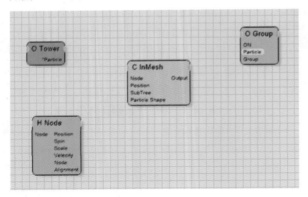

图19-14

STEP 07 点选Group【组】节点，并单击它左上角上的绿色图标，在弹出的菜单中勾选ON。然后将它们串联在一起，如图19-15所示。

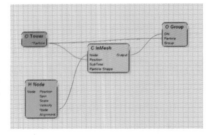

图19-15

STEP 08 单击Node【节点】，然后将场景中的球拾取进Node中，如图19-16所示。

图19-16

STEP 09 点选Group【组】节点，将Group【组】改为"ACT"组。播放时间滑块，可以看到在球内部的物体都从原本的"Tower"组变成了"ACT"组，如图19-17所示。

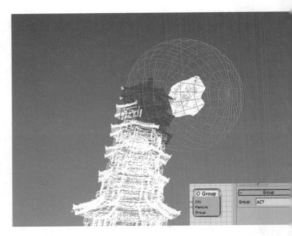

图19-17

STEP 10 接下来就将"ACT"组的物体进行切割，其产生碎块，以供以后使用。点选MasterDynam【主动力学】，创建一个新的DynamicSet【动力组】，如图19-18所示。

图19-18

STEP 11 在新的DynamicSet【动力学组】中创建一"ACT"组和一个VolumeBreak【体积破碎】节点并将它们串联在一起，如图19-19所示。

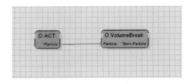

图19-19

STEP 12 修改VolumeBreak【体积破碎】节点的值，来使得产生出符合要求的碎块。这里碎块数量不太多，碎块也不宜太小；因为这次只是预切割，之后会再产生二次破碎。点选VolumeBreak【体积破碎节点，将Group【组】改为"Frags"组；将Activa【激活】改为100%，如图19-20所示。

图19-20

TEP 13 接着将Raster【栅格】改为25%、Density【密度】改为3000、Material ID【材质ID】改为2。可以看到已经产生碎块了，如图19-21所示。

19-21

EP 14 下面来创建SC节点，来给粒子添加动力学解器。观察一下至此为止的步骤有没有错误，并且看一碎块会不会被陨石碰撞碎开。单击MasterDynamic【主动力学】，创建一个新的DynamicSet【动力学】，如图19-22所示。

EP 15 在这个新的DynamicSet【动力学组】中创建个SC节点和一个Node【节点】，并将它们串联在起，如图19-23所示。

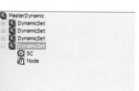

19-22

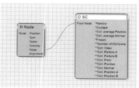

图19-23

技巧提示： 因为Thinking Particles的计算方式是DynamicSet【动力学组】从上往下计算，而SC应该是所有步骤的最后一步。因此SC所在的DynamicSet【动力学组】应该始终处于节点树的最下方，这样SC才能准确接收上方传递来的数据。

STEP 16 点选Node【节点】，拾取地面到Node【节点】中。点选SC节点，将Group【组】改为"Collision"组；勾选Size As Mass【大小决定质量】，如图19-24所示。

图19-24

播放时间滑块，会发现碎块已经可以被陨石撞开了，如图19-25所示。

图19-25

9.3 学习使用Expression【表达式】创建自己的条件

在之前的步骤中，已经制作好了动力学初步的设置。但是特效看起来还是很简陋。接下来开始为这个大型破场景添加细节。有了初步的第一层碎块，开始思考如何添加二次破碎。而如何能自然地依据陨石撞击增加破碎细呢？这里提供一种思路：陨石撞击到碎块上，碎块移动时会产生速度，而没有移动的碎块速度是0。可以利用速的大小来进行二次破碎，速度大于一定值时会根据速度的大小来进行二次破碎。下面详细讲解如何进行这样的置。

STEP 01 点选MasterDynamic【主动力学】，创建一个新的DynamicSet【动力学组】，并将其放置在SC节点所在动力学组的上方，如图19-26所示。

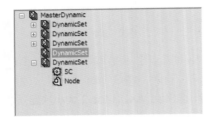

图19-26

STEP 02 接下来要用到Expression【表达式】节点，这个节点是Thinking Particles中的高级节点，可以用来创建一个Thinking Particles中所没有的节点。它是基于3ds Max中的MAXScript【MAX脚本】语言，用户可以利用MAXScript【MAX脚本】语言来写出自己想要的功能。

STEP 03 创建一个"Frags"组节点、两个Expression【表达式】节点和一个Group【组】节点，如图19-27所示。

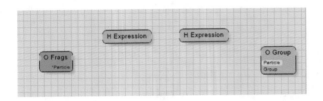

图19-27

STEP 04 单击"Frags"组节点右上角的绿色图标，在弹出的菜单中点选Velocity【速度】，如图19-28所示。

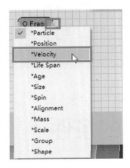

图19-28

STEP 05 单击Group【组】节点左上角的绿色图标，在弹出的菜单中点选ON，然后将节点串联起来，如图19-29所示。

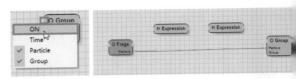

图19-29

STEP 06 因为Velocity【速度】是一个矢量，所以第一个Expression【表达式】的任务是求出这个矢量的长度。也就是不考虑方向的情况下，求出一个标量的速度。点选第一个Expression【表达式】节点，单击In/Out【输入端/输出端】，添加一个输入端。因为Velocity【速度】是一个矢量，所以这里选择Vector【矢量】，如图19-30所示。

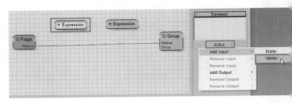

图19-30

STEP 07 接着再添加一个输出端，这次选择Scalar【标量】。可以看到原本光秃秃的Expression【表达式】有了一个输入端和一个输出端，如图19-31所示。

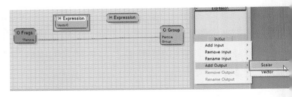

图19-31

STEP 08 在Expression【表达式】中写代码"length(Vector0)"。这段代码中，"Vector0"是输入端Vector0。"length"是一个函数，表示求出括号里的向量的模，如图19-32所示。

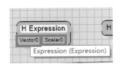

图19-32

STEP 09 速度的大小有了，接下来就制作一个比较的节点。首先点选第2个Expression【表达式】节点，单击In/Out【输入端/输出端】，添加一个输入端，选择Scalar【标量】，如图19-33所示。

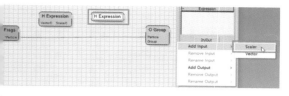

图19-33

STEP 10 然后再添加一个输出端，这次也选择Scalar
【标量】。在Expression【表达式】中写代码
"if(Scalar0>1,1,0)"。这段代码的意思是：如果
输入端的"Scalar0"大于1，就输出1；如果输入端
的"Scalar0"小于1，就输出0，如图19-34所示。

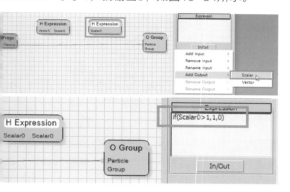

图19-34

STEP 11 将节点串联起来，并将Group【组】节点的
Group【组】改为"1stFrags"组，如图19-35所示。

图19-35

STEP 12 播放时间滑块，可以看到，被陨石推动的碎
块，进入了红色的"1stFrags"组。而没有被陨石推
动的碎块，还处在黄色的"Frags"组，如图19-36
所示。

图19-36

19.4 利用碎块的大小进行二次破碎

在大型的破碎效果中，优化场景是重中之重。碎块
是一味地多就好，要做到效果与效率的结合。因此这
进行二次破碎时，就需要考虑优化的问题了。太小的
块就没有必要再次进行切割，不然场景就会因为负担
重，而拖慢甚至是死机。接下来讲解，如何利用碎块
大小进行破碎。

STEP 01 下面进行二次破碎，将进入"1stFrags"组
碎块进行再次切割。创建一个新的DynamicSet【动
学组】，依然将其放置在SC节点所在的动力学组的
方，如图19-37所示。

STEP 02 在新的DynamicSet【动力学组】中创建
"1stFrags"组节点、一个Threshold【阈值】节点

和一个VolumeBreak【体积破碎】节点，如图19-38
所示。

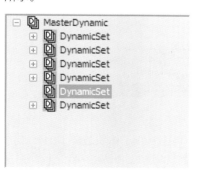

图19-37

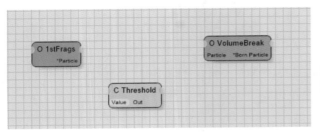

图19-38

STEP 03 单击"1stFrags"组节点右上角的绿色图标，在弹出的菜单中选择Size【尺寸】。这样"1stFrags"组节点就可以输出每个粒子，也就是碎块的大小了，如图19-39所示。

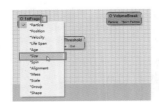

图19-39

STEP 04 单击VolumeBreak【体积破碎】节点左上角的绿色图标，在弹出的菜单中选择ON。这样VolumeBreak【体积破碎】就可以接收条件信息了。只有条件成立后，才会进行切割。将节点串联起来，如图19-40所示。

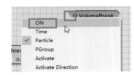
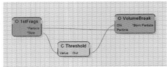

图19-40

STEP 05 下面修改条件。单击Threshold【阈值】，将Threshold 1【阈值1】改为20、Threshold 2【阈值2】改为300；勾选Inside【在内部】。这样只有当碎块的大小大于20并且小于300时，碎块才会进行二次破碎，如图19-41所示。

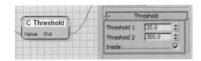

图19-41

STEP 06 修改VolumeBreak【体积破碎】的参数，达到预期的破碎效果。点选VolumeBreak【体积破碎】节点；将Group【组】改为"2ndFrags"组、Activate【激活】改为50%、From To【从哪里开始

激活】改为Center【中心方式】。这样二次破碎会从碎块的外部开始激活，如图19-42所示。

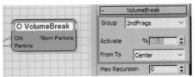

图19-42

STEP 07 接着将Raster【栅格】改为8.0%、Density【密度】改为5000、Material ID【材质ID】改为2，如图19-43所示。

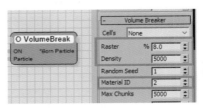

图19-43

STEP 08 播放时间滑块，可以看到古塔的粒子首先受到球的影响，被激活并且变为碎块。然后碎块被陨石击中，运动的碎块进行了二次破碎，并且依然能够保留一些较大的碎块。整体破碎的感觉还是较为真实的，如图19-44所示。

图19-44

STEP 09 接下来给碎块添加重力。之前已经预先将受重力的组放在了"InGravity"组里。这里只需要将"InGravity"组进行重力影响就好了；创建一个新的DynamicSet【动力学组】，然后创建"InGravity"节点、Point3【三点数据】节点和Force【力场】节点，如图19-45所示。

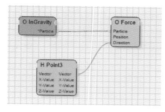

图19-45

STEP 10 首先，将要受到重力影响的群组"InGravity"连接到Force【力场】节点，并将Force【力场】的Strength【强度】调节为25。而Force【力场】则是通过Point3【指向3】节点设定朝下（Z = -1），这样物体就会受到朝下的力场所影响，如图19-46所示。

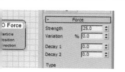

图19-46

STEP 11 再次播放时间滑块。会发现受重力影响并不明显，并且碎块之间有一种粘连感。这是因为碎块的摩擦力太大了，所以将"Frags"组、"1stFrags"组和"2ndFrags"组的摩擦力都改为10，如图19-47所示。

图19-47

STEP 12 播放时间滑块，可以看到碎块依次碎开并下落。重量感在大型破碎项目中是很重要的。而这里重力数值只有25，就是为了凸显出古塔的大。破碎效果显得十分真实，如图19-48所示。

图19-48

第**20**章

Thinking Particles结合Rayfire的高级爆破

本章内容

◆ 使用Rayfire的切割方法进行物体的切割
◆ 导入物体并使用外置物体激活碎块
◆ 创建一个自定义的爆破力场
◆ 缓存计算结果并导出模型

在3ds Max中，Rayfire和Thinking Particles都是强大的破碎流程软件。其中，Rayfire的切割系统更有人之处。它可以产生更不规则、更随机的切割断面。而若想制作更复杂、更写实的破碎效果，就要用Thinking Particles自身强大的动力学控制能力。所以将Rayfire与Thinking Particles结合使用，是许多特效工作者制作爆破特效的最佳方案。本章会讲解如何结合Rayfire进行破碎效果。

本章主要讲解如何结合Rayfire和Thinking Particles进行爆破特效。首先在Rayfire中切割物体，将切割好碎块导入进Thinking Particles中。然后用一个外置物体（比如方盒子）来激活碎块，使碎块进入动力学解算中。再利用Thinking Particles创建一个爆破力场，并利用这个力场在特定位置炸开碎块，如图20-1所示。

图20-1

20.1 使用Rayfire最有优势的切割方法进行物体的切割

Rayfire主要有两个大的切割系统，ProBoolean【超级布林法】和Voronoi【泰森多边形法】。其中Thinking Particles使用的就是Voronoi【泰森多边形法】，Voronoi【泰森多边形法】的优势是速度快，可以快速地产生的碎块；而ProBoolean【超级布林法】的优势是切割出来的碎块会比较写实，如图20-2所示。

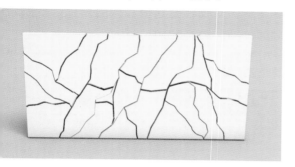

20-2

Voronoi【泰森多边形法】，如图20-3所示。

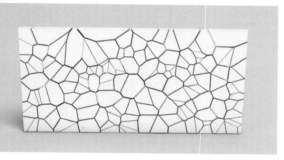

20-3

接下来将进行案例讲解。

EP 01 打开随书资源的第20章的初始文件，会看到要进行爆破的物体模型，如图20-4所示。

20-4

STEP 02 接下来利用Rayfire的ProBoolean【超级布林法】进行碎块切割。这里要注意以后还会在Thinking Particles中再切割一次，所以这里切割数量不要过多。首先打开Rayfire面板，将场景中的物体添加进Dynamic/Impact Objects【动态/碰撞物体】，如图20-5所示。

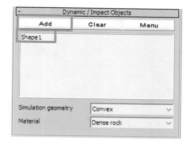

图20-5

STEP 03 在Fragments【切割面板】中选择ProBoolean-Uniform【超级布林法-规则】，并将Iterations【迭代次数】改为100。单击Fragment【切割】进行切割，得到进入Thinking Particles之前的碎块，如图20-6所示。

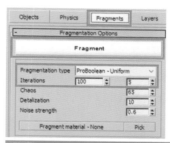

图20-6

0.2　使用外置物体激活碎块

使用Rayfire预先切割好碎块之后，需要进入Thinking Particles进行解算。而在解算之前，最重要的是，按需要创子Thinking Particles的节点网络。这个过程是最为重要的，也最为烦琐的。因为所有的思路都要在这个时候理顺，才能使接下来的解算部分更为顺利。下面将物体导入Thinking Particles中，并使用外置物体来激活碎块。

STEP 01 将碎块导入Thinking Particles中，并建立分组以便之后使用。创建TP图标，打开Thinking Particles面板，创建分组。在Thinking Particles的面板的组区域单击Create【创建】按钮，创建一个组。单击新创建的Group【组】，然后再单击它，更改组的名字，如图20-7所示。

图20-7

STEP 02 将一个组拖向另一个组，在鼠标变为黑色向右箭头的时候松开，可以将该组变为另一个组的子组。预先将主动物体和被动物体分成两个大组，这样做的目的是为了方便以后SC节点选择分组，如图20-8所示。

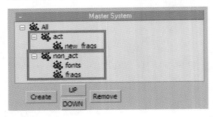

图20-8

STEP 03 由于"fonts"组和"frags"组都是被动物体组，所以要将它们的动力学属性改为Neutron【中子】，如图20-9所示。

STEP 04 而为了将来解算更为精确，所以将所有组的Voxel Grid【体素网格】改为1，如图20-10所示。

图20-9　　　　　图20-10

STEP 05 然后将预先分好的碎块导入进Thinking Particles中。因为这里碎块较多，所以要统一选择导入。请注意这里导入的步骤，首先，选MasterDynamic【主动力学】；创建一个DynamicSet【动力学组】；然后创建ObjToParticle【物体到粒子】节点，如图20-11所示。

图20-11

STEP 06 选择场景中所有要导入的物体，并在ObjToParticle【物体到粒子】中单击Pick【拾取】，如图20-12所示。

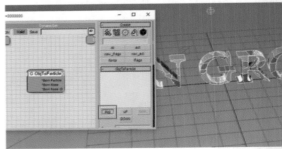

图20-12

STEP 07 单击3ds Max界面左上角的Select Name【按名称选择】按钮，在弹出的界面可以看到所有的物体都已经选择上了，直接单击Pick【拾取】钮，这样所有的碎块都进入了ObjToParticle【物体到粒子】节点中了，如图20-13所示。

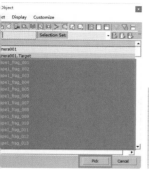

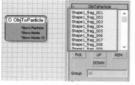

图20-13

有】按钮；另一种可以直接在列表中按Shift键依次选择所有物体，再进行设置，如图20-16所示。

STEP 08 将物体导入进Thinking Particles系统。为了避免导入之后物体消失，所以先修改一MasterDynamic【主动力学】的设置。点选MasterDynamic【主动力学】，在其参数面板中，勾选Show Mesh【显示模型】，取消选择Edit on the【快速编辑模式】，如图20-14所示。

STEP 09 接下来将所有导入的物体放入"fonts"组，这里有一个小技巧可以一次将ObjToParticle【物到粒子】节点中所有物体都统一进行设置。那就ObjToParticle【物体到粒子】节点中参数面板的anges Affect All【改变影响所有】按钮，首先单Changes Affect All【改变影响所有】按钮，然后选其中一个物体，将Group【组】改为"fonts"。

再点选Object To Particle【物体到粒子】，勾选tance Shape【替换实体】，单击Hide【隐藏】，样就完成了导入的设置了。可以看到所有的物体都变粒子了。如果物体消失，请前后拖动一下时间滑块，体就会显示出来，如图20-15所示。

图20-16

STEP 10 现在可以在Thinking Particles中进一步切割碎块了。切两次碎块的目的：一是可以增加细节；二是可以在Thinking Particles中方便碎块的激活。点选MasterDynamic【主动力学】，创建一个新的DynamicSet【动力学组】，在新的动力学组中创建"fonts"组节点和VolumeBreak【体积破碎】节点，并将这两个节点串联起来，如图20-17所示。

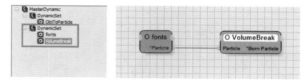

图20-17

STEP 11 接着点选VolumeBreak【体积破碎】节点，将Group【组】改为"new_frags"、Activate【激活】值改为100%，如图20-18所示。

图20-18

STEP 12 将Raster【栅格】值改为20、Density【密度】值改为2000、Material ID改为3。这样就有了初步的破碎了，如图20-19所示。

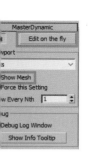

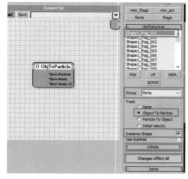

图20-14   图20-15

技巧提示： ObjToParticle【物体到粒子】节点有两种方法可以将所有的物体都改变，一种是上文中所讲的利用Changes Affect All【改变影响所有】

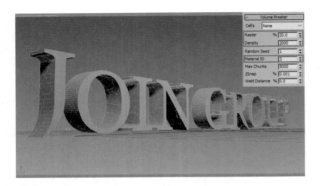

图20-19

接下来考虑一下碎块的激活。这个案例希望碎块从画面右向画面左依次激活，因此可以创建一个外置的物体。比如一个长方体，只激活在长方体内部的碎块，然后将长方体创建一个从右向左的动画，这样就能达到想要的效果了。这里最好将视图用线框显示，比较容易观察物体。最后渲染时，只需要将长方体隐藏就好了。

STEP 13 创建一个长方体，放置在画面右侧，并给长方体创建一个从右到左的动画，如图20-20所示。

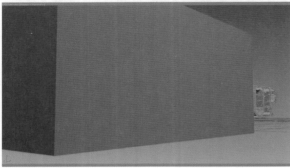

图20-20

STEP 14 按F3键，用线框显示视图。点选Master Dynamic【主动力学】，创建一个新的DynamicSet【动力学组】，并将其放置在含有VolumeBreak【体积破碎】的动力学组的上面，如图20-21所示。

图20-21

STEP 15 创建一个"fonts"组节点、一个Node【点】和一个InMesh【在物体中】节点。点选Node【节点】，拾取刚创建的长方体，将节点串联在一起。InMesh【在物体中】节点是一个条件节点，条件成立时，它会输出一个"真"的信号，相当于一个关，使连接其之下的节点产生作用。因此这一步的意思是，"fonts"组的粒子进入Node【组】的物体中时，InMesh【在物体中】节点会输出一个"真"的信号下一节点，如图20-22所示。

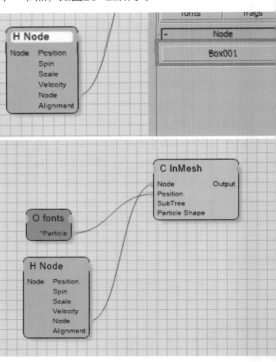

图20-22

STEP 16 这一步要将这个"真"信号传递出去，使体内部的粒子进入另一个组，以完成整个激活条件。先创建一个Group【组】节点，节点创建出来之后，认是没有接收条件信号的输入端的，要先将输入端来。单击Group【组】节点左上角的绿色半圆形按钮在弹出的菜单中单击ON【开】，这时Group【组】点的图标多了一个ON【开】的输入端。这个输入端是专门接收条件信号的，如图20-23所示。

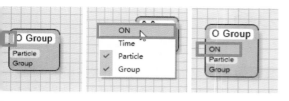

图20-23

STEP 17 点选Group【组】节点,将Group【组】改为
"frags"组。最后将Group【组】节点与其他节点串
在一起,如图20-24所示。

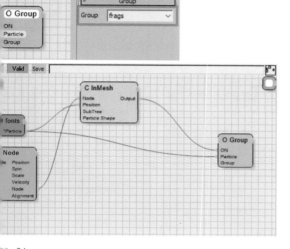

图20-24

STEP 18 这时播放时间动画,会发现没有发生任何变
化。这是因为"fonts"组在进入"frags"组之前,就
已经被VolumeBreak【体积破碎】节点切割并变为
"new_frags"组了。可以将VolumeBreak【体积破
碎】节点所在的DynamicSet【动力学组】禁用掉,再来
观察变化。右键单击VolumeBreak【体积破碎】节点所
在的DynamicSet【动力学组】,就会将其禁用掉。这时
播放时间滑块,会发现已经产生了变化。粒子在长方
体内部会变为红色的"frags"组,如图20-25所示。

图20-25

STEP 19 条件已经建立并且没有问题了。接下来就是
让被激活的粒子重新被VolumeBreak【体积破碎】
切割。因为之前是将"fonts"组的粒子切割碎块,而
"fonts"组现在已经逐步被转化为"frags"组了。
所以只要将VolumeBreak【体积破碎】节点连接的
"fonts"组改为"frags"组就可以了。右键单击
VolumeBreak【体积破碎】节点所在的DynamicSet
【动力学组】,将其重新启用,如图20-26所示。

图20-26

STEP 20 然后单击"fonts"组,在它的参数面板中将
Group【组】从"fonts"改为"frags"。这时播放时
间滑块,会看到粒子从"fonts"组转为"frags"组之
后,直接就被VolumeBreak【体积破碎】节点切割并
将粒子置入绿色的"new_group"组了,如图20-27
所示。

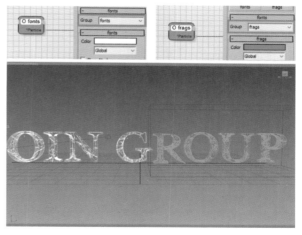

图20-27

20.3 创建一个自定义的爆破力场

在之前的步骤中，已经制作好了激活部分。粒子被激活切割并放进了"new_frags"组中。而之后会制作爆破力场，爆破力场和重力都只需要影响到"new_frags"组就可以了。现在来分析一下爆破力场，它是一个辐射状的场，由中心向四周发散，并且距离力场中心越近，受到的力应该就越大。为了理清思路，先拿一个球体来试验一下。

STEP 01 在场景中创建一个球，放置在字体的后方，如图20-28所示。

图20-28

STEP 02 点选MasterDynamic【主动力学】，创建一个新的DynamicSet【动力学组】。然后创建"new_frags"组节点、Node【节点】、Distance【距离】节点和Velocity【速度】节点，如图20-29所示。

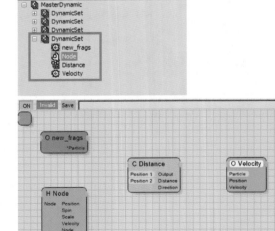

图20-29

STEP 03 点选Node【节点】，在参数面板中选取刚建出来的球。单击Velocity【速度】，并单击Veloc【速度】节点左上角的绿色小点。依次点选O【开】、Speed【速度】和Direction【方向】，如20-30所示。

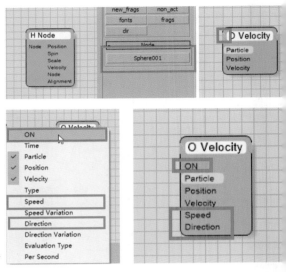

图20-30

STEP 04 Distance【距离】节点可以求得两组粒子者粒子与物体之间的距离和方向。利用它可以准确地到一个放射状的方向矢量，并将这个方向矢量赋予力的方向，而距离也可以用来计算力场的强度。Veloc【速度】节点，可以赋予粒子速度，并且可以定义速的大小和方向。将节点如图20-31所示串联在一起。

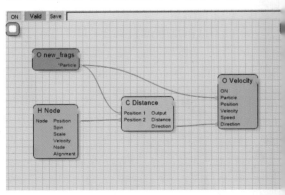

图20-31

STEP 05 播放时间滑块可以看到，碎块根据球所在的方放射状地散开，如图20-32所示。

20-32

EP 06 此时方向有了，接下来定义力的强度。距离越□强度越大，距离越远强度越小。将Distance【距离】□点的Distance【距离】输出端连接到Velocity【速□】的Speed【速度】输入端，如图20-33所示。

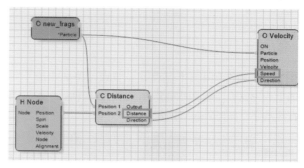

图20-33

EP 07 播放时间滑块，会发现现在的结果是相反的。距离越远的速度反而越大，如图20-34所示。

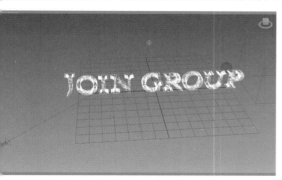

0-34

EP 08 可以看见，距离越大，数值也就越大。直接连□速度的话，速度也就越大。为了改变这种效果，可以□想数学的定理。一个分数，分母越大，其数值也就越□。同样，如果用一个数来除以距离，那得出来的数值□距离也是成反比的，这就是想要的结果了。

EP 09 先创建一个Float【浮点数】节点和一个Math□数学】节点。点选Math【数学】节点，将第2个□□ut【输入端】改为Float【浮点数】，将Function□功能】改为Division【除法】，如图20-35所示。

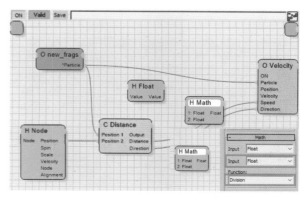

图20-35

STEP 10 然后将节点连在一起。播放时间滑块，会发现碎块并没有任何运动。这是因为分子现在是0。因为0除以何数都为0，如图20-36所示。

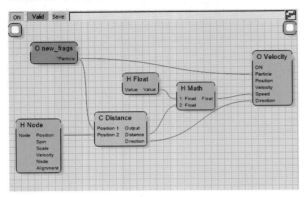

图20-36

STEP 11 点选Float【浮点数】节点，将Value【数值】改为500。播放时间滑块，这时碎块就按设想的进行运动了，如图20-37所示。

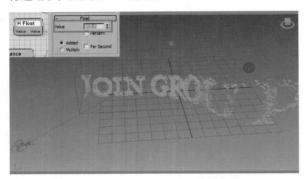

图20-37

STEP 12 接下来希望不止有一个炸弹进行爆破，多创建几个炸弹效果会更好。但是Node【节点】只能拾取一个物体。如果有多个球体作为炸弹，就不能使用Node【节点】导入物体位置这种方法了。多个炸弹需要将炸弹变为粒子才能得到想要的效果。多创建几个小球放在文字的后面，如图20-38所示。

图20-38

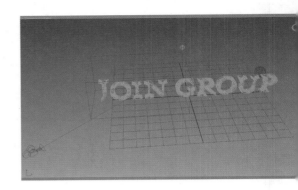

STEP 13 创建一个"bomb"组，放置在最下方然后在第一个DynamicSet【动力学组】中创建个ObjToParticle【物体到粒子】节点。点选这ObjToParticle【物体到粒子】节点，将小球拾取ObjToParticle【物体到粒子】中，然后将Gro【组】改为新创建的"bomb"组，如图20-39所示

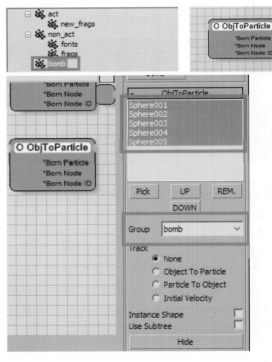

图20-39

STEP 14 因为碎块与粒子小球是粒子与粒子的关系，以必须要用PPassAB【粒子传递AB】节点。粒子有使用PPassAB【粒子传递AB】节点才可以搜索他组的粒子。删除"new_frags"组节点和Node【

】，如图20-40所示。

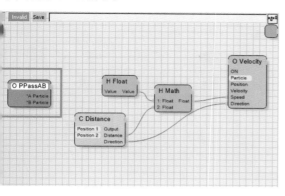

20-40

EP 15 创建一个PPassAB【粒子传递AB】节点。
选PPassAB【粒子传递AB】节点，将GroupA
组A】改为"new_frags"组、GroupB【组B】改
"bomb"组。因为炸弹有多个，所以粒子只需要
索最近的一个就好了。将Distance【搜索距离】改
10000、勾选Only The Nearest【只有最近的粒
】，如图20-41所示。

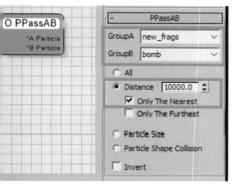

20-41

EP 16 然后将节点串联在一起。播放时间滑块，会看
碎块受多个炸弹影响了，如图20-42所示。

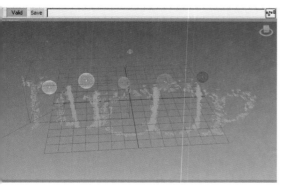

20-42

STEP 17 最后，因为爆炸是一次性的，所以碎块应该只
有最开始会受到力的影响。而现在力是一直作用在碎块
上的，因此就需要给予一定的条件，使粒子只有在激活
后的第一帧才受到力的影响。

创建一个ParticleAge【粒子年龄】节点，点
选ParticleAge【粒子年龄】节点。在参数面板勾选
Enters Group【进入组时】，然后将节点串联在一
起。这样碎块就只有在进入"new_frags"组中，也
就是被激活的一瞬间受到Velocity【速度】节点的影响
了。到这里，爆破力场就创建完成了。接下来开始动力
学解算，如图20-43所示。

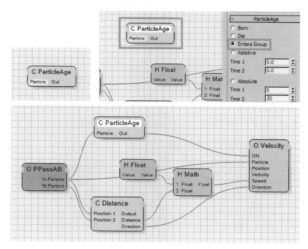

图20-43

STEP 18 这里需要先创建一个重力，使碎块受重力的
影响下落。创建一个新的DynamicSet【动力学组】，
然后创建"act"组节点、Point3【三点数据】节点和
Force【力场】节点，如图20-44所示。

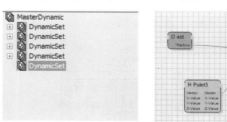

图20-44

STEP 19 首先将要受到重力影响的群组（act）连接到
Force【力场】节点，并将Force【力场】的Strength
【强度】调节为100。而Force【力场】则是通过
Point3【指向3】节点设定朝下（Z = -1），这样物体
就会受到朝下的力场所影响，如图20-45所示。

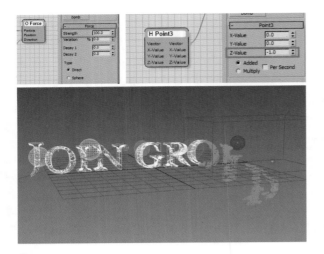

图20-45

STEP 20 接下来创建碰撞。首先创建一个长方体作为地面，再创建一个新的DynamicSet【动力学组】。在新创建的DynamicSet【动力学组】中创建一个Node【节点】，然后在Node中点选场景的地面Box【盒子】物体，如图20-46所示。

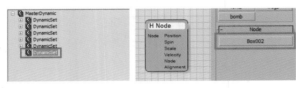

图20-46

STEP 21 接着创建一个SC节点，并将SC节点中的Group【主动刚体组】改为"act"组，将Deflector【导向器】改为"non_act"组，这样所有的物体都会发生碰撞。勾选Size As Mass【尺寸作为质量】，然后将Node和SC连接在一起；这样所有的粒子都会跟地面物体发生碰撞，如图20-47所示。

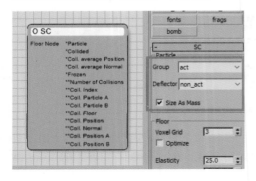

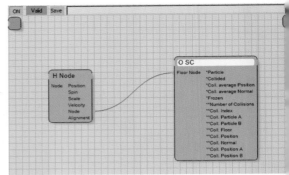

图20-47

STEP 22 播放时间滑块，可以看到碎块从右至左逐步激活，但被炸开的感觉不够强烈，这时可以调整速度大小，使爆破的感觉更强烈，如图20-48所示。

图20-48

STEP 23 进入Velocity【速度】节点所在的DynamicS【动力学组】，点选Float【浮点数】节点，将Value【值】改为2000，如图20-49所示。

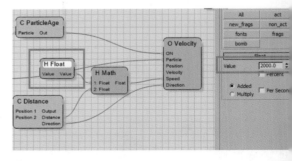

图20-49

STEP 24 再次播放时间滑块，这时爆破力场的强度增了，碎块呈现更明显的爆破效果，如图20-50所示。

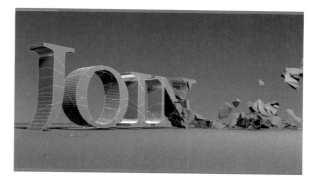

图20-50

20.4　缓存计算结果并导出模型

在Thinking Particles中计算好的结果，可以进行缓存处理。这样处理的好处是播放动画会更加快速，不会出现重复计算要等待的情况。缓存还可以产生倒放的特殊效果。而在流程中，经常会出现要将碎块导出给其他人的情况。如果对方计算机上没有安装Thinking Particles，就需要先将碎块转换为实体模型，才能给对方使用。接下来会详细讲解缓存的使用和导出模型。

EP 01 在进行缓存之前，需要将所有的DynamicSet【动力学组】放进一个空的DynamicSet【动力学组】下，然后进行缓存。否则的话就只能将MasterDynamic【主动力学】进行缓存，这样的缺点是无法再导出模型了。新建一个DynamicSet【动力学组】，将新建的组改名为"posui"，将其他所有的DynamicSet【动力学组】全部放入"posui"中，如图20-51所示。

图20-51

EP 02 右键单击posui动力学组的图标，在弹出的菜单中选择Cache Record【记录缓存】。选择一个目录，然后单击Save【保存】。Thinking Particles会将缓存保存在这个目录中，如图20-52所示。

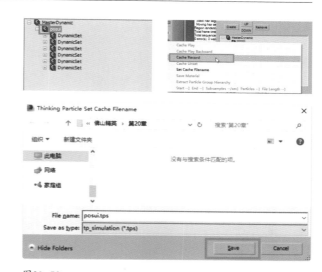

图20-52

STEP 03 缓存输出完成之后，"posui"动力学组的图标会变成▶【播放】。这时滑动时间滑块，会发现播放变得很流畅，这就是缓存在起作用了。下面介绍一下缓存菜单。右键单击图标▶【播放】，弹出的菜单中Cache Stop【缓存停止】，单击它就会不使用缓存播放；单击Cache Play Backward【倒放缓存】缓存就会进行倒序播放；单击Cache Record【记录缓存】就会重新记录缓存；单击Cache Unset【卸载缓存】，缓存就会被卸载，不再使用。再下一项是缓存的路径，单击可以更换别的缓存，如图20-53所示。

图20-53

STEP 04 缓存成功了，接下来就来导出模型。首先在层级管理器创建一个新层，这样的好处是导出的碎块会自动地进入新建的层级中，方便以后进行修改或者删除。

单击3ds Max界面右上角的■【层级管理器】图标。在弹出的界面单击图标■【层级管理】，创建一个新层。确保勾号处在这个新层中，如图20-54所示。

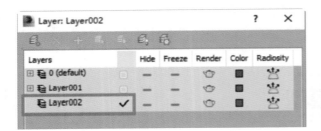

图20-54

技巧提示： 这里注意在单击这个按钮之前不要选择任何物体，不然选择的物体会直接进入到这个新建的层中。

STEP 05 点选MasterDynamic【主动力学】，创建一个新的DynamicSet【动力学组】。确保这个新的动力学组和做过缓存的"posui"动力学组是平行的层级关系，如图20-55所示。

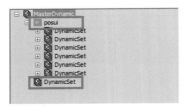

图20-55

STEP 06 在新的DynamicSet【动力学组】中创建一个"All"组节点和一个Export【导出】节点。并将它们串联在一起，如图20-56所示。

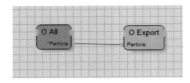

图20-56

STEP 07 点选Export【导出】节点，将参数面板的Quality【质量】改为100，然后单击Export【导出】，导出模型，如图20-57所示。

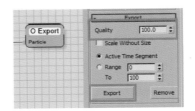

图20-57

STEP 08 导出完成之后，模型就已经被创建好了。但是会发现导出的模型和粒子显示的模型是重叠的，如图20-58所示。

图20-58

STEP 09 这时只需要将粒子禁用或者隐藏掉就好了。单击MasterDynamic【主动力学】，然后再右键单击MasterDynamic【主动力学】，这样就会把所有的粒子都禁用，如图20-59所示。

图20-59

STEP 10 这样就成功将粒子导出为模型了。播放动画可以看到物体一点点的从远处爆破，一直到镜前全部破碎。由于碎块受到的力不同，因此碎块炸开的距离也一样，显得更加真实。碎块与碎块直接的碰撞也显得更细致而精确。最终效果如图20-60所示。

图20-60

第**21**章

mParticles Flow的自
然坍塌动画

本章内容

◆ mParticles Flow控制器的参数介绍
◆ 兔子模型的自然破碎制作
◆ 破碎动画的细节处理
◆ 力场与mParticles Flow的配合

21.1　mParticles Flow的概述

　　mParticles Flow粒子流是3ds Max出现高版本以后新增进来的Particle Flow粒子流，也是将Particle Flow Tools Box工具整合到PF中并进行优化后，得到的新的系列控制器。它的加入使得Particle Flow变得无比强大，为3ds Max在粒子领域提供了无线的扩展空间。它不仅完善了原有PF粒子流系统的诸多不足，而且延伸出了更多实用而强大的操作符。有效地提高了粒子在碰撞模拟中的物理性能，从而产生真实的动力学效果。而且它还可以利用基础数据进行自定义，从而自由地控制每一个粒子的属性，使复杂的特效变得更加简练。因此，mParticles Flow是3ds Max用户必备的视觉特效制作工具。

　　在早期3ds Max版本中的Particle Flow，对于破碎特效的表现是比较吃力的。但自从Particle Flow Tools Box系列工具整合进来后，其在破碎功能上几乎可以做到无所不能。因为mParticles Flow具有极强的碰撞动力学性能，让粒子能与粒子碰撞，且能与物体进行碰撞。那么碰撞便可以产生破碎，而且mParticles Flow的破碎可以在不同介质中产生。在影视中利用PF粒子产生的各种破碎特效如图21-1所示。

图21-1

21.2 mParticles Flow的参数介绍

mParticles Flow是Particle Flow中新开发的系列增强控制器。在接下来的几个Particles Flow破碎特效实例中，重点应用了mParticles Flow的系列操作符和测试。由于mParticles Flow的系列控制器是需要与PF粒子流的控制器配合使用的。因此，在使用它们之前，要对PF粒子流系统的操作有一个基本的了解（至于Particle Flow粒子系统的详细介绍可以翻译精鹰课堂系列的《3ds Max印象影视粒子特效全解析》一书）。

在3ds Max高版本中的Particle Flow工具面板中控制器如图21-2所示。

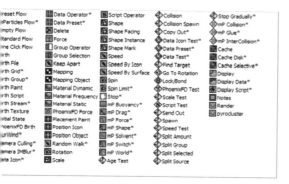

图21-2

Birth Paint【出生绘制】：

根据Particle Paint【粒子绘制】辅助对象提供的数据来产生粒子，并利用这些粒子种子创建粒子，初始粒子位置、旋转、贴图和选择状态等。

Birth Texture【出生纹理】：

根据发射器的动画贴图数据产生粒子，并使用动画纹理计算粒子的时间、位置和比例等。

Birth Grid【出生栅格】操作符：

它可以更方便地在三维空间中创建粒子的阵列效果，创建的粒子是具有动力学关系的。

Birth Group【出生组】操作符：

它会直接将任意的网格对象转化为粒子，并且保持网格对象的原始布局、形状和材质。

Birth Stream【出生组】操作符：

它比原来的Birth【出生】操作符多了一些出生位置和速度方面的功能，能防止新出生的粒子与已出生的粒子之间的碰撞或重叠。

Cache Disk【磁盘缓存】操作符：

它能把缓存动画存储到一个磁盘文件中，并从Max文件中分离。

Cache Selective【缓存选择】操作符：

它可以从缓存中排除不想要的数据。

Data【数据】类操作符和测试：

数据类操作符包括Data Operator【数据操作符】、Data Icon【数据图标】和Data Preset【数据预设】操作符；数据测试包括Data Icon Test【数据图标测试】、Data Preset【数据预设】和Data Test【数据测试】；它们的参数基本都是一样的，可以进入一个数据视图窗口，通过系统提供的各种子操作符和测试来创建、编辑一个数据流，如图21-3所示。

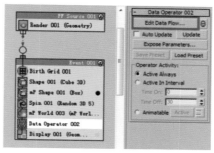

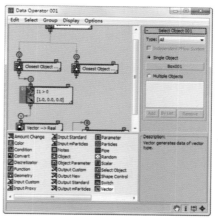

图21-3

Display Data【显示数据】操作符：

由数据、测试或所有粒子创建的数字数据，都可以被创建在事件所包含的显示数据操作符中，在全局事件和粒子流中也包含有显示操作符。

Group Operator【组操作符】:

通过组选择、操作并修改粒子组,它会将整个事件应用于由一个或多个Group Selection【组选择】操作符指定的粒子。

Group Selection【组选择】操作符:

它可以定义一个粒子组,扩展了粒子流选择粒子的能力,能安装各种条件指定任何数量的组。

Initial State【初始状态】操作符:

将粒子发射过程中某个时间快照作为粒子发射的初始状态。

Lock/Bond【锁定/粘合】测试:

它是一个将粒子锁定在动画物体上的测试,并可以在动画设置阶段仍保持粒子的锁定状态,或者让粒子粘合在对象表面、且移动。

Mapping Object【贴图对象】操作符:

根据被拾取的物体参数定义粒子的贴图坐标,通过从一个或多个参考对象获取贴图值来为粒子指定贴图。

mP World【mP世界】操作符:

它提供了动力学模拟的全局设置,其中包括重力和无限大的地面。能控制当前事件中的粒子进行精确的真实世界模拟。

mP Force【mP力】操作符:

它可以将3ds Max中的空间扭曲加入到真实的动力学模拟中。

mP Drag【mP阻尼】操作符:

它可以为粒子在动力学模拟中添加一个减速的效果,让模拟更真实、稳定。

mP Shape【mP形状】操作符:

它可以制定碰撞外形并产生物理属性的反弹、摩擦力和质量等效果。

mP Collision【mP碰撞】测试:

它能让粒子与多边形网格进行碰撞,即给对象添加一个PFlow Collision Shape修改器,让对象成为碰撞体,与粒子产生碰撞。

mP InterCollision【mP内部碰撞】测试:

它能检查粒子之间的相互碰撞,并能基于用户的各种需求将它们变更到其他事件中。

mP Glue【mP粘合】测试:

它可以将粒子绑定到一起,或者将其他物体与粒子瞬间粘合起来。一般它会与Particle Shinner【粒子蒙皮】修改器联合使用,可以将物体绑定到具有运动状态的粒子上,如图21-4所示。

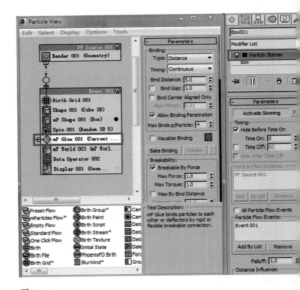

图21-4

mP Switch【mP开关】测试:

它可以在粒子运动过程中使用手动控制某些属性如指定粒子位置、速度、角度和旋转等。

mP Solvent【mP解除】操作符:

它可以解除由mP Glue测试创建的粘合效果。

mParticles Flow【mP流】:

它可以创建一个简单的PF动力学事件,只需播动画就能看的默认立方体组的动力学模拟。

Preset Flow【预设流】操作符:

预定义的粒子系统,包括一些设置好的粒子预设以方便调用。

Placement Paint【放置绘制】操作符:

根据Particle Paint【粒子绘制】辅助对象的初化为主、旋转和脚本数据放置粒子。

Split Group【拆分组】操作符:

按组分离粒子的测试,即根据粒子的选择状态分粒子流,选择状态有选择组操作符进行控制。

Stop Gradually【逐渐停止】测试:

它可以让事件粒子的动画逐渐停止下来。

其他操作符:

另外还有几个自定义的操作符,如Blur Wind【糊风】、Random Walk【随机移动】和Spin Lir【旋转限制】操作符等,可以直接使用、编辑这些作符。

下面开始mParticles Flow相关破碎案例的介绍

21.3　mParticles Flow的自然坍塌动画介绍

　　自然的坍塌、破碎动画是动力学中最为基础的动画效果，但是要模拟出自然、真实的动力学动画，则需要把控多细节的处理。处理不得当，则会让动画失真。这种破碎动画在自然界中、影视中都是非常常见的，因此这种效果也是mParticles Flow初学者必不可少的一项技能。例如房屋倒塌、墙体破碎、路桥坍塌等，这些都不是人为的破碎现象，不受明显外力的影响。因此，要解决这一类自然破碎动画效果，使用mParticles Flow来制作是最为合适的方法了。影视中最为常见的自然破碎动画效果如图21-5所示。

图21-5

21.4　制作兔子模型的自然破碎效果

　　本节主要介绍了一个兔子模型的自然坍塌、破碎动画。动画的制作主要包括3个部分：首先是创建场景的基本元素，元素涉及模型的破碎处理。这里主要用到了一个RayFire Fragmenter【RF破碎】修改器来制作破碎；然后对准备好的场景元素设置坍塌、破碎的动画。在这一步中，主要使用了一个重要的Birth Group【粒子组】操作指定多个碎片元素作为粒子，其他并没有过多的参数设置；再就是为模拟好的粒子破碎坠落的动画添加了许多细节效果，主要包括对粒子掉落的力量、质量、摩擦力和受风力影响的处理。本节的自然坍塌、破碎动画效果如图21-6所示。

图21-6

Count【计算】值为20，即碎片的数量。Filter Point
Cloud【过滤点云】项是没有勾选的，即点云的分布区域不仅在兔子模型内，在其周围也能看到，如图21-7所示。

图21-7

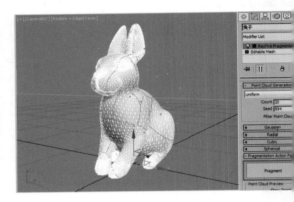

图21-8

21.4.1　准备基本的场景元素

　　该场景中主要包括一个地面和兔子模型，以及一个mP粒子系统。同时兔子模型利用了RayFire Fragmenter【RF破碎】修改器来对其进行破碎处理，粒子系统仅仅是为接下来的破碎动画做好准备。

STEP 01 准备一个简单的场景，由一个地面和兔子模型组成。由于该案例的破碎效果相当比较简单，因此这里选用了一个网格面比较多的兔子模型，如图21-7所示。

STEP 02 下面给兔子添加一个RayFire Fragmenter【RF破碎】修改器，并在其参数栏下单击Fragment【破碎】按钮，激活模型的破碎模式。此时会在兔子身上立即看到一些裂纹效果。在Point Cloud Generation【点云生成】参数栏下，可以控制兔子身上的裂纹数量和黄色破碎参考点的显示效果。默认的

STEP 03 勾选过滤点云项，会看到黄色参考点几乎都集在兔子模型上了。这样能更清楚地预估到兔子破碎整体效果，即参考点越密集的区域，碎片也越密集。Count【计算】值加大到90，如图21-9所示。

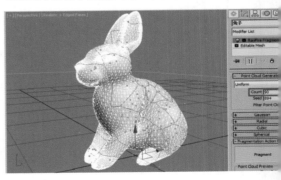

图21-9

术要点: 碎片增加得越多，生产碎片的计算速度就越慢。

EP 04 单击Detach【分离】按钮，将兔子模型上切的碎片全部分离出来，得到一个被打破的模型，如图-10所示。

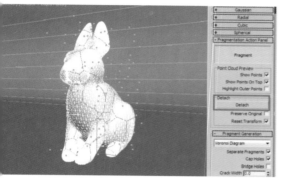

1-10

EP 05 检查破碎的结果。单独选择兔子模型中的任意片，将其移动出来，即可看到其内部破碎的结构。如没有问题，撤销移动步骤，恢复模型完整的破碎效如图21-11所示。

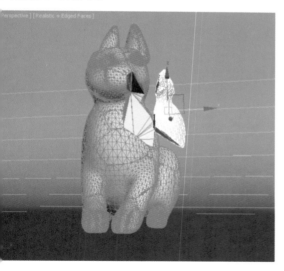

1-11

P 06 按数字键6，打开粒子视图窗口。到仓库中mParticles Flow拖到视图中，创建一个mP粒子系如图21-12所示。

P 07 此时，在场景中的兔子模型上，出现了一堆立本整齐排列着。这是mP粒子系统的一群距离动力学生的粒子，如图21-13所示。

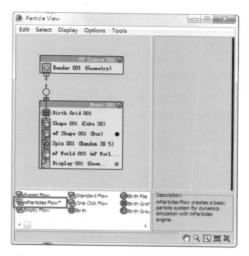

图21-12

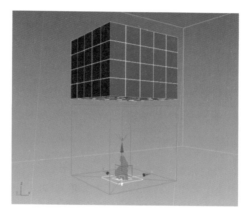

图21-13

STEP 08 单击时间线的播放按钮，即可看到立方体组快速地从时空掉落下来，在一个自带的立方体空间中产生掉落、碰撞的动画，如图21-14所示。

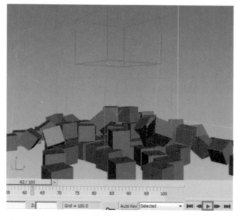

图21-14

21.4.2 制作兔子模型的自然坍塌破碎动画

该坍塌破碎的动画是mP粒子系统最常用的一种动力学动画，利用粒子事件自带的几个操作符便可轻松地实现单一物体的动力学动画。由于兔子是一个破碎模型，涉及很多的碎片对象，因此需要用到一个重要的Birth Group【粒子组】操作符。

STEP 01 下面在仓库中将Birth Group【出生组】操作符拖到Event001事件列表中的Birth【出生】操作符上，将其替换。此时，场景中的立方体组也消失掉了，如图21-15所示。

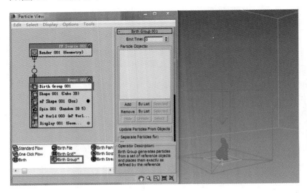

图21-15

STEP 02 在出生组操作符的参数面板中，单击By List【按列表】按钮，将所有的兔子模型添加到Particle Objects【粒子对象】列表中，如图21-16所示。

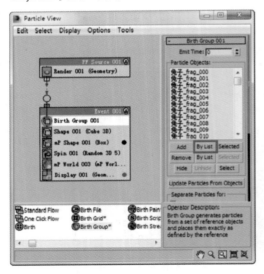

图21-16

STEP 03 再单击出生组参数面板下的Hide【隐藏】按钮，将原始兔子模型的碎片隐藏掉，如图21-17所示。

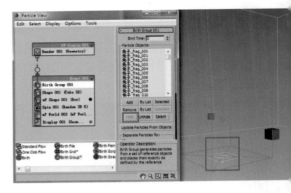

图21-17

STEP 04 在事件列表中选择Shape【形状】操作符从右键菜单中选择Delete【删除】项，将其删除。样可以不让其影响兔子模型的碎片形状和大小，如21-18所示。

图21-18

STEP 05 删除形状操作符后，会看到场景中出现了一兔子的碎片，如图21-19所示。

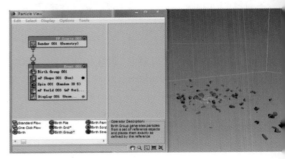

图21-19

STEP 06 此时，拖动时间滑块。会看到兔子产生了一强烈的破碎炸开的效果，碎片炸开的速度、力量和范比较大，如图21-20所示。

21-20

STEP 07 下面到mP World003操作符的参数面板单击箭头按钮，3ds Max将立即会转换浮动面板到修改器面板的参数栏下，如图21-21所示。

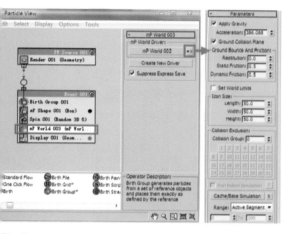

21-21

STEP 08 降低Acceleration【加速度】值减小到450，即减小碎片炸开的速度，同时其爆炸范围也相减小了，如图21-22所示。

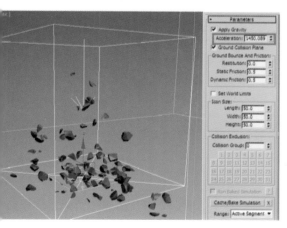

21-22

STEP 09 在参数栏下有一个Ground Collision Plane 【地面作为碰撞平面】项，如果取消其勾选，则碎片会立即穿透地面，掉落下去。因此该选项非常重要，一定要勾选它，如图21-23所示。

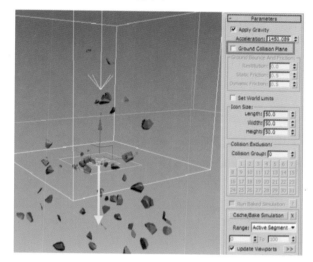

图21-23

STEP 10 回到粒子视图，选择mP Shape【mP形状】操作符，并到其参数面板下将Collide As【碰撞指定】方式设为Convex Hull【凸面外壳】，即一种完全包裹的方式，这种方式对于碎片的碰撞效果会更加精确，将Display As【显示指定】方式设为Wireframe【线框】，如图21-24所示。

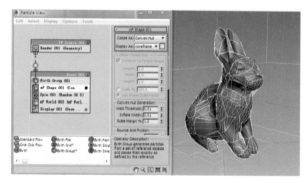

图21-24

STEP 11 单击播放按钮，会看到兔子模型的碎片产生了一种分裂、掉落的动画效果，并且掉落的动画也显得非常自然、真实，如图21-25所示。

技术要点： Convex Hull【凸面外壳】是定义其型体碰撞的最佳方式，在此碰撞外形下的碎片，掉落下来产生的碰撞都是非常真实准确的

图21-25

STEP 12 如果将碰撞外形该次Box【立方体】，那么碎片掉落下来后，会以立方体的结构与其他碎片产生碰撞效果，这样碎片的碰撞动画就会很不真实了。因此碰撞外形一般情况下都选择Convex Hull【凸面外壳】，也最不容易产生错误，如图21-26所示。

图21-26

STEP 13 如果将碰撞外形该次Capsule【胶囊】方式，那么碎片会像球体一样在地面上滚动，效果更加不真实了，如图21-27所示。

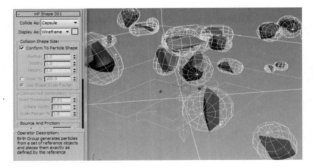

图21-27

STEP 14 调整破碎动画的时间。在仓库中选择mP Switc【mP开关】操作符，将其拖到事件列表中，如图21-2所示。

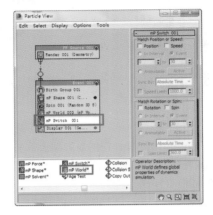

图21-28

STEP 15 再在其参数面板中勾选Turn Off Simulation【关闭模拟】项，并点选In Interval【间隔】项，设置其时间从第0帧到第50帧为关闭模拟时间段，如图21-29所示。

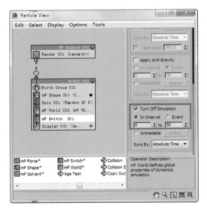

图21-29

STEP 16 此时拖到事件滑块，可以看到在第50帧之前，兔子模型的碎片并未掉落下来；而时间一过第5帧，便快速地掉落下来了。说明开关操作符对粒子产了影响，如图21-30所示。

图21-30

1.4.3 破碎动画的细节处理

兔子的破碎动画虽然很轻松地制作完成，但是要调节好碎片掉落后的动画效果，则需要更细致的设置。主要包括碎片掉落的力的类型、力的质量、摩擦力的大小，以及受风力的影响细节处理等。一个完整、真实的破碎动画，必须要考虑到各种动力学因素，才能让动画更出彩。

STEP 01 改变碎片的掉落后的滚动方向，即通过风力来控制碎片的滚动方向。由于涉及力场，因此需要在仓库中选择mP Force【mP力】操作符，并将其拖到Event001事件列表中，如图21-31所示。

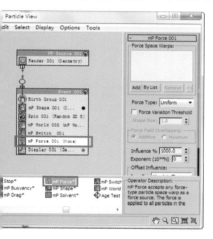

21-31

STEP 02 在场景中创建一个风力图标，并调整风力图标的方向，让其正对着碎片；再在力操作符的参数面板单击Add【添加】按钮，将场景中的风力图标添加到Force Space Warps【力/空间/扭曲】列表中来，如21-32所示。

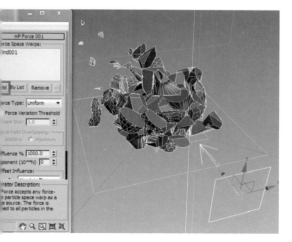

21-32

STEP 03 调整碎片受力的影响效果。在力操作符参数面板中，将Force Type【力的类型】设为Gravity【重力】后，会看到碎片有一个明显的坠落动画；之后再逐渐被风吹走，坠落和被风吹是两个分开的动作；而默认的Uniform【均匀】类型，所以碎片在坠落的同时，还受到较强风力的影响，而这两个动作的同步进行的，如图21-33所示。

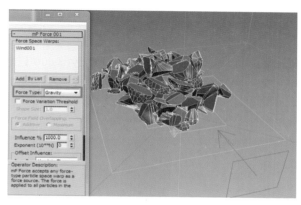

图21-33

STEP 04 到风力修改器参数面板中，将Force【力】参数栏下的Strength【强度】值减小到0.5、将Wind【风】参数栏下的Turbulence【紊乱】值设为1。可以看到碎片被风吹散的强度减小了，且碎片在地面的滚动也显得随机、自然了一些，如图21-34所示。

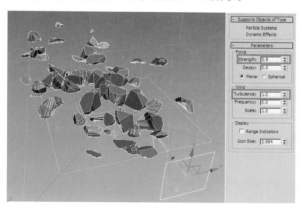

图21-34

STEP 05 回到粒子视图中，到mP Shape【mP形状】操作符的参数面板中，点选择Mass【质量】栏下的By Density【按密度】项，并将值设为25。再次播放动画，会看到碎片在地面的滚动效果又多了一些细节的动画效果，如图21-35所示。

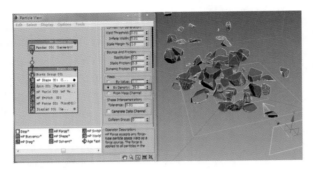

图21-35

STEP 06 如果单选Mass【质量】栏下的By Balue【按值】项，那么碎片被风吹走的效果会显得较为均匀一些。因此，在该质量栏中可以选择合适的项来控制粒子在地面的滚动效果，如图21-36所示。

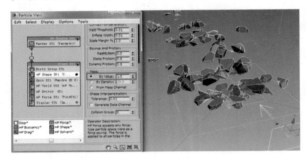

图21-36

STEP 07 如果想减小粒子在地面的滚动速度，除了减小风力的强度，还可以通过到形状操作符的Bounce And Friction【弹跳与摩擦】参数栏中，将Dynamic Friction【动力摩擦】值加大到5。会看到碎片掉落后，被风吹走的阻力加大了很多，也就是碎片与地面的摩擦力加大了，基本都待在原地产生抖动的效果，如图21-37所示。

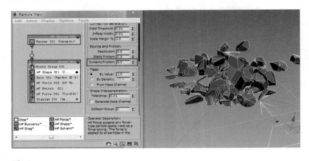

图21-37

STEP 08 下面给碎片添加一个抛光大理石的材质效果。到仓库中选择Material Static【材质静态】操作符，将其拖到事件列表中；并在其参数栏中，将材质编辑器中的抛光大理石材质球拖到材质静态参数面板中的指定材质按钮上。这样可以快速地为碎片指定一个材质效果，如图21-38所示。

图21-38

STEP 09 至此整个兔子模型的自然坍塌、破碎的动画作制作完成了。最终的破碎动画效果如图21-39所示。

图21-39

布料的撕裂特效

第 **22** 章

本章内容

◆ 布料撕裂动画的前期准备
◆ 利用Data Test【数据测试】关联粒子与平面
◆ 布料的撕裂动画处理

2.1　布料撕裂特效的介绍

　　布料的特效是一种比较酷炫的效果，在影视中常应用于一些衣服被一种无形的外力给撕裂或被撑破的效果。例手臂上的衣袖，通过手臂发出一股气波，使衣袖瞬间碎裂；还有当人接近一股强大气流，身上的衣物逐渐被这气流给撕碎，且挥发、消失掉。这些布料的撕裂并没有使用直接的触碰使其破碎，而是通过一种无形的外力来达这种效果。因此这里使用mParticles Flow粒子特效来实现这种效果是最合适不过了。各种布料的撕裂特效如图−1所示。

2−1

22.2 制作布料撕裂的动画效果

本章主要介绍了mParticles Flow粒子特效中的一种布料撕裂的效果，其中重点介绍Data Test【数据测试】使用。该撕裂特效的制作主要包括两个部分：首先是撕裂前的前期准备工作，除了准备基本的场景元素外，还要用Data Test【数据测试】处理好场景元素与粒子间的互动关系。只要这一步准备充足了，就能进入动画的处理在这一步中重点介绍了数据测试中的数据节点的组合关系，通过数据节点的组合来达到关联的作用；第二部分是作布料的撕裂动画，在这一步中运用了粒子蒙皮修改器来关联粒子与铁片，使铁片能跟随粒子运动，从而被粒子扯、撕裂开。本章的布料撕裂动画效果如图22-2所示。

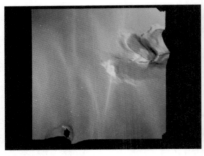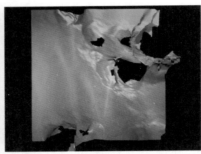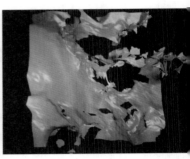

图22-2

22.2.1 布料撕裂动画的前期准备

在前期准备阶段，主要工作是准备场景的基本元素（包括平面和粒子），以及准备好平面的黑白贴图动画；再准备好粒子与平面的数据信息。其中主要利用了Data Test【数据测试】来关联粒子与平面，为接下来的布料动画打下基础。

STEP 01 在顶视图新建一个长度和宽度均为150的平面模型，作为接下来要制作撕裂特效的布料模型，如图22-3所示。

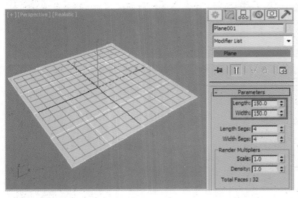

图22-3

STEP 02 到创建面板的下拉菜单中选择Particle Systems【粒子系统】，并在对象类型下选择PF Source【PF源】按钮；再单击下面的Particle View

【粒子视图】按钮，打开粒子视图窗口，如图22-所示。

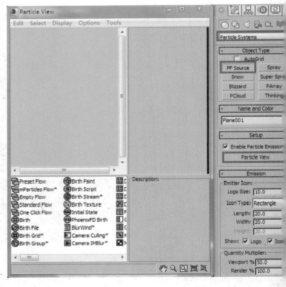

图22-4

STEP 03 到仓库中选择Empty Flow【空流】并将其到视图中，创建一个PF Source001全局事件；并到参数面板中将Viewport【视图】的粒子显示百分比为100，如图22-5所示。

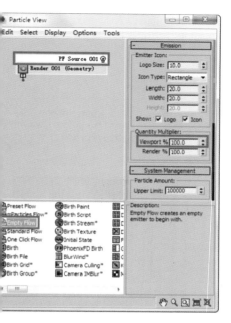

图22-5

STEP 04 到仓库中将Birth【出生】操作符拖到视图中，创建一个Event001事件；并到其参数面板中将Emit Stop【发射停止】设为0、Amount【数量】值加大到400。那在第0帧就产生400个粒子，如图22-6所示。

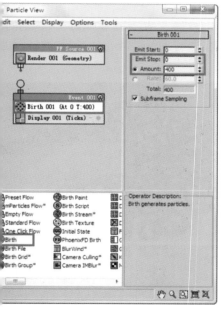

图22-6

STEP 05 将全局事件和事件001连接起来，并将Display【显示】操作符的Type类型设为Geometry【几何体】，让粒子呈实体对象显示，如图22-07所示。

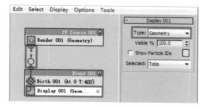

图22-7

STEP 06 到仓库中将Position Object【位置对象】操作符拖到事件列表中，并到其参数面板中单击Add【添加】按钮，将场景中的平面添加到Emitter Objects【发射器对象】列表中，让平面发射粒子，如图22-8所示。

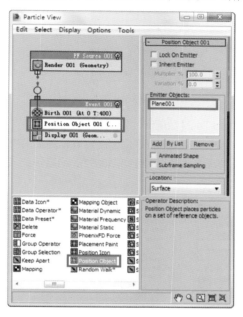

图22-8

STEP 07 再到仓库中将Shape【形状】拖到事件列表中，并到其参数面板中将Size【尺寸】值设为2.5。此时可以看到平面上随机分布了许多小立方体，如图22-9所示。

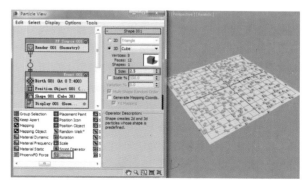

图22-9

STEP 08 到仓库中将Display【显示】操作符拖到视图中新建一个Event002事件，并将显示的类型设为Geometry【几何体】，如图22-10所示。

图22-10

STEP 09 将Data Test【数据测试】拖到事件001列表中，并将其与事件002连接起来。下面要通过数据测试来构建一组数据让平面与粒子产生互动，如图22-11所示。

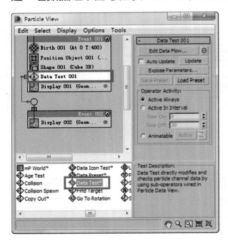

图22-11

STEP 10 在构建粒子数据前先为平面设置一种具有黑白噪波纹理的动画材质。到材质编辑器面板中，给一个材质球的Diffuse Color【漫反射颜色】指定一个Noise【噪波】贴图；并到其Coordinates【坐标】栏下将Source【源】设为Explicit Mpa Channel【明确的贴图通道】；再到Noise Parameters【噪波参数】栏下将Size【尺寸】值设为0.5、Low【低】值设为0.995，如图22-12所示。

STEP 11 给其噪波参数栏下的High【高】值和Low【低】值设置一个动画。激活动画关键帧记录模式，到

第100帧分别将高值和低值设为0，即让噪波贴图变成全白的效果，如图22-13所示。

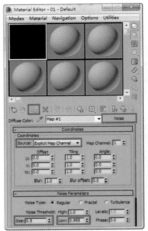

图22-12　　　　　　　　　　图22-13

技术要点： 在设置噪波动画时，可以到材质编辑器的工具栏中单击贴图展开预览按钮，可以直观地查看贴图的动画变化。

STEP 12 仅仅靠材质编辑器面板中的贴图动画预览还不够，还需要通过视图值观察材质贴图的变化过程。既然时间线是从第0帧到第100帧，那么动画也尽量是从开始的全黑刚好到末尾的全白。如果过程中黑白的转变太快，则需要重新调整噪波参数的高值和低值，如图22-14所示。

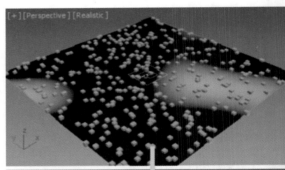

图22-14

STEP 13 下面到粒子视图中单击Data Test【数据测试】参数面板中的Edit Data Flow【编辑数据流】按钮，进入其数据测试的操作视图，如图22-15所示。

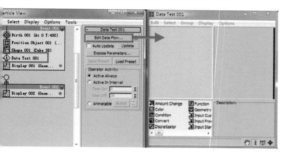

图22-15

STEP 14 在仓库中将Select Object【选择对象】拖到视图中，再到其参数面板中单击拾取对象按钮，将场景中的平面添加到Single Object【单一对象】中，如图22-16所示。

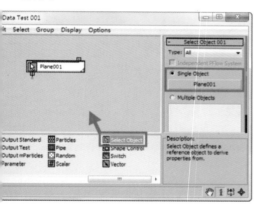

图22-16

STEP 15 到仓库中连续将Geometry【几何体】添加到视图中两次，并将右边第2个几何体的Object Property【对象属性】设为Closest Poin By Surface【最近点的表面】项，如图22-17所示。

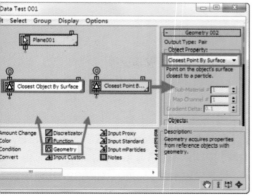

图22-17

STEP 16 再将左边第1个几何体的Object Property【对象属性】设为Point Color【点颜色】项。这样，便得到了两个非常重要的数据信息，如图22-18所示。

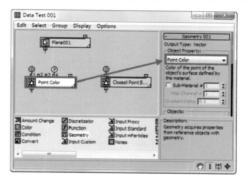

图22-18

STEP 17 下面将平面数据节点分别与两个几何体数据节点连接；再将第2个几何体节点的输出端连接到第1个节点的输入点。这样，便提取了平面的几个重要的信息，如图22-19所示。

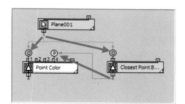

图22-19

STEP 18 再到仓库中将Condition【条件】和Convert【转换】数据节点拖到视图中；将第1个几何体数据节点连接到Convert【转换】节点上，并将转换节点连接到Condition【条件】节点上。这样，平面必须有一个明确的转换条件，才能让其点颜色与平面表面的点产生关联，如图22-20所示。

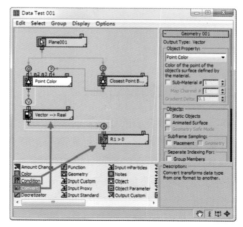

图22-20

STEP 19 最后给数据添加一个Output Test【输出测试】节点，并把条件节点与其连接，将整个这一组计算数据转换输出到数据测试，如图22-21所示。

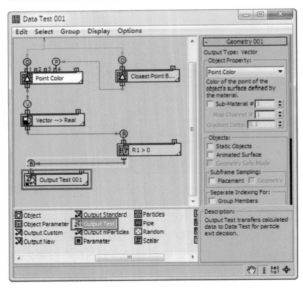

图22-21

STEP 20 回到粒子流视图窗口，为了使数据测试转换出来的新粒子的颜色有所区别，需要将事件001的粒子显示颜色设为紫色、将事件002的粒子颜色设为红色。此时，便可以清晰地看到平面表面上的粒子产生了两种颜色的变化，而且两种颜色分别是在黑白颜色的区域，如图22-22所示。

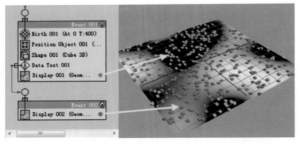

图22-22

22.2.2　制作布料的撕裂动画

下面要给平面开始设置撕裂的动画了。平面的撕裂动画主要用到了粒子蒙皮修改器。将平面蒙皮到随机飘动的粒子上，让粒子来控制平面的拉扯、撕裂动画。

STEP 01 给事件002列表中添加一个Random Walk【随机游动】操作符，让粒子产生随机的动态效果。此时会发现平面表面的粒子（仅只有被数据测试转换出来的红色粒子，即白色区域的粒子）产生了上下浮动的画，如图22-23所示。

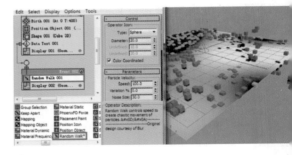

图22-23

STEP 02 为了使平面撕裂的动画较精细，调整平面的段数。这里将其长度和宽度的段数值加大到100，如图22-24所示。

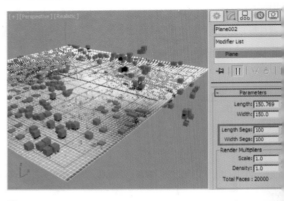

图22-24

STEP 03 到修改器面板中给平面添加一个Particle Skinner【粒子蒙皮】修改器，如图22-25所示。

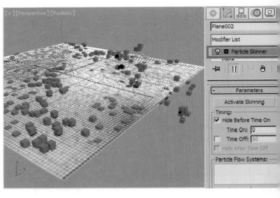

图22-25

STEP 04 在粒子蒙皮修改器的参数面板下，单击By L【按列表】按钮，将粒子流系统添加到Particle Flo Systems【粒子流系统】列表中，如图22-26所示。

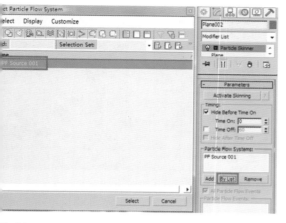

图22-26

STEP 05 此时，拖动时间滑块，可以看到粒子与平面并任何的互动效果，如图22-27所示。

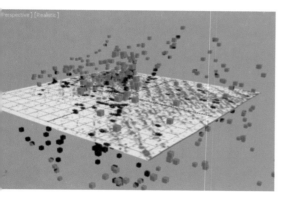

图22-27

P 06 会产生这一现象的原因是，在粒子蒙皮修改器板下，需要单击Activate Skinning【激活蒙皮】按再次拖动时间滑块，可以看到粒子运动的同时，也平面一起拉扯动了。就好像这些粒子就是平面的一些节点，粒子运动到哪儿，粒子某一区域的面便会被拉到哪儿。这样，布料的雏形破碎效果便出来了，如图-28所示。

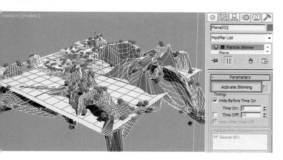

图22-28

STEP 07 为了更好地观察布料的动画效果，可以将原始平面隐藏。到事件002列表中，将显示操作符的粒子显示类型设为None【无】，这样粒子也隐藏起来了，整个视图就只有生成的布料元素了，如图22-29所示。

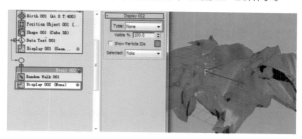

图22-29

STEP 08 到粒子蒙皮修改器参数面板下，勾选Remove Uncontrolled【删除不受控制】项，即删除布料上不受粒子控制的少量的坏面，如图22-30所示。

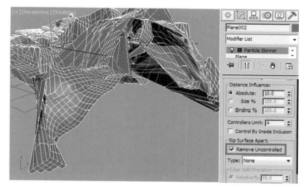

图22-30

STEP 09 可以通过打开或关闭该选项来观察布料的变化效果，如图22-31所示。

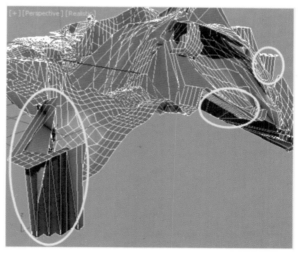

图22-31

STEP 10 在Rip Surface Apart 【表面撕开】参数栏下，将 Type【类型】设为Distance Change【距离变化】项。这样，布料变化因为粒子拉扯开的距离超过指定距离，便会产生撕裂开的效果，如图22-32所示。

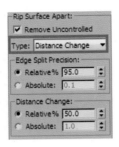

图22-32

STEP 11 调整布料撕裂的程度。在Edge Split Precision【边分裂精度】参数栏下，将Relative【相对】值减小到50、Distance Change【距离变化】栏下的相对值加大到100。得到的布料撕裂效果如图22-33所示。

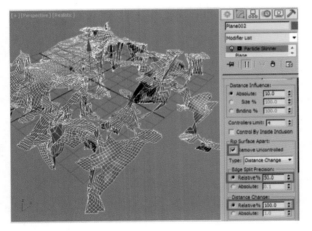

图22-33

STEP 12 继续调整布料的效果。给事件002添加一个Scale【缩放】操作符，在其参数面板中将其Type【类型】设为Relative Successive【相对连续】项，并将其Scale Factor【比例因子】减小到93，可以看到布料的碎片缩小了一些，如图22-34所示。

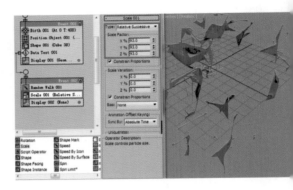

图22-34

STEP 13 给布料做一个消失动画。在仓库中将Dele 【删除】操作符拖到事件002列表中；并在其参数面 中勾选By Particle Age【按粒子年龄】项；并设置L Span【寿命】值为60、Variation【变化】值为30 如图22-35所示。

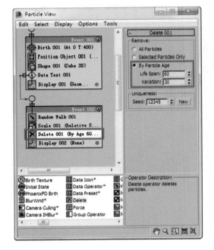

图22-35

STEP 14 至此，整个布料的撕裂动画便制作完成了。 后拖动时间滑块，可以看到布料随着时间的推移，撕 开的碎片也逐渐消失掉了，如图22-36所示。

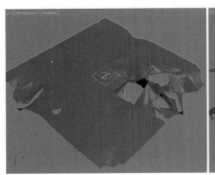
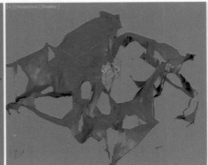

图22-36

子弹穿透铁片的特效

第 **23** 章

23.1 穿透铁片的特效介绍

关于子弹穿透物体的效果，应该是影视剧中最司空见惯的效果了。例如子弹穿透玻璃、子弹穿透木板，甚至是穿透石墙等，这些现象都是在现实生活中很难看到的，因此需要通过后期的制作来实现。那么如何在后期中实现这穿透的效果？这就涉及力学中的速度、动能与能量转移等要素问题。在粒子系统中，如果通过一般碰撞关系是不能产生穿透效果的；那么需要通过控制物体的力、速度，以及包括碰撞对象的密度、与粒子的绑定间距，甚至包阻尼关系等，这些都是在粒子系统中决定穿透效果的重要因素。影视中常见的穿透效果如图23-1所示。

图23-1

23.2 制作子弹穿透铁片的效果

本章主要介绍了一种利用mParticles Flow粒子特效来制作子弹穿透铁片的动画效果。这不是一种简单的碰撞效果，而是一种比碰撞要更进一步的、也涉及更多相关参数的交互动画。子弹穿透铁片的动画包括3个部分：首先是准备动画制作前的场景元素，以及创建mP粒子系统，准备好粒子的分布形态和粒子与木箱的碰撞属性；其次通过多个子事件的关联来关联子弹与粒子的互动关系，其中利用了Particle Skinner【粒子蒙皮】修改器来关联铁片与粒子，从而实现子弹与铁片的关联碰撞关系；最后通过粘合测试、阻尼操作符、速度测试等系列工具来控制子弹与铁片的碰撞强度，从而实现子弹穿透的效果。本章的子弹穿透最终效果图如图23-2所示。

 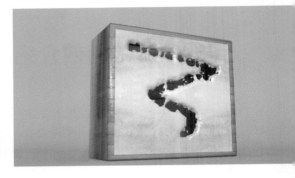

图23-2

23.2.1 场景元素的前期准备

在该场景的前期阶段，需要准备的基本元素包括两个部分：即场景的3个模型元素（木箱、铁片和子弹）和mP粒子系统。在mP粒子系统中主要是准备好粒子的分布形态，即粒子的分布范围与粒子包裹铁片的状态，以及准备粒子与木箱的碰撞关联属性。

STEP 01 准备3个场景元素，分别是一个木箱、一块铁片和一颗子弹模型。铁片是镶嵌在木箱的正面内的，如图23-3所示。

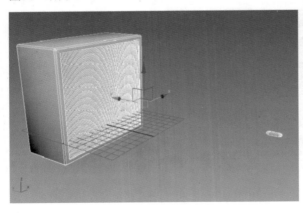

图23-3

STEP 02 注意木箱的结构，它的正面部分有一个镶边的效果，该镶边是用来卡住铁片的。而且木箱是个碰撞体，这里给木箱添加了一个PFlow Collision Shape【PF碰撞外形】修改器；并在其参数面板下击Activate【激活】按钮，让其处于碰撞模式，如23-4所示。

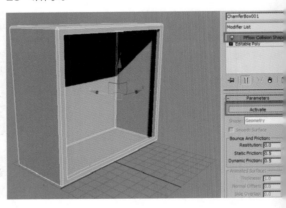

图23-4

STEP 03 按数字键6，将打开PF粒子视图。在仓库将mParticles Flow【m粒子流】拖入视图窗口中创建一个具有动力学模拟功能的粒子系统，如图23所示。

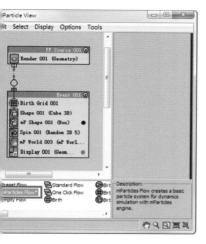

23-5

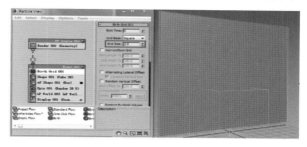

STEP 06 继续调整出生网格，将其Grid Size【网格尺寸】设为2，这是一个模拟的精度值，如图23-8所示。

图23-8

技术要点： 该网格尺寸值越小，模拟的精度越高，最终的效果也越精细。但软件的运行速度也会有所影响，建议在设置阶段将该值设置大一点，或者根据计算机的配置来设置该参数。

STEP 04 在Event001事件列表中，将Shape【形状】操作符的Size【尺寸】参数值设置为1，如图23-6所示。

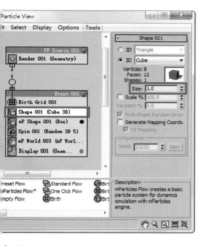

3-6

STEP 07 场景中的木箱虽然添加了一个碰撞外形修改器，但要让它与粒子产生互动，则需要给粒子系统也添加一个碰撞工具。在仓库中将mP Collision【mP碰撞】测试，添加到事件001列表中；并在其参数面板中单击Add【添加】按钮；将场景中的木箱添加到Deflectors【导向板】列表中，如图23-9所示。

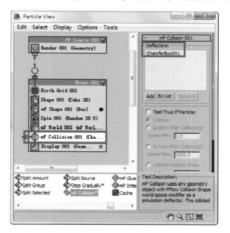

图23-9

STEP 05 在Birth Grid【出生网格】操作符的参数面中，将Icon Size【图标尺寸】栏下的长度、宽度、度值分别设置为1、138、123，让其刚好包裹住铁如图23-7所示。

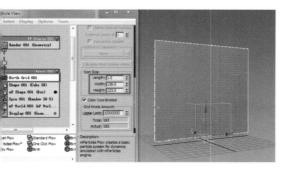

3-7

STEP 08 在仓库中将mP Glue【粘合】测试拖到事件列表中，再在其参数面板中勾选Deflectors【导向板】项，并单击Add【添加】按钮，也将木箱添加进来，如图23-10所示。

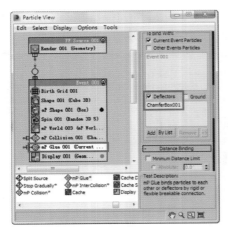

图23-10

STEP 09 此时单击时间线播放按钮，会看到包裹在图片上的粒子迅速往下掉落了，并没有依附在铁片上，如图23-11所示。

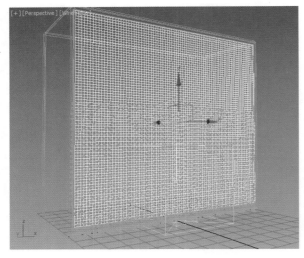

图23-11

23.2.2 制作子弹与铁片的碰撞关系

子弹与铁片的碰撞效果是通过一个粒子系统中的两个事件间的相互影响所产生的，而铁片是蒙皮在粒子上，也就是通过粒子的动画来影响铁片的动画，从而实现了子弹与铁片的碰撞效果。

STEP 01 选择mP World003操作符，在其参数面板中单击箭头按钮，展开其修改器面板中的参数栏，再取消Apply Gravity【应用重力】项和Ground Collision Plane【地面碰撞地面】项，如图23-12所示。

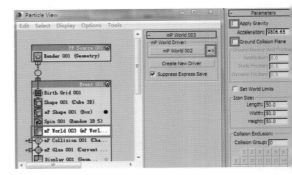

图23-12

STEP 02 再在Advanced Parameters【高级参数】栏下将Subframe Factor【子帧因素】值设为25；点选Sleep Thresholds【睡眠阈值】栏中的Energy【能量】项，并将Energy【能量】值加大到0.01、Bounce【弹力】值为0.001；勾选Enable Multy Threading【启用多个线程】项，并设置Thread Count【线程数】值为4，如图23-13所示。

图23-13

STEP 03 单击时间线的播放按钮，可以看到粒子没有掉落下来，如图23-14所示。

图23-14

STEP 04 下面制作子弹与铁片的互动动画。到仓库中择mParticles Flow【m粒子流】，将其拖到视图窗中创建一个新的粒子系统。再选择PF Source002局事件，将其删除，只保留Event002事件列表，如23-15所示。

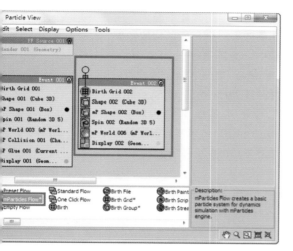

图23-15

技术要点： 在删除全局事件时，需要先将全局事件与事件列表的连接线删除掉后，再将其删除，否则会删除整个粒子系统。

STEP 05 在Event002事件列表中选择Birth Stream【出生组】操作符，将Emit Stop【发射停止】设为0、Rate【速率】值设为30，即让发射器在整个时段都发射粒子；将Speed【速度】值加大到1000、Length【长度】值减小到1，如图23-16所示。

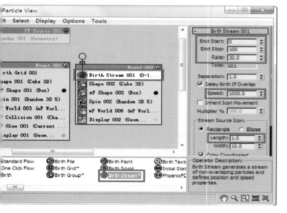

图23-16

技术要点： 减小长度值到1，是控制粒子发射的范围，即减小其竖向发射范围到1个单位。

STEP 06 按住Shift键，并选择事件001列表中的mPWorld003操作符，将其拖曳到事件002列表中的mPWorld006操作符上，将其替换，在弹出的对话框中，选择Copy【复制】即可，如图23-17所示。

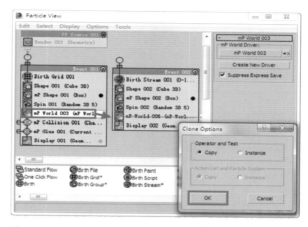

图23-17

STEP 07 调整好子弹发射器的位置和角度，让其正对平面；再给其从第0帧到第100帧做一个位移动画，如图23-18所示。

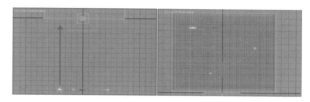

图23-18

STEP 08 在仓库中将Shape Instance【形状实例】操作符拖到事件002列表中的Shape【形状】操作符上，将其替换，并到其参数面板中的粒子几何体对象栏中单击拾取对象按钮，到场景中拾取子弹模型，如图23-19所示。

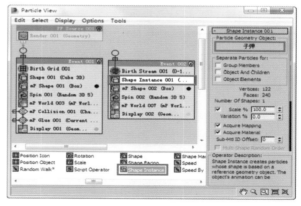

图23-19

技术要点： 在设置子弹动画前，可以先将两个粒子事件关闭，这样能提高工作效率。

STEP 09 在Event002事件列表中选择mP Shape【外形】操作符，并到其参数面板中将Collide As【以指定方式碰撞】项设为Capsule【胶囊】，这样子弹与粒子的碰撞会更精准些，如图23-20所示。

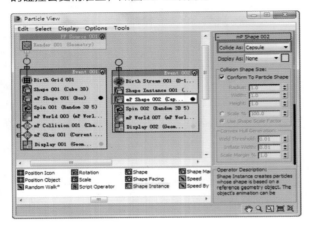

图23-20

STEP 10 设置好子弹的参数后，将Event002事件与PF Source001全局事件连接，并开启所有事件面板右上角的灯泡，如图23-21所示。

图23-21

STEP 11 单击播放按钮，可以看到软件开始计算子弹与粒子的碰撞关系。当子弹碰撞到粒子网格上，粒子会产生类似涟漪扩散的波动动画。不过此时的平面没有产生任何互动效果，如图23-22所示。

图23-22

STEP 12 下面要让平面也产生动画效果。到平面的修改器面板中，给其指定一个Particle Skinner【粒子蒙皮】修改器，并在其Particle Flow Systems【粒子流系统】栏中将PF Source001粒子发射器图标添加进来，如图23-23所示。

图23-23

STEP 13 单击Activate Shinning【激活蒙皮】按钮，让平面与粒子产生蒙皮关系。此时，可以看到下面的粒子流系统列表显示为灰色状态了。如果提前激活蒙皮按钮，是不能指定粒子流的，如图23-24所示。

图23-24

STEP 14 再次单击播放按钮，会发现平面跟随粒子一起产生了波动的动画效果。需要注意的是，在平面边缘分产生了一些过强的拉扯效果，如图23-25所示。

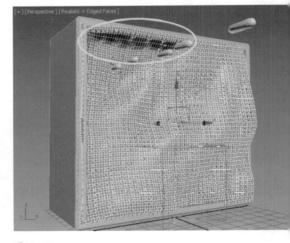

图23-25

STEP 15 调整子弹与平面的碰撞关系。到Event001件列表中选择Shape【形状】操作符，并到其参数板中将其Size【尺寸】值加大到2。可以看到，粒子间距减小了，平面边缘的拉扯面也消失了，效果如23-26所示。

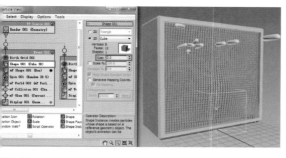

23-26

3.2.3　制作子弹穿透铁片的效果

制作好子弹与铁片的碰撞效果后，接下来需要制作
个实例的关键部分，即让子弹穿透铁片。实际上子弹
透铁片的效果依然是子弹与粒子碰撞关系的进一步调
，让子弹与局部的粒子产生更强烈的碰撞，从而实现
碎、穿透的效果。

EP 01 在Event001事件中选择mP Glue【粘合】测
，并在其参数面板中的Breakability【可破碎性】栏
，将Max Force【最大力】和Max Torque【最大扭
】值均加大到1000，如图23-27所示。

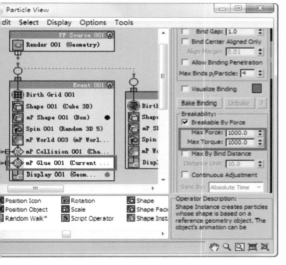

23-27

EP 02 再次播放动画，可以看到子弹快速地穿透了平
，使平面出现了一个孔，如图23-28所示。

图23-28

技术要点： 子弹之所以穿过平面，是因为子弹将该孔区域
的粒子冲撞了出去，而该区域蒙皮在粒子上的
平面也跟随粒子被撕开了，从而得到了所需的
穿孔效果，但此时的穿孔并不是很理想。

STEP 03 在Event001事件列表中选择Mp Shape【形
状】操作符，并在其参数面板中选择Mass【质量】栏
中的By Density【按密度】项，并将其值设为5。此时
可以从左视图中看到平面被子弹穿透后，其孔洞边缘处
的面片产生了扭曲的效果，且被撕开的面与孔洞边缘的
面片还有一种藕断丝连的效果，如图23-29所示。

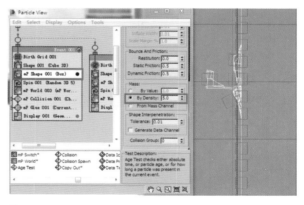

图23-29

STEP 04 为了不让这种藕断丝连的效果比较强烈，在
mP Glue【粘合】测试的参数面板中，将Breakability
【可破碎性】栏中的最大力和最大扭矩减小到100；当
前Distance Unit【距离单位】值为4的穿孔效果如图
23-30所示。

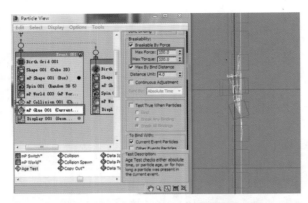

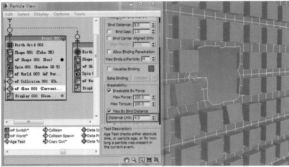

图23-30

STEP 05 将Distance Unit【距离单位】值减小到1，可以看到穿孔边缘向内凹的效果要强一些，如图23-31所示。

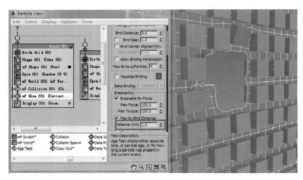

图23-31

技术要点： 通过更大范围的穿孔效果来观察该不同距离单位值的边缘内凹效果，如图23-32所示。

图23-32

STEP 06 给铁片设置一个阻力效果。在仓库中将mP Drag【阻尼】操作符拖到Event001事件列表中，并在其参数面板中将其Damping Factor【阻尼因素】栏中的Linear【线性】值和Angular【角度】值均设为30，可以看到穿孔边缘的细节稍微少了一些，如图23-33所示。

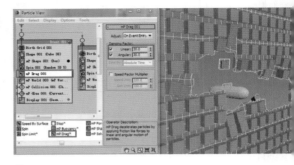

图23-33

STEP 07 继续调整穿孔效果。给Event001事件列表添加一个Speed Test【速度测试】，给Event002事件列表添加一个Age Test【年龄测试】；再在仓库中将Delete【删除】操作符拖到视图窗口中，新建一个Event003事件列表；然后将速度测试和年龄测试分别连接到事件003列表上，让穿孔区域飞散出去的粒子快速消失掉，如图23-34所示。

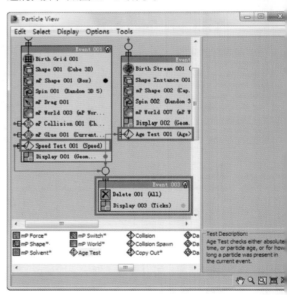

图23-34

STEP 08 在Event002事件列表中，将Age Test【年龄测试】的Test Value【测试值】减小到5、将Variation【变化】值设为0，也就是粒子只有5帧的存活时间，如图23-35所示。

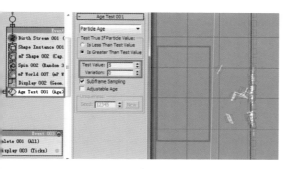

图23-35

STEP 09 在平面的修改器面板中，将场景中的Event001和Event003事件添加到Particle Flow Events【粒子流事件】列表中，排除对子弹粒子（Event002事件）的碰撞运算，会看到粒子的运算时间加快了一些，如图23-36所示。

STEP 10 为了方便观察图片的穿孔效果，将Event001事件中的Display【显示】操作符中的粒子显示类型设为None【无】，这样粒子变化隐藏起来，如图23-37所示。

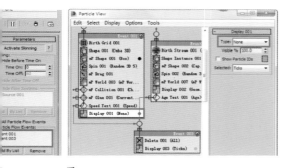

图23-36　　　　图23-37

技术要点：注意，在平面的修改器面板下的Rip Surface Apart【表面撕开】栏有一个Remove Uncontrolled【删除不受控制】项，取消其勾选，可以看到铁片的没有穿透的穿孔效果，如图23-38所示

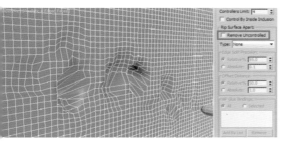

图23-38

STEP 11 勾选Remove Uncontrolled【删除不受控制】项，可以看到穿孔凹进去的大部分面均被删除掉了，如图23-39所示。

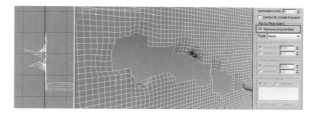

图23-39

STEP 12 将表面撕开栏下的Type【类型】栏改为Distance change【距离变化】项，会看到穿孔的形状发生了变化，这里可以根据个人需求选择合适的类型，如图23-40所示。

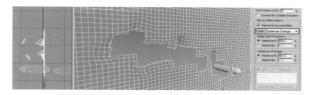

图23-40

技术要点：注意，该类型有时候不能在视图中显示变化结果，所以可以将Remove Uncontrolled【删除不受控制】项的勾选取消一次，再勾选上，以此让类型选项对穿孔产生影响

STEP 13 在Event001事件列表中，将mP Drag【阻尼】操作符参数面板中的Linear【线性】值和Angular【角度】值均减小到10，可以看到穿孔的细节增加了许多，如图23-41所示。

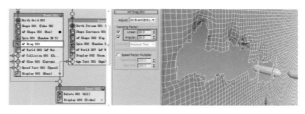

图23-41

STEP 14 增大穿孔的凹面部分。在Event001事件列表中，将Speed Test【速度测试】参数面板中的Test Value【测试值】设置为300，可以看到穿孔的边缘原本平直的面，均呈现为凹进去的效果，这样就使穿孔的效果更加真实了一些，如图23-42所示。

图23-42

STEP 15 铁片穿孔的效果制作完成了，为了让铁片更真实，这里可以给铁片平面添加一个Shell【壳】修改器，让铁片有一点厚度，如图23-43所示。

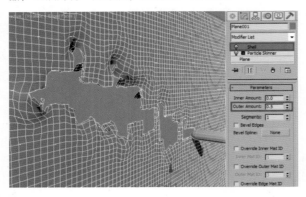

图23-43

STEP 16 至此，子弹穿透铁片的效果已经完成，可以据个人喜欢给场景设置所需的材质。最终的图片穿孔果如图23-44所示。

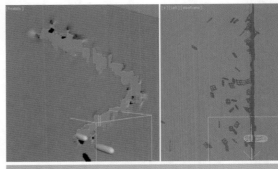

图23-44

方块的规则分裂飞散特效

24.1　规则分裂飞散特效的介绍

　　破碎一般都是随机、不可控的，其破碎的碎块更是无规则、凌乱的。那么规则破碎则是有规律的，且破碎碎块规则、均匀的。例如细胞的分裂、拼图的分离、砖块的倒塌（在砖块硬度较大的情况下），晶体的破碎等。这些可归类为规则的破碎，它们分裂出来的形体依然是规则的。在本章不同的是，通过一种无形的力来分裂方块，从而得到所需的规则破碎效果。常见的规则破碎现象如图24-1所示。

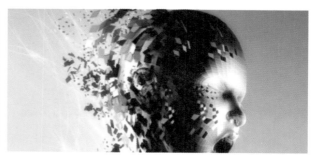

24-1

24.2　制作方块的规则分裂特效

本章主要讲解一种规则的破碎动画，即方块的自然分裂开的动画，这是一种通过无形的力使其分裂的效果。其制作主要包括两部分：首先是做好立方体组的转换效果，其中利用了Split Group【分离组】测试来实现这种转换，即分离组测试扫过方块，被扫过的部分便会转换成另外的方块；然后利用Lock/Bond【锁定/粘合】测试将方块组分裂处理，并且多次应用分离组测试，将分裂出的部分进行多次的分裂处理，以及利用风力场来实现一种自然飘散的分裂效果。本章的规则分裂动画效果如图24-2所示。

图24-2

24.2.1　制作立方体组的互动变化

该立方体组是有粒子控制，并通过分离组测试来控制立方体的转换，转换后的立方体实际上是被分裂出来的立方体。因此在这一步中，除了准备基本的立方体动画和立方体组元素外，还利用Split Group【分离组】测试为立方体组的分裂动画做好了前期的准备。

STEP 01 创建一个长、宽、高均为10的立方体模型，差不多就是场景中的一个网格大小，如图24-3所示。

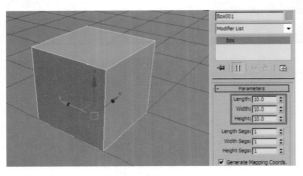

图24-3

STEP 02 选择立方体将其横向复制一排。按住Shift键，沿y轴拖动立方体；松掉鼠标左键后，在弹出的复制对话框中，将复制数量设为9个。即再多复制9个，即可得到10个一排的立方体。注意，复制的立方体一定要紧密贴着前一个立方体，不要有间隙，也不要交叉，如图24-4所示。

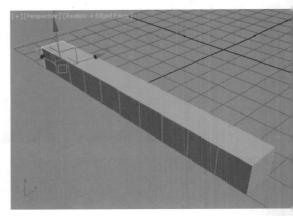

图24-4

STEP 03 选择一排立方体，再将它沿x轴复制9排，便得到一个10×10的立方体组。从表面看，就好像是一个完整的方块，如图24-5所示。

STEP 04 在创建面板的几何体下拉列表中选择Particle Systems【粒子系统】，在其对象类型参数栏下单击PF Source【PF粒子流】按钮，在场景中拖出一个粒子流图标，如图24-6所示。

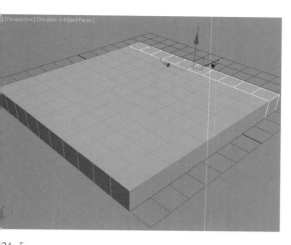

24-5

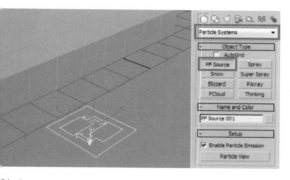

24-6

EP 05 单击参数面板中的Particle View【粒子视图】按钮，打开粒子流视图窗口；再到视图窗口中将Event001事件中的除Birth【出生】和Display【显示】操作符之外的操作符都删除掉，如图24-7所示。

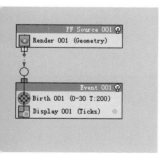

24-7

EP 06 选择PF Source001全局事件，在其参数面板将Viewport【视图】显示百分比值加大到100，即显示所有粒子；再将Display【显示】操作符的粒子类型为Geometry【几何体】，如图24-8所示。

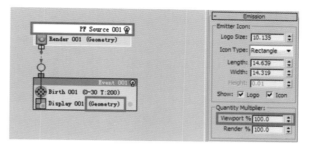

图24-8

STEP 07 在仓库中选择Birth Group【出生组】操作符，将其拖曳到Birth【出生】操作符上，替换它。再在出生操作符参数面板中单击By List【指定列表】中，将所有碎片添加到粒子对象列表中来，如图24-9所示。

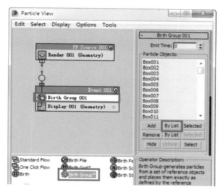

图24-9

STEP 08 继续在出生操作符参数面板下单击Hide【隐藏】按钮，将原始立方体模型隐藏掉。这样场景中只会留下被指定为粒子对象的立方体，如图24-10所示。

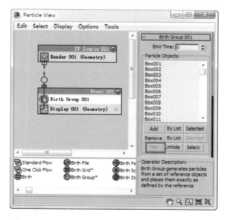

图24-10

STEP 09 再新建一个小立方体，和原始立方体一样大小；然后给立方体做一个从第0帧到第100帧倾斜的位移且旋转90度的动画，如图24-11所示。

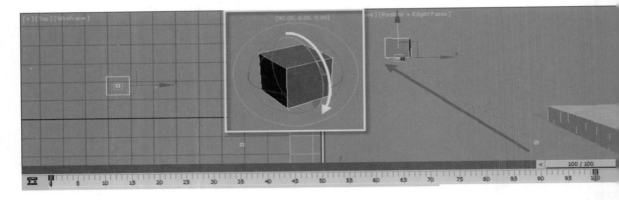

图24-11

技巧提示： 该立方体动画是用来影响粒子中的立方体的动画效果的，虽然不能绝对地控制最终的粒子动画，但能基本引导立方体的最终动画方向。

STEP 10 在粒子视图仓库中将Group Selection【组选择】操作符拖到事件列表中，保持器为默认参数，如图24-12所示。

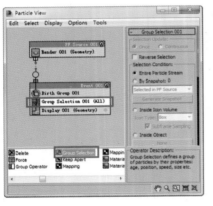

图24-12

STEP 11 再在仓库中选择Split Group【分离组】测试，将其拖曳到事件列表中。此时，会看到分离组测试的参数面板中自动将Group Selection001操作符添加进来，如图24-13所示。

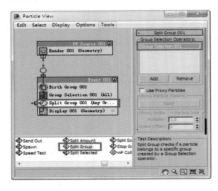

图24-13

STEP 12 该组选择的图标默认是在场景的坐标中心，于选择它稍有点不方便，可通过按H键在显示场景选列表选择图标。下面在Group Selection【组选择】作符的修改器面板下，点选Inside Icon Volume【图标体积内】项，并将Icon Type【图标类型】设置Box【立方体】后，图标便立即显示出来了；将图标左平移到立方体组的左端，如图24-14所示。

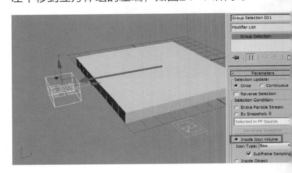

图24-14

STEP 13 调整图标的大小。可用缩放的方式调整图标小，将图标的长度超过立方体组的宽度，高度也要超立方体组的高度，如图24-15所示。

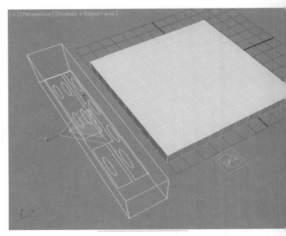

图24-15

STEP 14 给图标设置一个从第0帧到第100帧、从左向右移动的动画，且图标在第100帧的位置必须完全覆盖最后一排立方体组，或者超过立方体组，如图24-16所示。

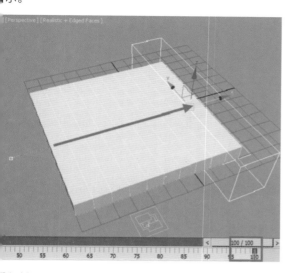

图24-16

STEP 15 在Group Selection【组选择】修改器面板中，将Selection Update【选择更新】的方式设为Continuous【持续】项。此时拖到时间滑块，是看不到任何效果的变化的，如图24-17所示。

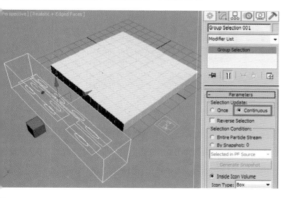

图24-17

STEP 16 新建或复制一个Display【显示】操作符，创建一个事件。改变复制的Display【显示】操作符的粒子显示颜色，设为其他颜色，并将显示与组选择操作符连接起来。此时，拖动时间滑块，可以看到场景中的立方体组的颜色随着Group Selection【组选择】操作符图标的位移产生变化了。即在Display001与Display002两组立方体的颜色之间进行转换，如图24-18所示。

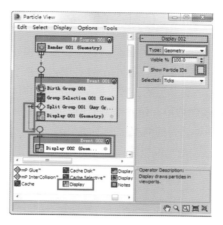

图24-18

STEP 17 在场景视图中可以看到组选择图标从立方体组上移过后，图标后方的立方体均变成了黄色了，说明此时的组选择图标所经过的范围，如图24-19所示。

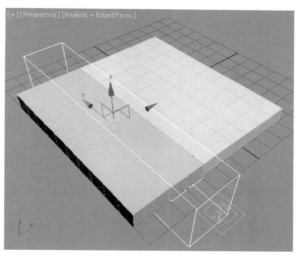

图24-19

STEP 18 如果在组选择修改器参数栏下将选择更新方式改成Once【一次】项，那么组选择图标便不会对立方体组产生任何影响，如图24-20所示。

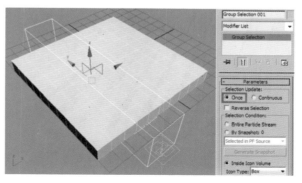

图24-20

24.2.2　制作中心主体部分的破碎

这一步是将准备好的立方体组进行分裂的动画处理，其中应用了一个重要的Lock/Bond【锁定/粘合】测试，它是控制立方体分裂的关键工具。另外给立方体组应用了多次分裂的效果，总共必须要用到两次Split Group【分离组】测试，即两次立方体的转换。

STEP 01 在粒子视图的仓库中选择Lock/Bond【锁定/粘合】测试，将其拖到事件002列表中；并在其参数面板的Lock On Objects【锁定在对象上】列表中将场景中新建的具有动画的立方体添加进来；再将事件001列表中的Split Group001测试连接到Lock/Bond001测试上，如图24-21所示。

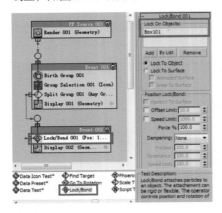

图24-21

STEP 02 此时，再次拖到时间滑块，可以看到组选择图标滑过立方体后。其后面的立方体便一排排分裂开了，并产生一个90度的旋转。也就是说，立方体组已经具有了单个立方体的位移且旋转的动画属性了，如图24-22所示。

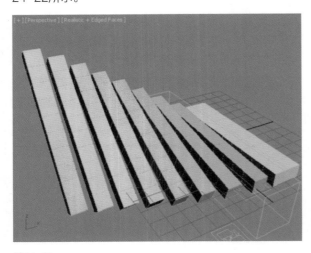

图24-22

STEP 03 再给分裂的一排排立方体组做一次分裂动画，给事件002列表再添加一个Group Selection【组选择】操作符，如图24-23所示。

图24-23

STEP 04 给事件002再添加一个Split Group【分离组】测试，在该分离测试的参数面板中会自动将第2个选择操作符添加进列表中，如图24-24所示。

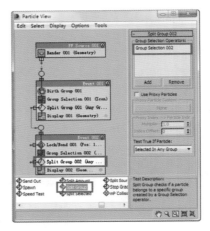

图24-24

STEP 05 同样在第2个组的操作符的参数面板中，将更新方式设为Continuous【持续】方式；再在选择续栏下选择Inside Icon Volume【在不同体积内】项并将Icon Type【图标类型】设为Sphere【球体】型，如图24-25所示。

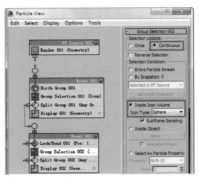

图24-25

STEP 06 此时可以在视图中看到组选择图标变为球形状了。将其向左移动到第一个组选择左端，并将其向上移动到立方体组旋转成垂直状的最上端位置，如图24-26所示。

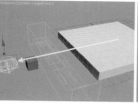

24-26

STEP 07 在仓库中将Display【显示】操作符拖到视图空白处，新建一个Event003事件，并将显示的类型设为Geometry【几何体】，将颜色设为紫色；再将事件002中的Split Group002测试连接到Event003事件中，让组选择图标能影响立方体。此时可以看到球形组选择内的立方体变成了紫色立方体了，且紫色的立方体从黄色的立方体组中分裂了出来，如图24-27所示。

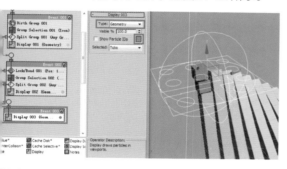

24-27

STEP 08 给球形组选择图标做一个从第0帧到第100帧的放大动画，放大到完全包裹住所有立方体。此时，可以看到球形组选择在逐渐放大的同时，也逐渐将每一个立方体分裂出来了，只是此时的立方体分裂后的动画影响不够大，如图24-28所示。

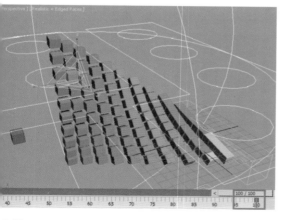

4-28

STEP 09 下面给场景添加一个风力图标，并在风力的修改器面板中的Force【力】栏下，把Strength【强度】设为0.25、Wind【风】栏下的Turbulence【紊乱】值设为0.7、Scale【缩放】值减小到0.9，如图24-29所示。

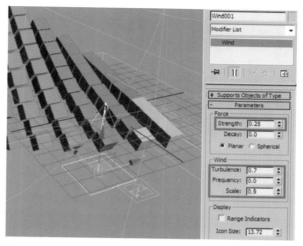

图24-29

STEP 10 由于场景添加了一个风力场，那么要让风力影响立方体，则需要在到粒子流的事件列表中添加一个Force【力】操作符。将仓库中的Force【力】拖到视图的空白处，新建一个Event003事件，并到力操作符的参数面板中将风力添加到力空间扭曲列表中，如图24-30所示。

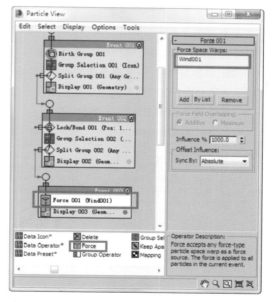

图24-30

STEP 11 此时拖到时间滑块，可以看到立方体产生了较强的向上位移动画，如图24-31所示。

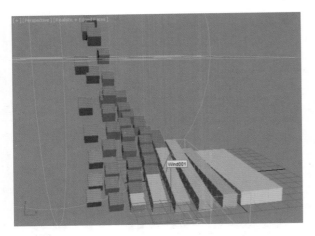

图24-31

STEP 12 下面再次在风力的参数面板中降低风力的强和紊乱值，减小立方体受风力的影响，如图24-32所示。

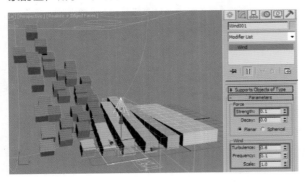

图24-32

STEP 13 给分裂开的立方体设置一个随机旋转的效果，让立方体都分裂得更自然。在仓库中将Spin【自旋转】操作符拖到事件003列表中，并在其参数面板中将Spin Rate【自旋率】值设为120。这样，场景中被分裂开的立方体便产生了一个随机旋转效果了，如图24-33所示。

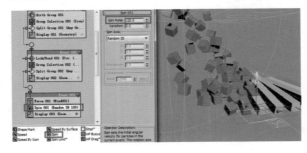

图24-33

STEP 14 下面给立方体设置一个材质。由于场景中的所有立方体都是以粒子的形态存在的，那么需要在其粒子流的事件中给所有事件都添加一个Material Static【静态材质】操作符，再在材质编辑器面板中将准备好的材质，拖

曳到静态材质操作符的参数面板中，如图24-34所示。

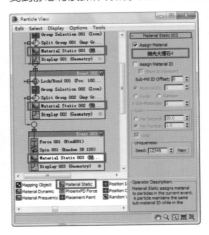

图24-34

STEP 15 下图是准备的几个不同的大理石材质（这里不对材质的具体设置进行讲解），可以给每个事件添加一个不同的材质。立方体每次分裂后都会产生不同的材质。当然要想得到较为满意的分裂动画，最好只设置一种材质，如图24-35所示。

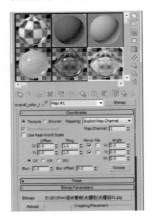

图24-35

STEP 16 至此，规则立方体的分裂动画便制作完成了。渲染场景后，得到的最终效果如图24-36所示。

图24-36

第 **25** 章

破碎粒子汇聚成形

5.1　破碎粒子汇聚成形的介绍

粒子分裂后再汇聚成形的特效在影视中也应用很多，例如：人物突然变成一股烟雾，再汇聚变成另外一种元
；还有科幻片中的由粒子组成的机器人在受到撞击爆炸后，其碎片又重新组合到一起。这些现象都是一种元素分
后再重新组合的效果，其制作的程序从表面上看是多了一道汇聚成形的工序。但实际在粒子系统中，仅仅只需通
一个查找目标的工具便能迅速将分裂开的粒子重新组合。这些在影视中常见的粒子分裂再汇聚成形的效果如图
-1所示。

5-1

25.2　制作破碎粒子汇聚成形的效果

　　本章主要介绍物体通过粒子破碎后，将其粒子碎片再次汇聚成图形。该图形是散落后的粒子所留下的空白区域的互补形。其制作主要包括两个部分：首先是前期的准备工作，即准备好需要碰撞的几个基本元素，包括粒子的分布处理，它是决定粒子分裂后所汇聚的互补形是否准确的关键元素；其次是在准备好的元素基础上进行分裂和汇聚的动画处理，其中主要用到了一个Data Operator【数据操作符】，通过数据操作符来组织构建一组粒子与平面位置信息相匹配的数据；最后通过Find Target【查找目标】测试来将分离出来的粒子进行汇聚处理，从而得到最终的粒子分裂后汇聚成形的动画效果。最终的破碎粒子汇聚成形的效果如图25-2所示。

图25-2

25.2.1　前期准备工作

　　第一步是要准备一个需要产生碰撞破碎平面粒子、星形路径和与粒子产生碰撞的导向球，其中重点对平面上的粒子的分布进行细致的调节。

<u>STEP 01</u> 在前视图新建一个长、宽均为140的平面模型，其长和宽的分段数也都设为140，如图25-3所示。

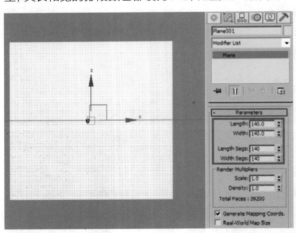

图25-3

<u>STEP 02</u> 按住Shift键，选择平面且沿y轴拖动复制一个平面，让复制平面与原平面保持一段距离，再将复制的平面隐藏起来，如图25-4所示。

<u>STEP 03</u> 按数字键6，打开粒子流视图窗口，在仓库中将Standard Flow【标准流】拖到视图中，新建一个粒子流。再选择PF Source001全局事件，在其参数面板

中将Viewport【视图】百分比值设为100，即显示全部粒子，如图25-5所示。

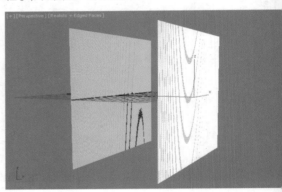

图25-4

图25-5

STEP 04 在仓库中将Position Object【位置对象】操作符拖到事件列表中替换原来的Position【位置】操作符。再将事件列表中的Speed【速度】和Rotation【旋转】操作符删除掉，如图25-6所示。

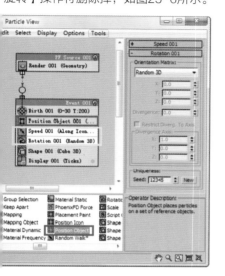

图25-6

STEP 05 在Position Object【位置对象】操作符参数面板中，单击Add【添加】按钮，将场景中的平面添加进来，让平面作为粒子发射对象，如图25-7所示。

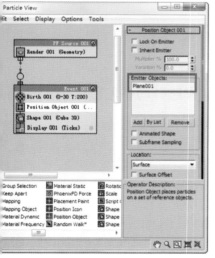

图25-7

STEP 06 在Birth【出生】操作符参数面板中，将Emit Stop【发射停止】时间设为0。即发射器在第0帧发射完粒子后便立即停止发射，这样所有粒子便从出生开始停留在平面上了，如图25-8所示。

STEP 07 为了让所有粒子能与平面的网格顶点数相吻合，右键单击平面，并选择右键菜单中的

Object Properties【对象属性】，在弹出的面板中查看Vertices【顶点】数量，这里的平面顶点数量为19881，如图25-9所示。

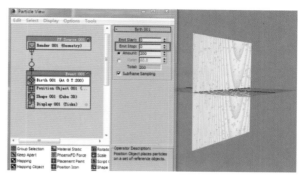

图25-8

图25-9

STEP 08 回到粒子流视图中，将出生操作符参数面板中的粒子数量值设为19881，此时可以看到平面立即被粒子给布满了，如图25-10所示。

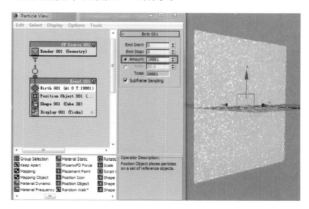

图25-10

STEP 09 此时的粒子并不是从网格的顶点出生的，因此粒子会显得有点凌乱。下面在Position Object【位置对象】操作符的参数面板中，将Location【位置】栏的粒子发射位置设为Vertices All【所有顶点】。这样，所有粒子便是从平面的所有网格顶点产生了，如图25-11所示。

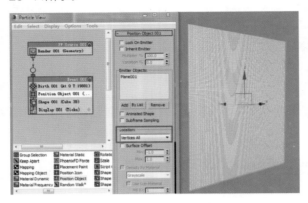

图25-11

STEP 10 调整Shape【形状】操作符参数面板中的粒子形态。将粒子的3D类型设为Dodecahedron【十二面体】、Size【尺寸】值设为1.5。让粒子之间刚好紧贴在一起，尽量减小它们之间的间隙，将Display【显示】操作符参数面板中的粒子显示类型设为Geometry【几何体】，如图25-12所示。

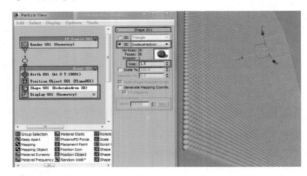

图25-12

STEP 11 给场景添加导向体，在创建面板的空间扭曲下拉列表中选择Deflectors【导向板】，在单击物体类型下的SDeflector【导向球】按钮，并在场景中拖曳出一个导向球图标，如图25-13所示。

STEP 12 在场景中创建一个星形路径，星形路径是紧贴着平面的，如图25-14所示。

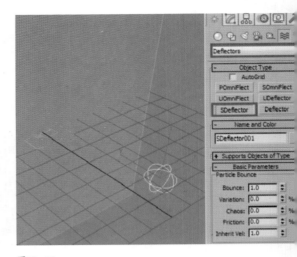

图25-13

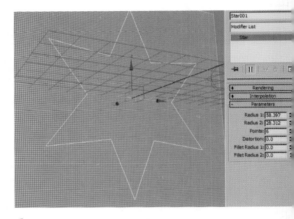

图25-14

25.2.2 制作破碎粒子汇聚成形的动画

这一步主要分为3个部分：首先用导向球将平面的粒子打碎；再利用数据操作符的数据参数得到粒子平面的位置信息，让破碎的粒子落到另外一个平面上然后调整粒子落到平面上的形态，从而得到最终的破粒子成形的动画效果。

STEP 01 保持导向球被选择，再在Animation【动画菜单下选择Constraints【约束】下的Path Constra【路径约束】，然后单击场景中的星形路径，让导向附加到路径上，如图25-15所示。

STEP 02 激活时间线的动画关键帧记录模式，并将时滑块移至第100帧；再到动画面板中，将Path Option【路径选项】栏下的Along Path【沿路径】值设200，即导向球会沿路径旋转两周，如图25-16所示。

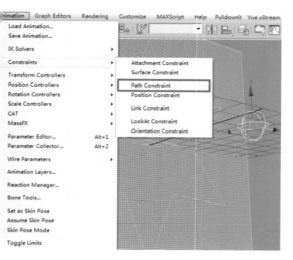

25-15

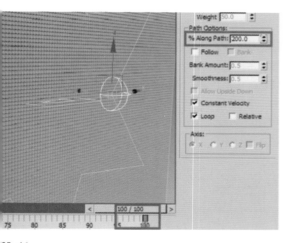

25-16

EP 03 在粒子流视图的仓库中，选择Collision【碰
】测试，将其拖曳到事件001列表中；再在碰撞测
的参数面板中单击Add【添加】按钮，将场景中的
Deflector【导向球】添加进来，如图25-17所示。

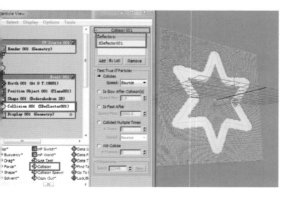

25-17

STEP 04 此时拖动时间滑块，可以看到导向球沿星形路
径运动的同时，平面上的粒子也跟随向四周飞散开了。
碰撞破碎的动画出来了，但效果很不理想，如图25-18
所示。

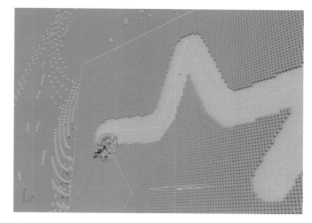

图25-18

STEP 05 在导向球的修改器面板中调整导向球的显示图
标到合适大小。图标越大，碰撞的粒子数量越多，镂空出
来的星形图形越粗略，反之越清楚，如图25-19所示。

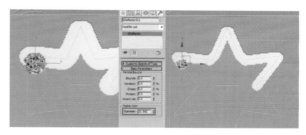

图25-19

STEP 06 按住Shift键，将事件001中的显示操作符拖
曳到视图空白处，新建一个事件002，并调整事件002
中的显示操作符的粒子显示颜色为红色，如图25-20
所示。

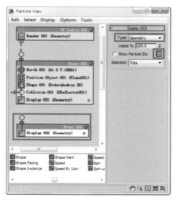

图25-20

STEP 07 再次拖动时间滑块，可以看到碰撞破碎后的粒子没有发生任何变化，如图25-21所示。

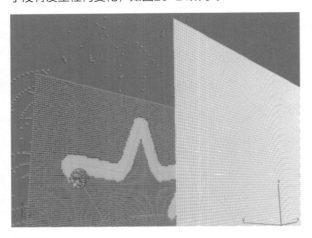

图25-21

STEP 08 下面要让粒子被撞出来后，立即飞到另外一个平面上。就要到仓库中选择Data Operator【数据操作符】拖到事件002列表中，并到数据操作符参数面板中勾选Auto Update【自动更新】，如图25-22所示。

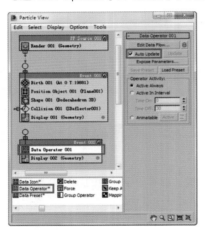

图25-22

技术要点： 要让平面1上的粒子准确地飞到平面2上，保证在平面2上形成的图形与平面1上的互补形是一样的，那么平面2上的顶点位置必须与平面1上的顶点是相对应的。这是因为平面1的顶点数据是与其之上的粒子ID号相对应的，因此每一个粒子飞到平面2上面后，会寻找相对应序号的顶点，如果找不到，那形成的图形就可能不与平面1上的图形相同。

STEP 09 单击数据操作符参数面板中的Edit Data Flow【编辑数据流】按钮，此时便弹出一个数据操作符窗口，如图25-23所示。

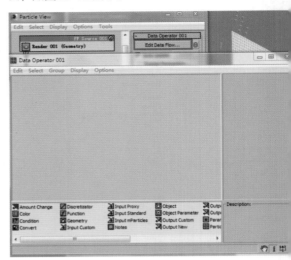

图25-23

STEP 10 下面需要在数据操作符窗口中，通过一些数□的组合来得到粒子与平面的位置信息，并与之关联。在仓库中将Select Object【选择对象】数据拖到视□中，单击其参数面板中的A按钮，再在场景中选择平□1对象。下面要从平面1中导出其顶点的位置信息，□图25-24所示。

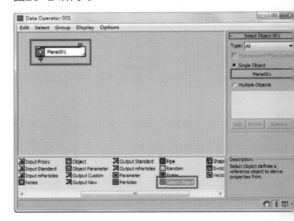

图25-24

STEP 11 在仓库中将Geometry【几何体】数据拖到□图中，并在几何体数据的参数面板中的ObjectProer□【对象属性】栏下，将其属性设为Vertex Positio□【顶点位置】，即对象顶点在世界坐标中的位置，如□25-25所示。

技术要点： 几何体数据可以从几何体对象中获取点□线、面、颜色、位置、法线、速度、贴图□各种属性。

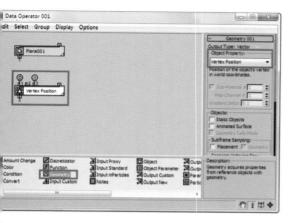

图25-25

EP 12 下面将平面1对象连接到几何体数据的输出端，即一个带"O"字母的圆形图标。也就是将平面1顶点位置信息输出来。在"O"图标的右边有一个字"i"图标，它是一个输入端口，就是将其他的属性入进来，如图25-26所示。

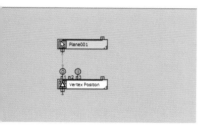

图25-26

EP 13 下面要将粒子的ID输入给几何体对象，与几何对象的顶点位置相匹配。将Input Standard【输入准】数据拖到窗口中，并将其与几何体的输入端连接来。设置输入标准的ID参数为Birth Index【出生索】项，即粒子一出生就开始寻找对应的顶点位置，如25-27所示。

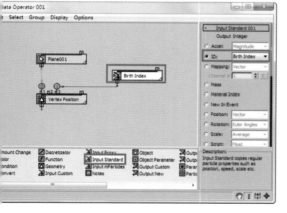

图25-27

STEP 14 回到粒子流视图窗口，将碰撞测试与数据操作符相连，如图25-28所示。

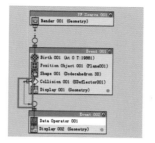

图25-28

STEP 15 把得到的粒子的位置信息输出到另一个对象上，则需要用到Output Standard【输出标准】数据。到其参数面板中点选Script【脚本】项，设置脚本参数为Vector【向量】，其目的是用来调用其他数据的，如图25-29所示。

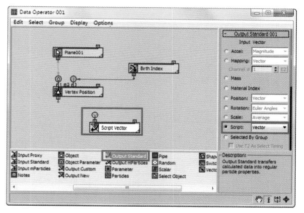

图25-29

STEP 16 将几何体数据与输出标准数据连接起来，并把选择对象数据的对象改成平面2对象，即重新拾取平面2，如图25-30所示。

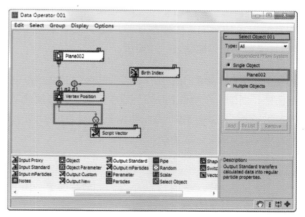

图25-30

技术要点： 为什么又要改成平面2，这是因为这里的所有操作都是要将粒子输出到平面2上。从当前的数据库图标的结构可以清晰地看到，粒子从输入标准数据中通过出生索引；再从几何体数据的输入端（"i"图标）输入进来，查找到对应顶点的位置信息；然后再从几何体数据的输出端（"O"图标）输出到平面2对象，输出的过程中需要调用输出标准数据的脚本向量，让粒子准确地查找到平面2的顶点位置信息。

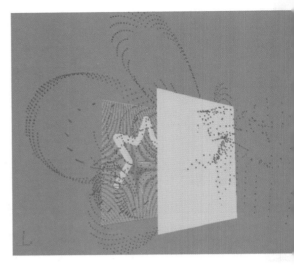

图25-32

STEP 17 下面要利用Find Targer【查找目标】操作符来操作平面2上面的顶点数据。默认查找目标操作符是随机查找的，下面到其参数栏中将其点的查找方向设为By Script Vector【按脚本向量】来查找，也就是按数据操作符中的脚本向量参数来查找，如图25-31所示。

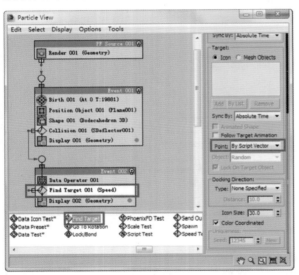

图25-31

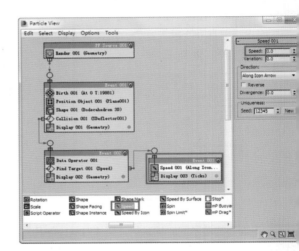

图25-33

STEP 18 此时的粒子虽然飞向了平面2，但粒子并没有准确地查找到平面2上面的顶点，粒子直接穿过平面2，并没有停止，如图25-32所示。

STEP 19 将仓库中的Speed【速度】操作符拖到视图的空白处，新建一个事件到003列表中，并到速度操作符的参数面板中将速度设为0，让粒子飞到平面2上后，不再运动，如图25-33所示。

STEP 20 此时的粒子虽然准确地落到了平面2的顶点上，但粒子在碰撞后产生了一个强烈的散开效果，再汇聚到平面2上，如图25-34所示。

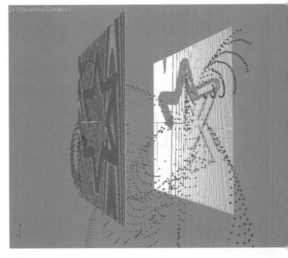

图25-34

STEP 21 粒子飞散得如此凌乱的原因，是因为其查找目标的速度控制问题。下面在查找目标操作符的参数面板中将其速度减小到300（默认为0），将Accel Limit【加速度限制】值设置为4000，即并没有控制粒子的速度，如图25-35所示。

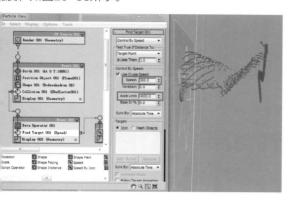

图25-35

STEP 22 粒子查找目标的速度比之前要小了很多，拖动时间滑块，可以看到粒子飞向平面的动画基本达到了所需的效果，如图25-36所示。

图25-36

技巧提示： 可以看到将平面2缩小后，粒子图形的大小也跟随减小了，如图25-37所示

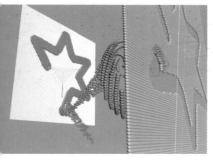

图25-37

STEP 23 如果想要粒子很规整地飞到平面2上，可以在碰撞测试的参数面板中将其碰撞速度设为Continue【继续】。默认为反弹，即粒子与导向球会有一个强烈的碰撞反弹效果，因此才导致粒子出现凌乱的现象，如图25-38所示。

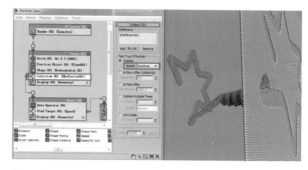

图25-38

STEP 24 至此，粒子破碎后形成新图形的动画效果便制作完成了，最终效果如图25-39所示。

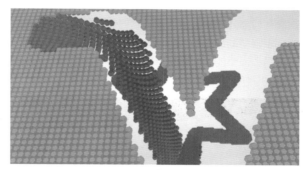

图25-39

VolumeBreaker的高级破碎特效

第26章

本章内容

◆ VolumeBreaker【体积破碎】参数的解析
◆ 利用VB【体积破碎】破碎砖墙
◆ 砖墙的破碎动画处理

26.1　VolumeBreaker体积破碎的介绍

　　VolumeBreaker（以下简称VB）是由 Cebas公司开发的一款3ds Max非常"小巧"的特效插件，主要用来制作模型的碎裂效果。与Rayfire比较起来，VB的设置相对简单了许多，搭配Particle Flow MassFX或是Thinking Particle都可做出很不错的碎裂动画特效。VolumeBreaker是基于体积的几何破裂工具，将瞬间打造任何网格内的次级几何与几何完美结合在一起的破碎效果，并且可以填补和给定体积。可以带来好莱坞质量级别的破坏效果，并能满足很多高成本投入的电影制作需求，以及特效艺术家非常严格的要求。VolumeBreaker是一个真正成熟的生产工具、一个能获得满意电影质量的破坏工具（并获得了好莱坞生产的证实）。一些常见的、酷炫的体积破碎效果如图26-1所示。

图26-1

　　那么VB有哪些独特的地方？它具有100%多线程的最高性能、独立生产流水线（支持任何物理和粒子引擎）

够进行真正的、不受约束的网格体积的处理，且支持多边形和三角网格对象；生成高度优化、洁净的网格；能真实地实现任何3D物体的3D分裂效果，不局限于2D平面或曲面；而且是全自动程序分裂对象和2D表面；全面支持ds Max的64位，并配有完全成熟的ScalpelMAX切割功能。

26.2　VB【体积破碎】的解析和砖墙的破碎动画制作

本章主要通过一个墙体破碎的案例来详细讲解体积破碎工具的具体参数，并配合MassFX动力学工具制作出破碎动画的效果。其中重点对VB【体积破碎】的网格分布、砖块破碎进行了详细的介绍。它之所以能在影视中广受欢迎，也是因为它丰富的、独特的破碎处理能力。本章的砖墙破碎动画效果如图26-2所示。

26-2

6.2.1　VB【体积破碎】破碎砖墙

在介绍砖墙破碎的同时，重点对VB【体积破碎】重要参数进行了详细的讲解。包括其强大的网格分布理，能调节出很多种不同的网格分布效果，模拟各种素的破碎效果；还对其非常实用的砖块网格的分布进了详细的介绍。

EP 01 新建一个Box【立方体】模型，作为一块墙；再在编辑修改器面板的下拉列表中选择volumreaker【体积破碎】修改器。在默认参数下，立方体经被切割成多块碎片了，如图26-3所示。

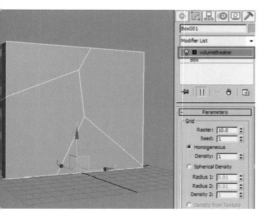

26-3

STEP 02 在Grid【网格】栏下的Raster【栅格】参数，是控制破碎的网格数量的。但此时无论调节该参数到多大或多小（不小于1），都看不到墙面的网格有太大的变化，如图26-4所示。

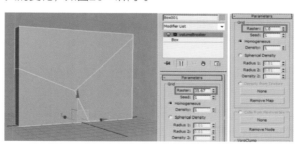

图26-4

STEP 03 但是将该参数减小到1以下后，会看到网格数量成倍增多了。数值越小，网格数越多，但生产碎片的速度却越慢了，如图26-5所示。

技术要点： 在网格栏下有一个Density【密度】参数和Raster【栅格】参数的效果有点类似，也最容易搞混。栅格参数是控制模型被切割后网格的最小距离；而密度参数则是控制模型碎片的整体数量，数值越大，碎片密度越高，数量越多。

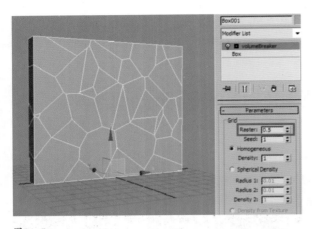

图26-5

STEP 04 由于密度参数的默认值为1，所以调节栅格的参数值不容易看到模型的切割结果。因此建议一开始便把密度值加大，这里设为100。此时，可以看到在栅格值为1的情况下，墙体被切割为许多小块了，如图26-6所示。

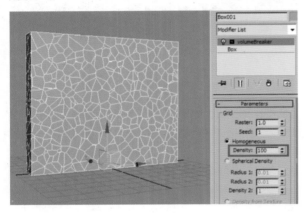

图26-6

STEP 05 将栅格参数值减小到0.5，可以很明显地看到裂纹的大小变化。不过此时的裂纹都是均匀分布的，无论怎样调节栅格和密度的参数，也只是裂纹整体的缩放，如图26-7所示。

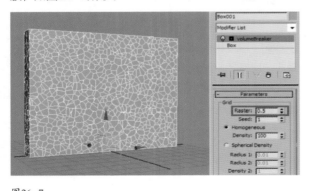

图26-7

技术要点： 注意此时在网格栏下选择的网格分布模式为Homogeneous【均匀】模式，因此无论调节任何参数，网格的分布都是均匀的。

STEP 06 下面将网格分布模式设置为Spherical Density【球形密度】方式后，会看到墙体的网格分布立即发生了改变，如图26-8所示。

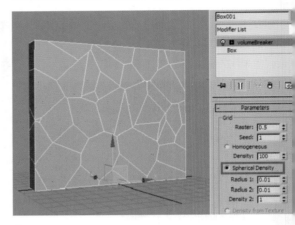

图26-8

技术要点： Spherical Density【球形密度】方式可以让模型表面的切割线产生中心密集，周围分散的现象，例如子弹射击墙面的效果。

STEP 07 此时的两个Radius【半径】值比较小，为了能更流畅地观察裂纹变化；下面将两个半径值都设为1，会看到此时的裂纹效果和之前的效果没有什么区别，如图26-9所示。

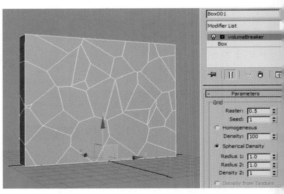

图26-9

STEP 08 在修改器列表中单击volumeBreaker【体积破碎】修改器，激活Gizmo【线框】模式；移动墙体中的坐标轴，将其上移到墙体中心。会看到坐标轴中心有一个正方形线框，该线框为破碎中心，如图26-10所示。

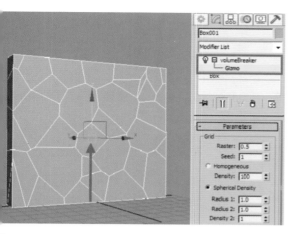

图26-10

技术要点： 在移动该破碎中心时，墙体上的所有切割线也会跟随一起移动

STEP 09 在当前状态下，之所以看不到网格有任何的变化，是因为当前的两个半径值是一样的。下面将半径2的数值加大到15。此时会看到墙面的切割线出现了中心部分网格密集的情况，如图26-11所示。

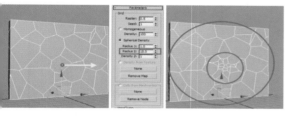

图26-11

技术要点： 该方式下，中心比较密集的地方为内圈，周围则为外圈。即上图中两个圆环之间的范围都是半径2的区域，要产生这种网格分布的效果，就需要调节球形分布的两个半径值。加大半径1的值，对于实际裂纹的数量影响不大，因此只需设置半径2的值即可。

STEP 10 将半径为2的值加大到50，也就是增大了半径1中的裂纹切割区域；而半径2的范围则变小了，即两个圆环之间的区域，如图26-12所示。

STEP 11 要增多中心区域的切割数量，可以加大Density【密度】值，这里将其加大到400。该密度值是控制中心区域的裂纹密度的，如图26-13所示。

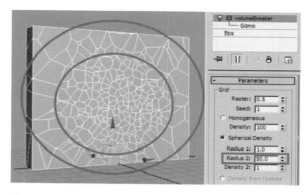

图26-12

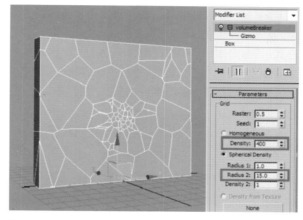

图26-13

STEP 12 若要增大周围切割裂纹的数量，只需加大Density2【密度】的值，这里加大到5，如图26-14所示。

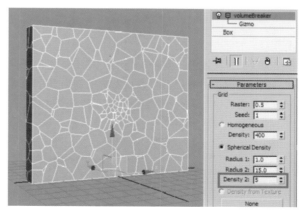

图26-14

技术要点： 该体积破碎修改器是可以叠加使用的，这里将体积破碎修改器复制一个，或重新指定一个，将第2个体积破碎的破碎中心移到不同的位置，可以看到墙面出现了两个破碎中心，如图26-15所示

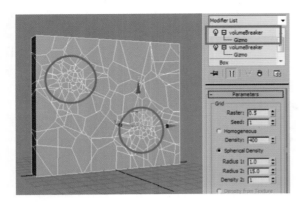

图26-15

STEP 13 VolumeBreaker也可以做出木条碎裂的效果。首先将网格分布方式设为Homogeneous【均匀】方式；再激活体积破碎修改器的线框模式，沿X轴放大缩放Gizmo【线框】，直至裂纹呈拉长的状态。这样切出来的碎片就很像木条碎片了，如图26-16所示。

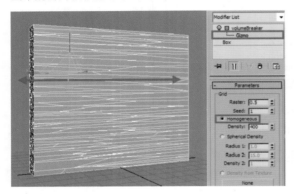

图26-16

STEP 14 下面介绍Bricks【砖块】栏的参数，该栏是模拟砖块的分布效果。点选Regular【常规】选项，这样，墙体的网格分布默认会以长宽高值均为10的参数分布，在墙体中默认的一根竖直线条是砖墙网格的中心线，如图26-17所示。

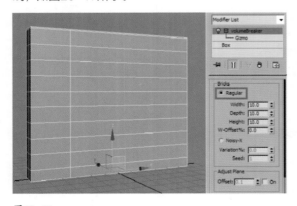

图26-17

STEP 15 在体积破碎的Gizmo【线框】模式下，可以随意移动砖墙网格的分布位置，并且可以通过调节长宽高的参数，来改变砖墙的切割线的大小。

默认网格的中心在物体的中心，此时加大宽度和高度，不会有任何影响，调节高度值，可以改变网格的高度，如图26-18所示。

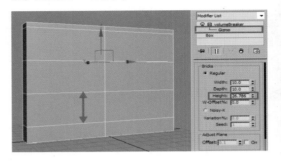

图26-18

STEP 16 减小高度值到7左右，并将宽度值也减小到0.左右，可以看到一个排列非常规则的砖墙切割裂纹出来了，如图26-19所示。

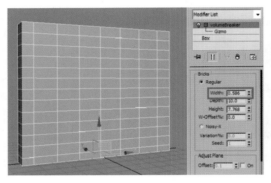

图26-19

STEP 17 将W-Offset%【宽度的百分比影响】值加大到30%左右，可以看到规则的砖块裂纹在横向轴方向产生随机的位移效果，但此时的砖块分布依然是比较规则的，如图26-20所示。

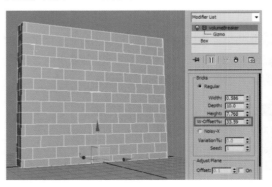

图26-20

STEP 18 如果要让砖块有大小不一的分布，可以点选Noisy-X【X轴扰动】项，并将Variation%【变化】值设为28左右，即可看到砖块的大小产生了随机的变化，如图26-21所示。

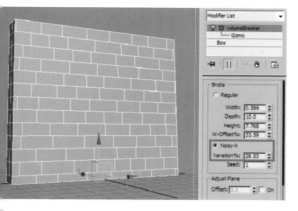

图26-21

技巧提示： 同一块墙面的砖块不会产生高度和厚度的变化，这是砖块墙面的建筑原则，因此只会产生宽度的变化。

STEP 19 在Adjust Plane【调整水平】栏下，可以将Offset【影响】值设为0.6左右，并勾选On【开启】项。可以看到墙面的网格产生比较大的随机变化，部分区域的墙面出现了镂空现象，有一种被抽走砖块后的墙面效果，如图26-22所示。

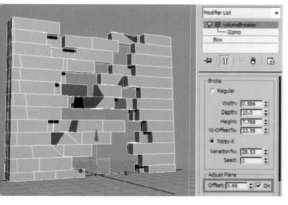

图26-22

STEP 20 如果网格设置不理想，可以单击Gizmo【线框】栏下的Reset【重置】按钮，重置所有网格的设置；如果网格确定分布好了，可以单击Elements to Nodes【元素节点】栏下的Copy&Hide【复制并隐藏】按钮，对墙面的网格进行打破处理，如图26-23所示。

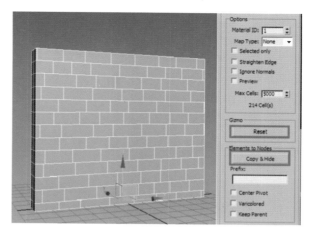

图26-23

STEP 21 此时，砖墙被沿着砖块切割的裂纹线给打破了，所有砖块都被独立了出来，可以选择这些砖块并移动它们的位置，如图26-24所示。

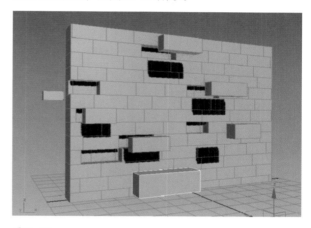

图26-24

技巧要点： 如果对当前破碎效果不满意，可以选择全部碎片，将其删除，再将隐藏的原始模型显示出来，即可继续对它进行裂纹切割的设置。

26.2.2 砖墙的破碎动画处理

下面开始设置砖墙的破碎动画，主要是配合MassFX动力学工具来制作。该动画是利用其中一块砖块被抽出的动画，而引起整块砖墙的坍塌效果，这是一种很简单的动力学动画效果。

STEP 01 给最底层的一块砖块从第0帧到第10帧，设置一个位移动画，如图26-25所示。

STEP 02 显示MassFX动力学工具栏，选择场景中的位移砖块；由于位移砖块具有位移关键帧动画，因此在MassFX工具栏中选择刚体按钮下拉列表中的Set Selected as Kinematic Rigid Body【将选择对象设置为运动学刚体】项，将砖块设置为刚体对象，如图26-26所示。

图26-25

图26-26

STEP 03 选择地面，将它设置为Set Selected as Static Rigid Body【将选择对象设置为镜头刚体】对象，如图26-27所示。

图26-27

STEP 04 再选择剩余的所有砖块，将它们设置为Set Selected as Dynamic Rigid Body【将选择对象设置为动力学刚体】对象，如图26-28所示。

图26-28

STEP 05 在MassFX工具面板的Multi-Object Edito【多物体编辑】面板的刚体属性栏下，勾选Star i Sleep Mode【开始于睡眠模式】项，即让砖墙在汉有受到其他物体影响时，不会产生动力学动画；再石Physical Material【物理材质】参数栏下，将Prese【预设】项设为Concrete【混泥土】选项。这样，矿墙会产生较为真实的动力学动画，如图26-29所示。

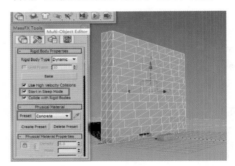

图26-29

STEP 06 在Simulation Tools【模拟工具】面板中单击Bake All【烘焙所有】按钮，开始最终的动力学动画样拟。可以看到所有砖块在受到最底层砖块抽出的动画后，逐一影响到了它周围的每一块砖块，然后砖墙摇摇欲坠，并因此倒塌了下来，如图26-30所示。

图26-30

至此，volumBreaker【体积破碎】工具的关键参数介绍完了，以及整个砖墙的简单坍塌动画也制作完成，最终的效果如图26-31所示。

图26-31

穿透空心玻璃的破碎特效

第 27 章

本章内容

◆ 灯泡玻璃的穿透破碎制作
◆ 利用VB制作灯泡的两次破碎效果
◆ 配合Pulldownit制作灯泡连续破碎的动画

27.1　空心玻璃的穿透破碎介绍

　　子弹穿透空心玻璃的破碎效果在影视中并不多，但却是比较酷炫的一种视觉效果，例如，子弹穿透酒瓶、穿透鱼缸、穿透花瓶等。虽然这些效果不会随意出现，但是它的出现往往都比较惊艳。因为空心玻璃被穿透，都会在两端产生两次的破碎，在视觉上是比较美观的。利用VolumeBreaker破碎工具可以在玻璃上随心所欲地创建出最佳的破碎结果，甚至可以根据不同对象，得到最合适的破碎效果；然后再配合其他破碎动画工具，则可以模拟出最理想的破碎动画效果。常见的空心对象的穿透破碎效果如图27-1所示。

图27-1

27.2　制作灯泡玻璃的穿透破碎效果

　　本章主要介绍灯泡玻璃被子弹穿透后产生的连续破碎效果，这和前面章节中利用脚本制作的三块玻璃连续破碎是完全一样的。这里的连续破碎是穿透在一个实体而产生的两次破碎效果，两次的破碎会相互影响；而前面利用脚本来制作的是分别在三块玻璃上穿透产生的破碎，其每次的破碎是独立互补影响的。该案例的破碎动画制作主要包括两部分：首先利用VB在灯泡玻璃的两端设置两个破碎中心，由于VB没有多次破碎的功能，所以这里重点介绍了另一种方法来制作两次的破碎效果；其次配合Pulldownit破碎工具来实现子弹穿透灯泡而产生的破碎效果。本章灯泡玻璃的穿透破碎效果如图27-2所示。

图27-2

27.2.1　灯泡的前期破碎准备

　　该场景的元素主要包括灯泡和一个具有位移动画、穿透灯泡的子弹模型。前期阶段的工作主要是设置灯泡玻璃的破碎效果。由于灯泡是一个空心体，子弹穿透它，会产生两个破碎中心，因此需要给灯泡玻璃设置两次破碎，让其产生一个连续破碎的动画效果。

STEP 01　准备一个灯泡模型，该灯泡分为两个部分，主要是上面的灯泡玻璃部分和灯泡底座部分；再在修改器面板中给灯泡玻璃添加一个volumeBreaker【体积破碎】修改器。在默认参数下，可以看到灯泡玻璃已被打碎成了几个大块，如图27-3所示。

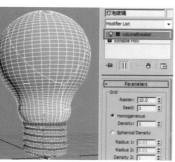

图27-3

STEP 02　加大灯泡玻璃的切割裂纹数量。在Grid【网格】栏下加大Density【密度】值到500，发现灯泡玻

璃的切割裂纹没有增加，如图27-4所示。

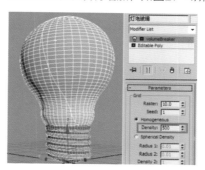

图27-4

STEP 03　这里将Raster【栅格】值减小到1，才会看到灯泡玻璃的切割裂纹明显增加了很多，如图27-5所示。

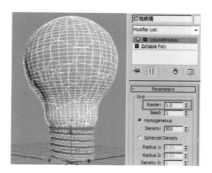

图27-5

技术要点： 注意此时的玻璃裂纹还不是独立分开的，只是把灯泡玻璃暂时切割开。可以给灯泡玻璃添加一个Edit Poly【编辑多边形】修改器，在Element【元素】编辑模式下观察玻璃碎片的效果；通过选择的几块碎片，可以看到模型的内部呈现出实体化的结构，表示模型现在已经具备了特效制作的组成元素，如图27-6所示。

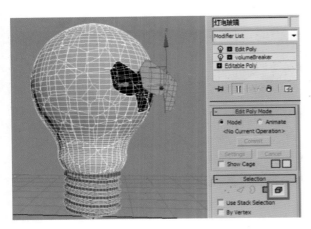

图27-6

STEP 04 调整切割裂纹的分布方式，让其有一种被子弹击中后中心密集的效果。改变网格的分布方式为Spherical Density【球形密度】方式后，会看到切割裂纹立即少了许多；再将Raster【栅格】值减小到0.5，可以看到切割裂纹依然没有增加多少，如图27-7所示。

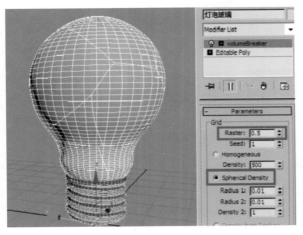

图27-7

STEP 05 下面需要调整破碎的中心。激活体积破碎的Gizmo【线框】模式，在场景中将线框中心垂直移至灯泡玻璃的中心，并加大第2个破碎比较的范围值到

1，会发现破碎中心区域的玻璃碎片依然没有增多，如图27-8所示。

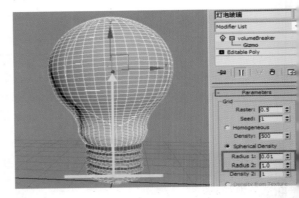

图27-8

STEP 06 刚才移动的破碎中心只是在灯泡的垂直中心位置。如果要更直观地观察破碎中心的效果，需要将破碎中心移至模型的表面才能看得到破碎的最终效果。下面到顶视图将破碎中心继续移至灯泡的边缘位置，如图27-9所示。

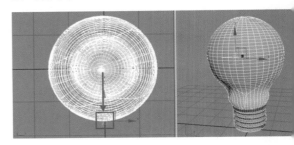

图27-9

STEP 07 将Radius2的值加大到5，会看到破碎中心切割裂纹增多了一些，如图27-10所示。

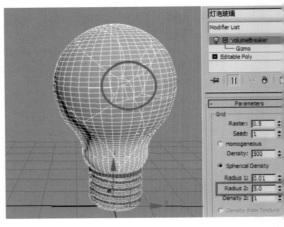

图27-10

STEP 08 为加大碎片裂纹的对比效果，所以将Density【密度】值加大到3000，并相应减小栅格值到0.3，此时得到切割裂纹基本达到了所需的效果，如图27-11所示。

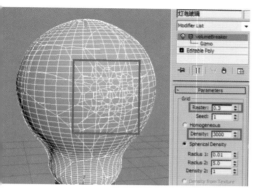

27-11

STEP 09 由于子弹穿过灯泡玻璃后，会产生两个破碎区，也就是要制作两个破碎动画。那么是否可以通过体积破碎工具一步制作到位呢？下面继续给灯泡玻璃添加一个volumeBreaker【体积破碎】修改器，可以通过Copy【复制】、Paste【粘贴】第一个体积破碎修改器得到，如图27-12所示。

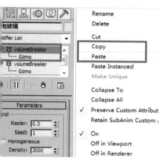

27-12

STEP 10 调整第1个体积破碎修改器的数值，降低其半径2的值到1，让两个破碎中心的切割裂纹有所区别，如图27-13所示。

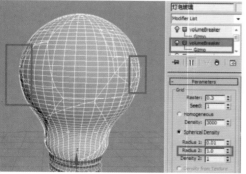

27-13

技术要点： 记得需要将第2个切割裂纹的Gizmo【线框】中心移至灯泡玻璃的另外一边。

STEP 11 切割裂纹设置好后，需要对其进行最终的打破处理。在Elements to Nodes【元素节点】栏下单击Copy&Hide【复制并隐藏】按钮，将其打碎。此时到场景中移动碎片，会看到第1个破碎中心的碎片居然没有被打破，说明该方法不能同时打破多个体积破碎的碎片，如图27-14所示。

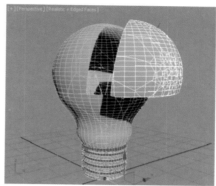

图27-14

STEP 12 删掉当前场景中所有灯泡玻璃的碎片，将自动隐藏的被打碎之前的灯泡玻璃模型显示出来，并将第2个体积破碎修改器删除；然后对第1个体积破碎的切割裂纹进行破碎处理，得到第一次的破碎结果，如图27-15所示。

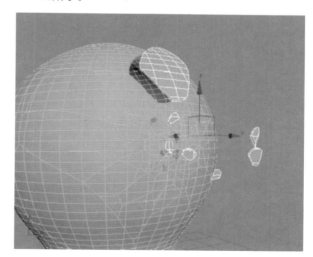

图27-15

STEP 13 下面需要进行二次的破碎处理。选择第1个破碎结果的对面的碎片，在其修改器参数栏下单击Attach【合并】按钮；再将选择碎片附件的几块碎片合并为一个整体，其目的是要对该区域再次进行破碎处理，如图

27-16所示。

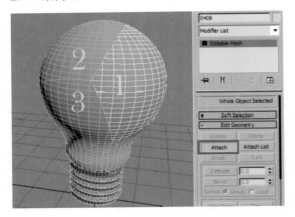

图27-16

STEP 14 给合合并的大碎片添加一个体积破碎修改器，并在其Gizmo【线框】模式下，将其破碎中心移至大碎片的中心、灯泡的边缘位置，如图27-17所示。

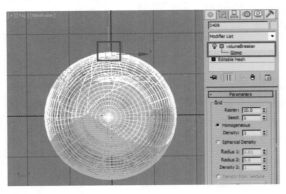

图27-17

STEP 15 调整切割裂纹的效果。在Grid【网格】栏下，将Raster【栅格】值减小到0.5、Density【密度】值加大到5000，并点选Spherical Density【球形密度】项，将Radius2的值加大到6，得到的切割裂纹效果如图27-18所示。

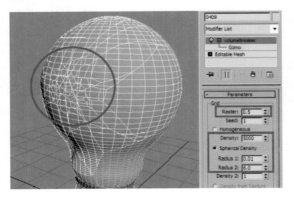

图27-18

27.2.2　设置灯泡玻璃的破碎动画

该灯泡玻璃的破碎动画主要利用了Pulldownit破碎工具，该工具对于破碎动画的设置要更灵活一些。要比自带的MassFX动力学工具多一些控制破碎动画细节的设置，因此这里选择该款破碎工具来配合该破碎动画。

STEP 01 新建一个导角圆柱体，调整圆柱体的Radius【半径】值为2、Height【高度】值为10、Fillet【导角】值为2、Fillet Segs【导角段数】值为4。大致像一个子弹的样子；再调整子弹的位置，让其与灯泡玻璃的两个破碎中心成一条直线，如图27-19所示。

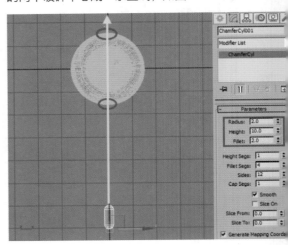

图27-19

STEP 02 给子弹设置一个从第0帧到第15帧的位移动画，让子弹快速穿过灯泡玻璃的两个破碎中心，如27-20所示。

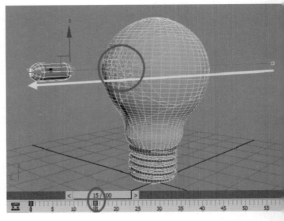

图27-20

STEP 03 下面利用Pulldownit破碎工具来对灯泡玻璃进行破碎动画的设置。在工具栏中选择Pulldownit破碎工具下拉菜单中的Launch Pulldownit tool【启

ulldownit工具】，如图27-21所示。

图27-21

STEP 04 选择所有灯泡玻璃碎片，再在Fractures
Basic【破碎基础】参数栏中，单击Create Fracture
Body【创建破碎刚体】按钮；在弹出的设置破碎体面
板中之间单击"OK"按钮即可。这样这些玻璃碎片会
以一个FBody的名称出现在Fracture Bodes【破碎
体】列表中，如图27-22所示。

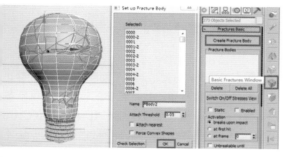

图27-22

STEP 05 设置场景元素的刚体属性。选择灯泡底座和
桌面，在Create PDI bodies【创建PDI刚体】参数栏
下，将type【类型】设为Static【静态】刚体，因为它
并不会产生动画，如图27-23所示。

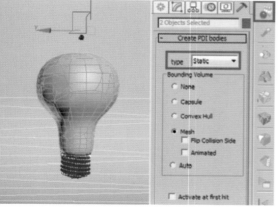

图27-23

STEP 06 选择子弹模型，将其类型设为Kinematic【运
动学】刚体。因为它具有位移关键帧动画，所以需要保
留其原有的关键帧动画的同时，让其与灯泡玻璃的碎
片产生动力学动画；再在Bounding Volume【边界体
积】设置为Mesh【网格】，如图27-23所示。

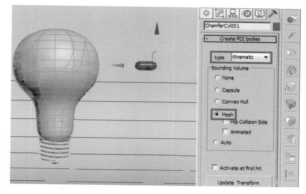

图27-24

STEP 07 在Fractures Basic【破碎基础】参数栏下，
单击Switch On/Off Stresses View【打开/关闭力学
视角】按钮。可以看到灯泡玻璃呈蓝色显示，只有破碎
的裂纹处呈白色显示，也就是说产生动力学动画较为强
烈的区域会呈白色显示，继续调整碎片的状态。首先勾
选Static【静态】选项；再将Clusterize【聚集】值减
小到10，让白色区域只聚集在碎片比较密集的区域，
即只让这些区域的动力学动画比较强烈，如图27-25
所示。

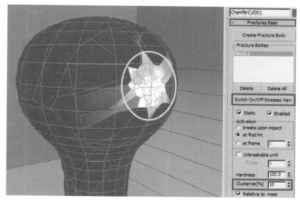

图27-25

STEP 08 在Simulation Options【模拟属性】参数栏
下，单击Bake Keys【烘焙关键帧】按钮，即每次模
拟动画，都会把动画生成为关键帧动画；再单击开始模
拟按钮，会看到子弹虽然穿过了灯泡玻璃，但灯泡玻璃
却从一开始便整体往下掉落了，如图27-26所示。

STEP 09 下面在Activation【激活】栏下点选择at
frame【到指定关键帧】，并设置数值为30，即到指
定的第30帧，灯泡玻璃才会产生动画，如图27-27
所示。

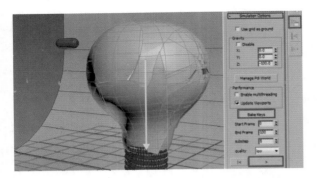

图27-26

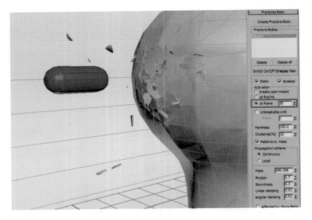

图27-27

技术要点： at frame【到指定关键帧】参数是让整体碎片在指定帧产生动画，并不影响子弹穿过灯泡玻璃与碎片产生碰撞的局部动画。

STEP 10 可以在Switch On/Off Stresses View【打开/关闭力学视角】激活的状态下，调整刚才碎片动画的强弱效果。将Clusterize【聚集】值加大到25。其目的是让子弹穿过两个碎片中心后，整个玻璃碎片也产生较大的破碎效果，如图27-28所示。

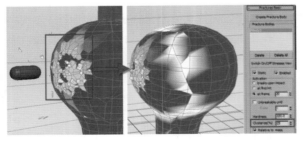

图27-28

STEP 11 再次模拟，会看到整体的玻璃碎片在没到第30帧就已经往下掉落了，如图27-29所示。

图27-29

STEP 12 下面要将灯泡玻璃的下面部分碎片设为静止态。首先要选择所有碎片，将它们转换为可编辑多形对象；然后选择下面部分的玻璃碎片；再在Crea PDI bodies【创建PDI刚体】参数栏下，将type【型】设为Static【静态】刚体。让下面部分的碎片不生破碎动画，且能稳稳地支撑上面部分的碎片，如27-30所示。

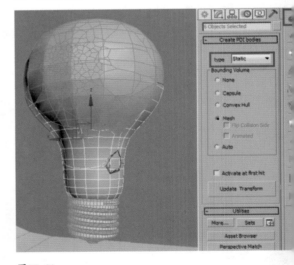

图27-30

STEP 13 然后在Fractures Basic【破碎基础】参数中，将上面部分的碎片添加到Fracture Bodies【破刚体】列表中，如图27-31所示。

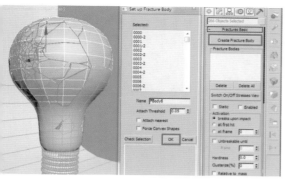

27–31

图27–32

STEP 14 并在破碎基础参数栏下勾选Static【静态】选项，将at frame【到指定关键帧】值设为10，如图27-32所示。

STEP 15 最后开始模拟灯泡玻璃的破碎动画，得到的灯泡玻璃的最终破碎动画效果如图27-33所示。

27–33

FractureVoronoi
脚本的高级破碎特效

28.1 FractureVoronoi脚本的概述

一听到破碎，首先想到的可能是3ds Max强大的RayFire破碎工具，或者Thinking Particles这种高级工具而FractureVoronoi则是一款比较小巧的破碎脚本，在这众多破碎工具中，它如何能脱颖而出，被大家喜欢呢？面来介绍一下这款插件。

FractureVoronoi脚本有何优点：首先它界面简洁，参数不多，但每个参数都非常实用；操作快捷，能快速到所需的破碎效果；上手极其容易，也不受电脑配置的限制；不仅可以用来制作单次的破碎效果，还能进行多次破碎的动画处理；该脚本的另一个优点是，可以灵活、随意地对破碎过程进行处理，快速得到所需的任何简单破碎效果。唯一的缺陷就是不能精准地实现所需状态的破碎效果，不能控制碎片的状态，破碎的裂纹形状。日常活中的一些可以快速实现的简易破碎效果如图28-1所示。

图28-1

下面会通过一个玻璃破碎的动画来了解一下FractureVoronoi的基本破碎功能。那么FractureVoronoi脚本有何功能呢？当然它功能不多，但都非常精练、实用。这里首先说说它几个常见、重要的功能：它不受物体网格的限制，在破碎对象后，会保留其原始模型，并将其隐藏；该脚本能精确对象被打破的数量，并且为其破碎创建过程，在视图中是可见的；物体的贴图坐标也能够被保留下来，并以某种方式投射到破碎的心切割面上。

虽然简单的了解了FractureVoronoi脚本的优点和功能，但要完整地做出一个漂亮的破碎案例，过程中肯定会碰到许多问题，那么在接下来会通过两个案例，全面的对该脚本的功能进行详细的解析。

28.2　玻璃破碎特效的制作

玻璃的破碎特效是由一个球体连续穿透3块玻璃而实现的。玻璃是一种易碎性物体，它会根据物体碰撞的强弱决定其破碎的影响大小。快速而有力地撞击，会得到一个撞击中心的碎片比较密集、周围的碎片比较稀疏的效果；而缓慢无力地撞击会让玻璃的碎片比较大块。在本章的连续打破3块玻璃的效果主要包括3个部分：首先是准备场景的基本元素，包括3块玻璃、地面模型和穿透3块玻璃的位移动画，以及重点介绍了MassFX动力学工具，目的是为接下来的破碎动画做好准备；其次是对3块玻璃进行破碎处理，让每块玻璃受撞击的中心部分产生较多的碎片；最后是制作3块玻璃的破碎动画，设置动画前需要设置好场景元素的动力学属性，才能更准确地参与动力学计算。本章的玻璃连续破碎动画效果如图28-2所示。

8-2

8.2.1　准备场景与MassFX动力学工具介绍

该场景是由3块薄玻璃片和一个具有位移动画、且穿过3块玻璃片的球体构成，并利用Mass FX动力学工具来指定场景元素的刚体属性。同时在这一步也简单介绍了一下MassFX刚体动力学工具，为后续破碎动画的模拟打下铺垫。

P 01 新建3个立方体薄片模型，作为3块玻璃并排排列；再新创建一个较长的地面，用来接挡住掉落的玻璃碎片，如图28-3所示。

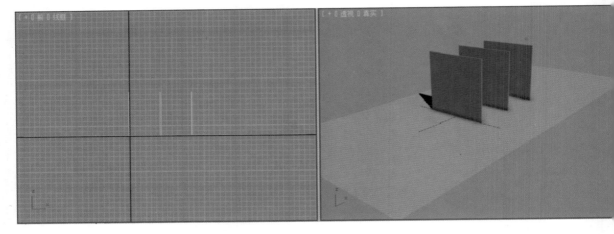

图28-3

STEP 02 再新建一个小球体，并给其从第0帧到第25帧设置一个穿透3块玻璃的位移动画，让其第25帧的球体位置刚好与第3块玻璃相接触，如图28-4所示。

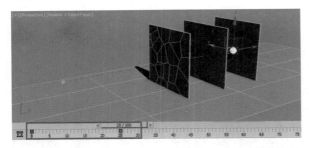

图28-4

STEP 03 下图便是球体与第3块玻璃接触的位置。就是当球体穿透前面两块玻璃后，在与第3块玻璃撞击时，便停止了穿透，如图28-5所示。

STEP 04 开始设置场景的动力学动画。在工具栏的空白处单击右键；从右键菜单中选择MassFX Toolbar命令，打开MassFX动力学工具栏，如图28-6所示。

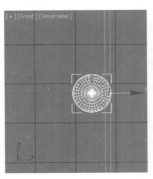

图28-5

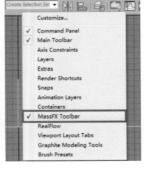

图28-6

STEP 05 在3ds Max最新的几个版本中MassFX工具栏的界面按钮会有些不一样，但它们的功能基本都是一样

的，如图28-7所示。

图28-7

下面简单介绍一下MassFX刚体动力学。使MassFX，可以利用多线程NVIDIA® PhysX®引擎，接在 3ds Max 视口中创建更形象的动力学刚体模拟MassFX支持静态、动力学和运动学刚体以及多种束：刚体、滑动、转枢、扭曲、通用、球和套管以及轮。动画设计师可以更快速地创建广泛的、真实的动模拟，还可以使用工具集进行建模：例如，创建随意置的石块场景。可以指定摩擦力、密度和反弹力等物属性，和从一组初始预设真实材质中进行选择并根据要调整参数。

【工具栏】：显示MassFX工具面板，该面主要用于在 3ds Max 中创建物理模拟的大多数常规置和控件，如图28-8所示。

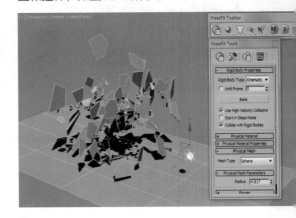

图28-8

（图标）：刚体工具，主要是将物体设置为刚体对象。其下拉包括3个刚体，分别为：将选定项设置为动力学刚体、将选定项设置为运动学刚体、将选定项设置为静刚体。

（图标）：布料工具，主要是将物体设置为布料对象，其下拉工具包括将选定对象设置为mCloth对象和从选对象中移除mCloth两个工具。

（图标）：约束工具，主要是用于创建MassFX约束辅对象，可以创建刚体、滑动、转枢、扭曲、通用、球套管等约束，这些约束之间唯一的区别是约束类型所的合理默认值应用的值。

（图标）：碎布玩偶工具，使骨骼系统或character udio Biped 参与 MassFX 模拟，或从模拟中移除角。其下拉工具中包括创建动力学碎布玩偶、创建运动碎布玩偶和移除碎布玩偶3个工具。

（图标）：这3个是模拟控件，分别是重置模拟、始模拟和下一个模拟帧。在开始模拟按钮的下拉菜单还包括一个白色三角形的按钮，是开始没有动画的模拟按钮，即模拟运行时，时间滑块不会前进。

EP 06 下面选择地面，到MassFX工具栏中单击刚体具下拉菜单中的Set Selected as Static Rigid Body将选定项设置为静态刚体】，这样地面便不会产生动，如图28-9所示。

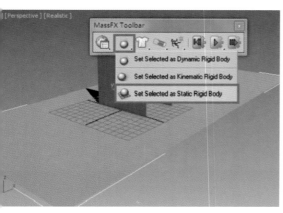

28-9

EP 07 被设置为刚体对象的物体，其修改器面板中可以看到地面自动加了一个MassFX Rigid Body刚修改器，表明该物体已经是刚体对了，如图28-10所示。

图28-10

28.2.2　制作玻璃的基本破碎效果

准备好基本的场景后，开始设置玻璃的破碎效果，这一步主要用到了FractureVoronoi破碎脚本，通过它来快捷地破碎玻璃。

STEP 01 到MAXScript脚本菜单中选择Run Script【运行脚本】命令，如图28-11所示。

STEP 02 在弹出的对话框中，找到所需的FractureVoronoi破碎脚本，并运行它，如图28-12所示。

STEP 03 下面简单介绍一下该破碎脚本面板，如图28-13所示。

图28-11

图28-12

图28-13

该脚本面板总共分为5个栏：第1栏是设置拾取对象的破碎数量，破碎段数是当前破碎的一次数量，重复次数是破碎段数的平方根数，默认的数量是10的一次方；第2栏是设置材质和贴图的参数，一般保持默认即可；第3栏是两个特殊选项，保持反复项是保持破碎的持续性，建造层次项是设置连续破碎的关键选项；第4栏是开始计算时的参数设置，分别包括破碎对象的颜色设置和破碎对象的切面效果设置，默认是随机的多种颜色和规则的切面；第5栏是计算时的状态条。

STEP 04 开始模拟玻璃破碎的效果。在脚本面板中单击拾取对象按钮，再到场景中拾取第1块玻璃块，如图28-14所示。

STEP 05 设置玻璃的破碎段数为20，在下方的开始计算按钮上会立即显示当前破碎碎片总数量为20。单击该按钮，即可看到此时第1块玻璃被破碎为20块不同颜色的碎片了，如图28-15所示。

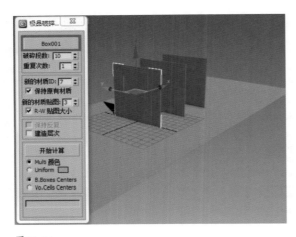

图28-14

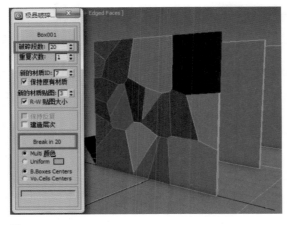

图28-15

技巧提示: 由于当前选择的是Multi【多】颜色选项，因此破碎的结果被随机设置成任意颜色。

STEP 06 如果将颜色选项设置为Uniform【统一】的蓝色调，则破碎结果变成了一种颜色，如图28-16所示。

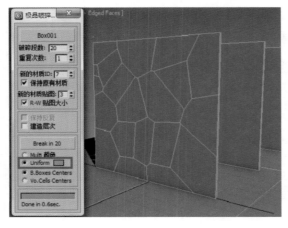

图28-16

STEP 07 此时可以在工具栏单击Layer【层】工具按钮，在层工具面板中的层列表中可以看到当前的破碎结果被集成为一个Parts【部分】。如果觉得当前的破碎结果不满意，可以将其删除，然后按H键，将取消隐藏面板打开，并将第1块玻璃的原始模型显示出来，如图28-17所示。

图28-17

技巧提示: 虽然该脚本不能快捷撤销破碎结果，但它是很智能地将原始模型对象隐藏了起来，为备用。

STEP 08 继续对当前的破碎结果进行局部破碎。到场中选择玻璃中心的一块碎片，在破碎脚本面板中单击拾取对象按钮，拾取玻璃中心的一块玻璃碎片，再单击开始计算按钮，将该碎片也破碎为20块，得到的结果如图28-18所示。

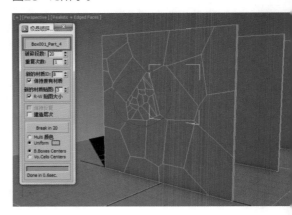

图28-18

STEP 09 用同样的方法将另外两块相邻的碎片也进行破碎处理，如图28-19所示。

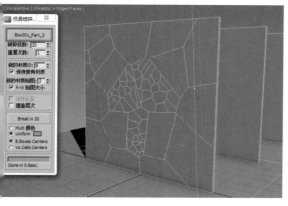

28-19

STEP 10 依此方法，将后面两块玻璃也进行同样的破碎处理，破碎的数量可以任意设置，只需保证玻璃的中心部分被密集破碎即可，3块玻璃的破碎结果如图28-20所示。

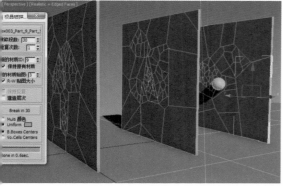

28-20

8.2.3 制作玻璃片的破碎动画

下面开始设置玻璃碎片的破碎动画，破碎动画主要配合MassFX Toolbar工具进行计算的。

STEP 01 首先选择所有玻璃碎片，再在工具栏中单击体按钮菜单下的Set Selected as Dynamic Rigid Body【将选定项设置为动力学刚体】按钮。这样每一玻璃碎片都可以受到场景中任何力学的影响，例如：景中默认具有的重力影响，而在不被碰撞的情况下即产生掉落的动画，如图28-21所示。

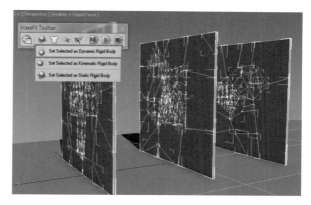

图28-21

STEP 02 由于球体具有一个位移动画，为了保留球体的位移动画，所以需要将它设置为Set Selected as Kinematc Rigid Body【将选定项设置为运动学刚体】。这样，球体在沿之前的运动轨迹运动的同时，并与穿过的玻璃碎片产生了动力学影响。如果将选定项设置为动力学刚体，则球体并不会沿之前设定的运动轨迹运动，而是在当前场景的重力影响下产生自然掉落的动画，如图28-22所示。

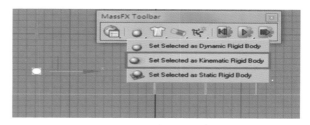

图28-22

最后将地面设置为Static Rigid Body【静态刚体】，即让它不产生动画，但依然会对其他对象产生力学影响。

STEP 03 在MassFX工具栏中单击显示MassFX工具面板，并到World Parameters【全局参数】面板中将Use Ground Collisions【使用地面碰撞】选项的勾选取消掉，因为当前场景中已经有地面了，如图28-23所示。

图28-23

STEP 04 选择场景中的球体，再在Multi-Object Editor【多物体编辑】面板中的Physical Mesh【物理对象】栏下，将Mesh Type【对象类型】设为Sphere，这样球体的碰撞结果会更加真实、准确，如图28-24所示。

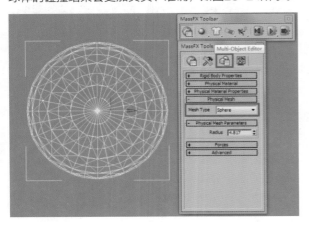

图28-24

STEP 05 在MassFX工具栏中单击开始模拟按钮，会看到球体还未碰撞到玻璃，则三块玻璃便立即破裂碎开，如图28-25所示。

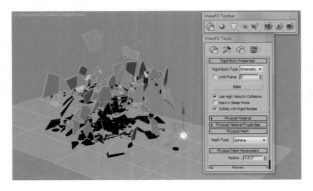

图28-25

技巧提示： 注意，只要是设置成动力学刚体的对象，都会受到场景默认的重力影响，产生往下掉落的动画。因此这些玻璃碎片只要一开始计算动画，便受到了重力的影响。每块碎片之间都会产生互相的碰撞，因此在未受到任何撞击的情况下，便不破自裂了。

STEP 06 在多物体编辑面板中的Ridid Body Properties【刚体属性】栏下，将Star in Sleep Mode【开始于睡眠模式】项勾选上。这样，便不会产生刚才的现象了，如图28-26所示。

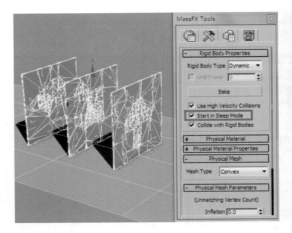

图28-26

STEP 07 再次单击开始模拟按钮，会看到球体快速穿过3块玻璃，玻璃受到碰撞后立即产生了破裂散开的动力学现象，如图28-27所示。

图28-27

STEP 08 模拟面板中单击Bake All【烘焙所有】按钮开始最终的动力学动画模拟，如图28-28所示。

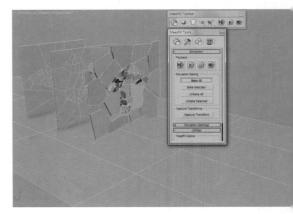

图28-28

STEP 09 当然也可以在MassFX工具栏中单击开始模拟按钮，进行动画的模拟。在得到碰撞结果中，可以看到玻璃碰撞散开后，碎片猛烈地向四周飞溅开，如图28-29所示。

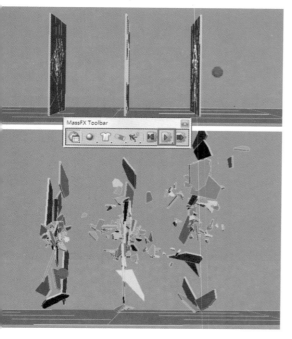

图28-31

图28-29

STEP 10 由于当前的球体运动速度非常快，玻璃碎片产生如此大的散开现象，有点过于夸张。为了不让碎片散开太大，使其受到球体碰撞后，只让中心部分的碎片产生强烈的破散动画，周围的碎片使其自由掉落即可。下面在多物体编辑面板中的Physical Mesh Parameters【物理对象参数】卷展栏下将Vertices【至高点】减小到5，如图28-30所示。

图28-30

STEP 11 再次模拟，可以看到此时的破碎结果显得真实许多，效果如图28-31所示。

STEP 12 在模拟的最后，会看到球体穿过3块玻璃后，停在了空中，并未产生掉落的动画，如图28-32所示。

图28-32

STEP 13 这是因为球体的刚体属性为运动学刚体，为了让物体既保持运动学的属性，又让其受到场景力学的影响，在多物体编辑面板的刚体属性栏下，勾选Until Frame【直到指定帧】的值设为25。这样，球体在运动到第25帧后，便会与场景的碎片产生动力学动画，并受到重力影响向下掉落，如图28-33所示。

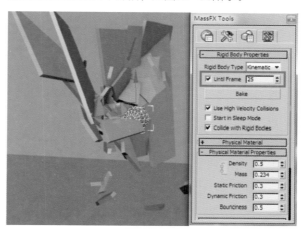

图28-33

再次模拟动画，可以看到球体在第25帧后，掉落到地了，如图28-34所示。

至此，整个玻璃的穿透破碎动画变制作完成了，最终效果如图28-35所示。

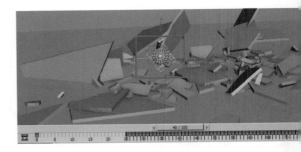

图28-34

图28-35

第 29 章

茶杯的连续破碎特效

29.1 茶杯的连续破碎效果的介绍

本章主要介绍了一个杯盖掉落下来打破茶杯的破碎动画效果，并且重点介绍了茶杯碎片连续破碎的动画效果。注意，在这章中的连续破碎不是一次连续打破多个对象，而是碎片破碎后，其碎片的碎片再次产生破碎动画。该连续破碎动画的制作主要包括两个部分：首先是设置好茶杯的基本破碎效果，并利用MassFX工具设置好场景所有元素的动力学属性，在默认参数状态下，茶杯便会产生一个基本的破碎动画效果；其次是对已经产生破碎动画的碎片再次进行破碎处理，并利用MassFX工具设置好二次破碎的碎片的动力学产生时间，便可轻松得到连续破碎的动画效果，如图29-1所示。

29-1

29.2 茶杯的基本破碎设置

这一步主要是对茶杯的两个模型进行动力学属性的设定，并设置好它的基本破碎动画，以便它们能顺利地参与接下来的连续破碎动画制作。动力学属性的设定主要是利用MassFX工具来设置的。

STEP 01 导入准备好的茶杯模型，该茶杯是一个瓷器对象，瓷器又具有易碎的特性，因此很适合该实例的破碎效果，如图29-2所示。

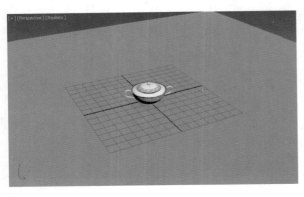

图29-2

STEP 02 将杯盖移至茶杯上方较高的位置，让它有一个较大的掉落力度，如图29-3所示。

图29-3

技术要点： 注意，杯盖和茶杯是分离的两个部分。

STEP 03 下面要利用MassFX工具来设置茶杯盖的动力学效果。在工具栏空白处单击右键，即可在右键菜单中选择MassFX Toolbar工具组，打开MassFX工具栏，如图29-4所示。

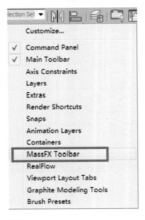

图29-4

知识要点： 3ds Max 的MassFX Toolbar工具组提供了用于为项目添加真实物理模拟的工具集，能够非常快捷准确地模拟各种动力学交互动画效果；不仅可以对刚体和约束进行动力学模拟，还可以让动画角色作为运动学刚体参与MassFX模拟。它使用起来比以前的reactor动力学工具要更加快捷、方便灵活。

STEP 04 选择杯盖模型，再在MassFX工具面板中单击刚体工具按钮，并在弹出的工具菜单中选择Set Seleced as Dynamic Rigid Body【设置选择对象为动力学刚体】，如图29-5所示。

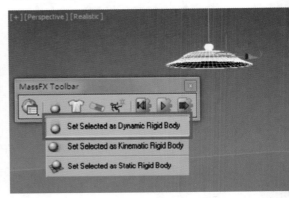

图29-5

知识要点： 在弹出的刚体工具菜单中包括以下3种类型的刚体对象：

Set Seleced as Dynamic Rigid Body【设置选择对象为动力学刚体】：该对象的运动完全由模拟控制，它受重力及模拟中因其他对象撞击而导致的力所约束。

Set Seleced as Kinematic Rigid Body【设置选择对象为运动学刚体】：该对象本身可具有基本的关键帧动画；可以影响模拟中的动力学物体，但不会受动力学物体所影响。在模拟过程中，运动学对象还可以随时切换为动力学状态。

Set Seleced as Static Rigid Body【设置选择对象为静态刚体】：静态对象与运动学对象相似，但不能对其设置动画。它们可以用作容器、墙、障碍物等物体。

STEP 05 选择茶杯模型和地面，并将它设置为Set Seleced as Static Rigid Body【设置选择对象为静态刚体】，如图29-6所示。

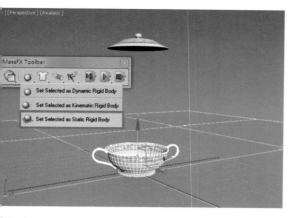

图29-6

技术要点： 每一个被设置为刚体的对象，在其修改器面板中都会有一个MassFX Rigid Body【刚体】修改器，表示其已转化为刚体，即可产生物理模拟，如图29-7所示

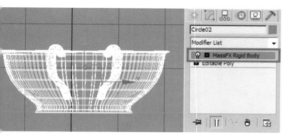

图29-7

STEP 06 将场景中的对象都设置为刚体对象后，即可开始模拟动画。单击MassFX工具栏中的开始模拟按钮，看到杯盖从上掉落了下来，并与茶杯产生了动力学碰撞效果。不过并没有产生任何破碎效果，下面便需要用FractureVoronoi破碎脚本来制作破碎动画，如图29-8所示。

图29-8

STEP 07 到Scripts【脚本】菜单中选择Run Scripts【运行脚本】命令，并找到FractureVoronoi破碎脚本工具，再双击打开它，如图29-9所示。

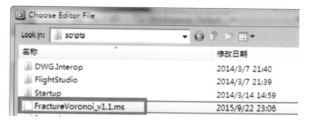

图29-9

STEP 08 此时打开的破碎脚本面板已经呈现在眼前，脚本使用非常简单，在前面一个案例中已经有具体介绍过它的参数，这里不再重复，如图29-10所示。

STEP 09 在破碎脚本面板中单击拾取物体按钮，再到场景中单击选择杯盖模型，将其添加作为被破碎的对象，如图29-11所示。

图29-10

图29-11

STEP 10 设置破碎的参数。设置破碎段数为15，保持重复次数为1。即此时的杯盖破碎数量只有15块；再到下面单击开始计算按钮。这时场景中的杯盖便被打破为15块组合的碎片效果，而且每块碎片的颜色也不一样，如图29-12所示。

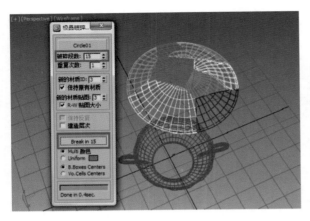

图29-12

知识要点： 重复次数是指破碎数量的倍数，也就是当前破碎数量是15的1次方，即破碎总数量为15，如果重复数为2，那么破碎总数是15的2次方，即125。

技术要点： 注意此时被打碎的杯盖的每一块碎片都被转换为Editable Mesh【可编辑对象】，已经不具有刚体属性了，如图29-13所示。

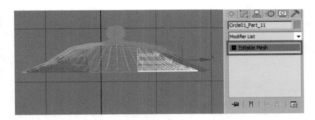

图29-13

STEP 11 下面需要选择所有杯盖的碎片，并在MassFX工具栏中选择刚体工具按钮，将碎片设置为Set Seleced

as Dynamic Rigid Body【设置选择对象为动力学刚体】，如图29-14所示。

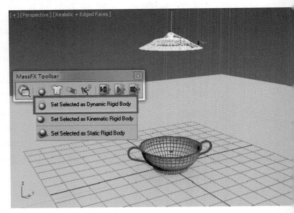

图29-14

STEP 12 再次单击模拟按钮，可以看到杯盖掉落下来，与茶杯产生碰撞后，立即呈碎片状四处飞散开来；然后碎片掉落到地面，与地面产生碰撞效果，如图29-1所示。

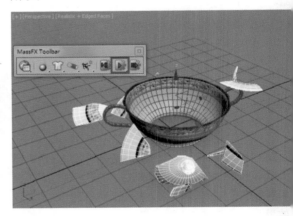

图29-15

29.3 制作茶杯的连续破碎动画

一个基本的杯盖破碎动画便快速制作完成，下面需要制作杯盖碎片的连续破碎动画效果，就是其中的一些碎片继续产生破碎的动画。

STEP 01 选择其中的一块掉落到地面的杯盖碎片，并在破碎脚本面板中单击拾取物体按钮；将指定碎片添加到脚本面板中，保持破碎的数量为15（破碎数量可以根据碎片与地面碰撞的力度来设置）；然后单击开始计算按钮，此可以看到杯盖碎片被破碎为很多碎片了，如图29-16所示。

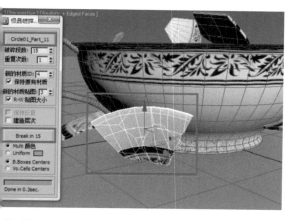

29-16

EP 02 在MassFX工具栏中单击模拟按钮，再次模拟
盖的动画，会看到刚才进行破碎处理后的碎片，并没
产生任何动力学效果，也就是说上一次的破碎碎片并
有参与动力学计算，如图29-17所示。

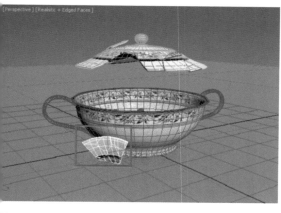

29-17

EP 03 如果出现了错误的操作，不要急于调节其他的
数，在3ds Max工具栏中单击Layer【层】按钮；打
层管理器面板，在层列表中选择最后一次计算的碎
，这些碎片会在层列表中以组的方式将每一次破碎的
果归类为一组，这样便于选择碎片。这里选择上次破
的碎片组，再在层工具栏中选择Select Hightlighted
jects and Layers【高亮显示选定对象所在层】，
其删除，如图29-18所示。

只要点： Select Hightlighted Objects and Layers【高亮
显示选定对象所在层】工具是选择所有高亮
显示的对象，即场景中对应在该层列表中被
高亮显示的对象会自动被选择

P 04 删掉场景中指定碎片的碎片组后，需要在隐藏
表中将原始的碎片对象显示出来，以便进行下一次的

破碎模拟，如图29-19所示。

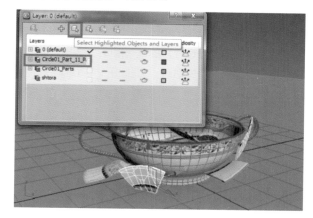

图29-18

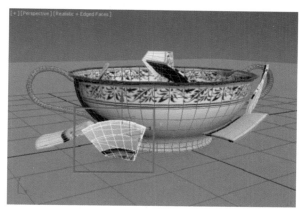

图29-19

技术要点： 该破碎脚本工具会将每一次破碎的原始对象
备份且隐藏起来

STEP 05 下面在破碎脚本面板中勾选建造层次选项，该
选项会将原来的破碎体作为父对象，破碎的碎片会继承
父对象的关键帧动画，如图29-20所示。

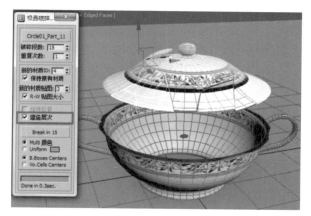

图29-20

STEP 06 再次单击开始计算按钮，将选择的碎片进行破碎处理；然后在MassFX工具栏中单击模拟按钮模拟整个杯盖的掉落破碎动画。会发现此时的碎片虽然已经产生了动力学效果，但该碎片的碎块组并没有破碎散开，依然是一整块碎片产生动画，如图29-21所示。

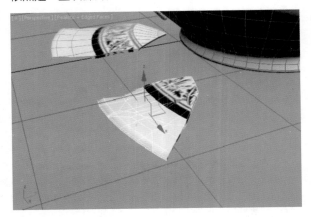

图29-21

STEP 07 选择所有需要设置为刚体的物体，即选择杯盖和茶杯对象，并单击右键，从右键菜单中选择Convert to Editable Poly【转换为可编辑面片】对象，即把它们原有的刚体属性都清除掉，如图29-22所示。

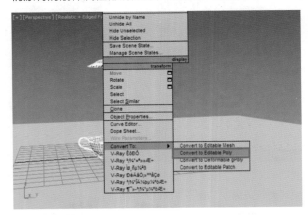

图29-22

STEP 08 保持杯盖和茶杯对象被选择，到MassFX工具栏中将它们设置为Set Seleced as Kinematic Rigid Body【设置选择对象为运动学刚体】，如图29-23所示。

STEP 09 到MassFX工具栏的编辑面板中，将刚体属性栏中的刚体类型设为Kinematic【运动学】，将Until Frame【直到帧】选项勾选，并设为13。该数值是当前选择碎片接触到地面的那一帧，即在它接触地面的那一刻就让碎片产生碰撞破碎散开的效果；然后单击Bake【烘焙】按钮，开始烘焙碎片在接触到地面后，产生的破碎散开动画，并记录每一个散开碎片的动画关

键帧，如图29-24所示。

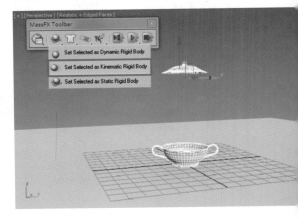

图29-23

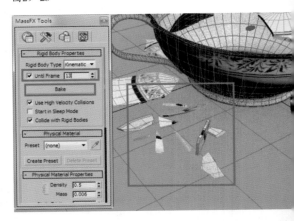

图29-24

技术要点： 该Bake【烘焙】按钮是只对当前选择的对进行动画的烘焙。

STEP 10 这样，便得到了所需的连续破碎动画效果。果需要更多的破碎动画，可以用同样的方法继续对其碎片设置破碎动画。至此，最终的破碎动画效果如29-25所示。

图29-25